大数据 技术入门与实践

Redis

数据库从入门到实践

陈逸怀　刘勇　刘瑜　王玮 ◎ 著

www.waterpub.com.cn

· 北京 ·

内容提要

最近几年，基于内存的 Redis 数据库日趋红火，广受程序员关注。本书将以 Redis 6.2.0 版本作为主讲版本，同时单独测试了 Redis 7.0.0 版本新增的主要功能。本书主要内容分基础篇、提高篇、实战篇，由浅入深、层层递进地进行介绍。基础篇重点介绍 Redis 的基础命令；提高篇主要介绍磁盘持久化、主从复制、分布式集群、事务、Lua 脚本、管道、缓存、发布/订阅、Redis Stream 消息队列、I/O 线程、安全等各种高级技术；实战篇则介绍编程语言 Java、Python、C、GO、PHP 调用、大规模应用案例、实用辅助工具、电商应用实战案例。

本书提供习题、实验及相关配套内容，既可供高校教学使用，又可供 IT 工程师自学使用。

图书在版编目（CIP）数据

Redis数据库从入门到实践 / 陈逸怀等著. -- 北京：中国水利水电出版社, 2023.5
ISBN 978-7-5226-1462-5

I. ①R… II. ①陈… III. ①数据库－基本知识 IV. ①TP311

中国国家版本馆 CIP 数据核字(2023)第 054095 号

书　　名	Redis 数据库从入门到实践 Redis SHUJUKU CONG RUMEN DAO SHIJIAN
作　　者	陈逸怀　刘勇　刘瑜　王玮　著
出版发行	中国水利水电出版社 （北京市海淀区玉渊潭南路 1 号 D 座　100038） 网址：www.waterpub.com.cn E-mail：zhiboshangshu@163.com 电话：（010）62572966-2205/2266/2201（营销中心）
经　　售	北京科水图书销售有限公司 电话：（010）68545874、63202643 全国各地新华书店和相关出版物销售网点
排　　版	北京智博尚书文化传媒有限公司
印　　刷	河北文福旺印刷有限公司
规　　格	190mm×235mm　16 开本　19.25 印张　498 千字
版　　次	2023 年 5 月第 1 版　2023 年 5 月第 1 次印刷
印　　数	0001—3000 册
定　　价	79.80 元

前　言

随着大数据、人工智能、物联网、智联网、5G、云平台等技术的飞速发展，电商平台、数据中心、城市大脑、数字孪生、元宇宙等新应用领域的强力拉动，基于内存运行的 Redis 数据库日趋红火。Redis 数据库的主要特点是能为高并发数据访问、数据快速处理、数据交互共享等提供速度最快、可分布式横向扩展的强大服务功能。Redis 数据库具有免费开源、成熟技术社区支持、资料丰富、产品生命力强等优势而广受全球开发者喜爱。另外，随着内存技术的迅猛发展，目前主流内存都实现了 TB 级别的存储容量，也促进了 Redis 数据库的广泛应用。

2018 年，刘瑜老师在中国水利水电出版社正式出版了《NoSQL 数据库入门与实践(基于 MongoDB、Redis)》一书，深受国内高校师生及软件工程师的喜爱，在各大电商平台上获得了广泛的好评。期间，不少读者要求提供 Redis 数据库专著，方便他们深入、系统地掌握 Redis 数据库。恰好陈逸怀老师、刘勇老师在此方面深有研究，并具有多年的教学经验。另外，王玮老师也对 Redis 数据库了解颇深。于是，经过四位老师深入讨论，由陈逸怀老师对本书进行了整体策划，提供了试写样稿，对稿件进行了质量整体把关；由刘瑜老师、刘勇老师和王玮老师联合完成了主要章节内容的编写和代码测试。

1．本书策划特点

本书实现了由浅入深、层层递进的写作风格，充分考虑了初学者的学习心理要求，预估了读者的学习难点，做到了理论和实践的紧密结合。在编写过程中，充分结合了图、表、代码、提示信息、脚注，使所写内容更加形象生动，满足读者的阅读和理解需要。

在 Redis 数据库的版本选择上，尽量选择最新、最稳定的版本，在保证吸收最新发展技术的同时，深入考虑了实际工程使用需要。版本的稳定可以避免很多实际项目的实施风险。同时考虑了 Redis 数据库的实际工程需要，本书的主要测试在 Linux 环境下实现，这要求读者具备最简单的 Linux 使用操作技巧，如登录 Linux、在 Linux 环境下安装并使用 Redis 数据库。另外，本书也兼顾了在 Windows 下使用学习的需要。

基础篇介绍字符串、列表、集合、散列、有序集合等 Redis 数据库最新稳定版本的所有命令的使用方法，并给出了代码示例，还兼顾了 Redis 7.0.0 内测版本的最新命令的介绍；提高篇重点介绍磁盘持久化、主从复制及分布式集群、事务与 Lua 脚本、缓存、发布/订阅、Redis Stream 消息队列、I/O 线程、安全等高级技术内容，并吸收了最新发展技术；实战篇包括 Java、Python、C、GO、PHP 语言的编程调用，为基于 Redis 数据库的软件开发提供了直接入手代码；应用案例方案则介绍物联网边缘计算方案、高并发社交方案、电商平台高并发访问案例、大屏实时数据展示案例、电商应用实战代码案例，有助于 Redis 数据库入门者拓展眼界、掌握实际生产环境下 Redis 数据库的应用需求方向。此外，在专业的监管、测试工具的选择方面为软件项目系统设计师、数据库部署工程师、数据库系统运维师提供了建议，并简单讲解了如何使用这些工具。

2. 代码格式说明

本书中的代码基本是在 CentOS 7.x 环境下测试通过的，当操作多值时，其代码列表格式如下：

```
r>Mget BookName1 BookName2
"《A 语言》"
"《B 语言》"
```

在 Ubuntu 环境下，当操作多值时，其代码列表格式如下：

```
r>Mget BookName1 BookName2
1) "《A 语言》"
2) "《B 语言》"
```

在不同产品的 Linux 环境下，其显示格式略微有所差异，但不影响主体执行结果。为了简洁，类似 127.0.0.1:6379> 的命令提示符统一用 r>表示。

3. 作者介绍

陈逸怀，温州城市大学教师教学发展中心主任、高级讲师、天津职业技术师范大学教育学博士研究生（自动化教育方向）、硕士生合作导师、软件设计师、中国计算机学会会员、中国创客教育协会理事、温州市计算机学会理事、国家一类职业技能大赛裁判、青少年机器人大赛国家二级裁判、国家职业鉴定高级考评员。主编、副主编相关教材十本，主持并参与厅局级以上课题十余项，发表相关论文十余篇。

刘勇，天津大学电子工程学院本科、南京理工大学经济管理学院硕士研究生、MCP、MCSE、MCDBA。现为皖江工学院信息中心副主任，在大型通信运营商工作多年，具有丰富的网络通信、计算机通信工作经验，具有多年 C、Python 等编程语言，操作系统，信息技术基础，数据库技术应用等教学经验。

刘瑜，天津智能交通大数据重点实验室主任、高级信息系统项目管理师、软件工程硕士、硕士企业导师，著有《战神——软件项目管理深度实战》《NoSQL 数据库入门与实践（基于 MongoDB、Redis）》《Python 编程从零基础到项目实战》《Python 编程从数据分析到机器学习实践》《算法之美——Python 语言实现》《Python Django Web 从入门到项目实战》。

王玮，天津市排水管理事务中心，高级工程师。

4. 本书适用读者

（1）高校大学生及研究生。本书从教学角度进行了细致设计。除了在基础篇和提高篇的每章末提供对应的习题加深知识要点外，还为上机实习提供了实验题，并配套提供了电子练习及实验手册（含答案）。

（2）高校老师。本书提供了配套的 PPT 素材，可以作为教学使用。如果采用本书作为学校教材，可以通过本书的 QQ 群与作者联系，以便获取更多的资料帮助。

（3）软件工程师。可以借助本书自学，并进行项目实战体验。

5．学习帮助

（1）本书提供配套的习题及实验手册（含答案）。

（2）提供教学 PPT 及对应短视频。

（3）提供在线交流、咨询及资料获取，请加 QQ 群 307072090。

（4）读者也可以扫描下面的二维码，或在微信公众号中搜索“人人都是程序猿”，关注后输入 RD1462 至公众号后台，获取本书的资源下载链接。将该链接复制到计算机浏览器的地址栏中，根据提示进行下载。

人人都是程序猿

6．致谢

本书在编写过程中得到了全国各大高校老师们的密切关注，也得到了全国 IT 圈朋友们的积极支持，特别是河北省邯郸市的东亮老师，为本书实战部分提供了一些建议，特此感谢。

由于作者水平有限，书中难免有遗漏和瑕疵。如果读者在学习过程中能给予指出或提出更好的建议，作者将不胜感谢！

编　者

目　录

第 1 部分　基础篇

第 2 部分　提高篇

第 3 部分 实战篇

1

第1部分 基础篇

磨刀不误砍柴工。对于初学 Redis 的读者来说，必须仔细地学习此部分内容，并在计算机里进行认真实践。尤其是大量的命令，需要反复实践，熟练掌握，并仔细体会它们的差别。

基础篇内容安排如下：

第 1 章　Redis 数据库入门基础。

第 2 章　字符串、列表命令。

第 3 章　集合、散列、有序集合命令。

第 4 章　其他操作命令。

第 1 章

Redis 数据库入门基础

Redis 是一种数据库，它的主要特点是基于内存的快速数据管理，为基于大数据、高并发、实时技术下的数据的高效使用提供了“速度”上的解决方案，这是一般数据库没有的优势。

Redis 数据库在数据实时传输、物联网实时缓存采集内存数据、电商平台高并发访问等场景中越来越受欢迎。

扫一扫，看视频

1.1 数据库概述

数据库技术最早出现在 20 世纪 60 年代，那时的数据库为层次数据库和网状数据库系统；到了 20 世纪 70 年代，出现关系型数据库，最早商业化的关系型数据库产品是甲骨文公司的 Oracle 数据库系统；前两种数据库系统已经被淘汰，关系型数据库系统从诞生开始一直流行到现在，并将继续发展。在 21 世纪前十年出现了大数据处理技术，并带动了非关系型、分布式数据库技术的发展，即 NoSQL 数据库技术。进入 21 世纪第二个十年，出现了具有关系型数据库特点和 NoSQL 数据库优点的新的数据库技术——NewSQL 数据库。[①]数据库的发展史如图 1.1 所示。

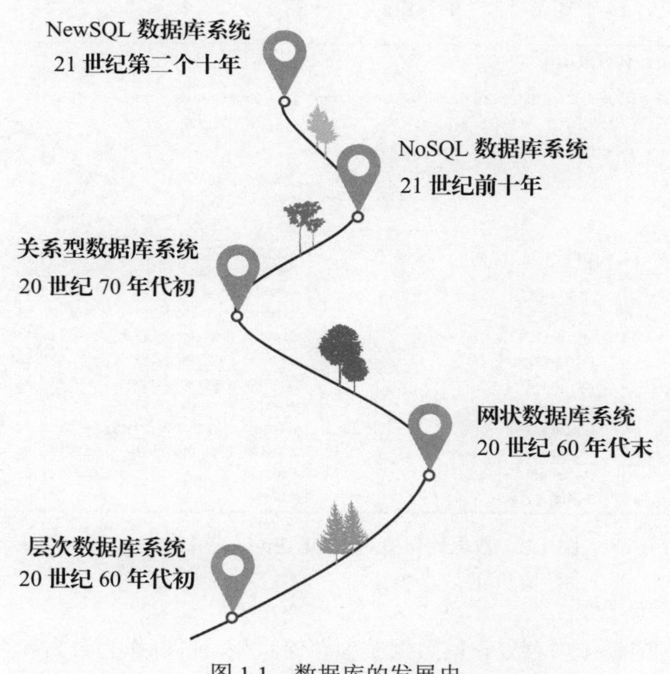

图 1.1　数据库的发展史

最新的 NoSQL 官网对 NoSQL 的定义为：主体符合非关系型、分布式、开放源码和具有横向扩展能力的下一代数据库。英文名称 NoSQL 本身的意思是 Not only SQL，意即“不仅仅是 SQL”。[②]

Redis 数据库在分类上属于 NoSQL 分支，是主要基于内存进行数据存储的数据库系统，其在设计之初为了追求速度，尽量去掉了关系型数据库的各种技术约束，采用了最简单的读写数据的方法，甚至没有遵守关系型数据库的 SQL 语句标准。最近几年，随着技术的进步，它又在吸收关系型数据库的一些优点，如在最新几个版本中实现了 ACID 事务的功能（详见第 7 章）。

① 刘瑜，刘胜松，《NoSQL 从入门到实践》，1.2 节。
② NoSQL 官网地址：http://NoSQL-database.org/。

1.2 了解 Redis

2009 年，意大利人 Salvatore Sanfilippo 因不满 MySQL 的某些性能，自己动手开发了 Redis 第一个版本，并在社区开源代码。由于其功能强大，很快获得了其他程序员及其他 IT 公司的大力支持和推广。截至 2022 年 3 月，Redis 数据库的最新稳定版本是 V6.2.6，可以在官网自由下载。使用时，只需要遵循简单的 BSD 许可即可。

最近几年，随着物联网、电商、智联网、边缘计算、数据共享、实时数据展示等需求及应用场景的增多，Redis 数据库越来越受欢迎，根据最新的数据库排行榜（截至 2022 年 11 月，见图 1.2），Redis 数据库表现抢眼，位于第 6 名，并有继续上升的趋势。

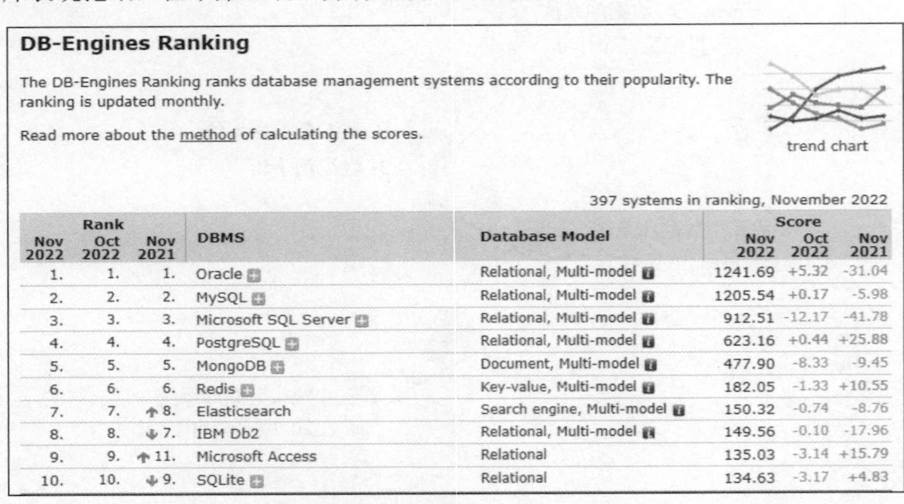

DB-Engines Ranking

The DB-Engines Ranking ranks database management systems according to their popularity. The ranking is updated monthly.

Read more about the method of calculating the scores.

397 systems in ranking, November 2022

Rank			DBMS	Database Model	Score		
Nov 2022	Oct 2022	Nov 2021			Nov 2022	Oct 2022	Nov 2021
1.	1.	1.	Oracle	Relational, Multi-model	1241.69	+5.32	-31.04
2.	2.	2.	MySQL	Relational, Multi-model	1205.54	+0.17	-5.98
3.	3.	3.	Microsoft SQL Server	Relational, Multi-model	912.51	-12.17	-41.78
4.	4.	4.	PostgreSQL	Relational, Multi-model	623.16	+0.44	+25.88
5.	5.	5.	MongoDB	Document, Multi-model	477.90	-8.33	-9.45
6.	6.	6.	Redis	Key-value, Multi-model	182.05	-1.33	+10.55
7.	7.	↑8.	Elasticsearch	Search engine, Multi-model	150.32	-0.74	-8.76
8.	8.	↓7.	IBM Db2	Relational, Multi-model	149.56	-0.10	-17.96
9.	9.	↑11.	Microsoft Access	Relational	135.03	-3.14	+15.79
10.	10.	↓9.	SQLite	Relational	134.63	-3.17	+4.83

图 1.2 数据库排行榜（DB-Engines Ranking）[①]

根据 Redis 官网最新介绍：

Redis 是一个开源的基于内存处理的数据结构存储系统，可以作为数据库（Database）使用，也可以用于缓存（Cache）处理和消息（Message）传递处理。它支持的数据结构包括字符串（String）、列表（List）、散列表（Hash）、集合（Set）、有序集合（Sorted set）、位图（Bitmap）、超文本（HyperLogLog）和带半径查询的地理空间索引（Geospatial index）。Redis 数据库内置复制（Replication）、Lua 脚本、LRU 收回、事务（Transaction）和不同级别的磁盘持久化（on-disk persistence）功能，并通过哨兵（Sentinel）和集群（Cluster）自动分区（partitioning）功能实现高可用性。

Redis 数据库也提供了原子操作功能，如增加字符串内容，在散列表中进行增、减值操作，在列表里增加一个元素成员，进行集合的交、并、差等运算，或者从有序集合中获得排名最高的成员等。

Redis 数据库主要在内存中实现对各类数据的运算，以提高数据处理速度。但 Redis 数据库也会隔一段时间将数据转存到磁盘中，或者通过命令将数据附加到日志来持久化数据。当然，为了提高

① https://db-engines.com/en/ranking。

处理速度，也可以完全禁用持久性功能。

Redis 数据库支持的操作系统包括 Linux、UNIX、OS X、Windows 四大系列。早期的 Windows 版本是微软开源团队自行维护的，后期改为一群志愿者进行维护，在功能实现上有所差异[①]。为了完整体现 Redis 数据库的功能，本书采用 Linux 操作系统环境来安装 Redis 数据库。

在一般的单台 Linux 服务器上，50 万的并发访问量只需要 1s 就能处理；如果主机硬件较好，则每秒可以达到上百万的并发访问量。

1.3 Redis 数据库的下载与安装

Redis 数据库官网推荐在 Linux 操作系统里部署和使用 Redis，从而发挥该数据库系统的最佳性能。

1.3.1 在 Linux 下安装使用

如果读者的计算机上安装了 Linux 操作系统，那么就可以跳过第 1 步，直接进入第 2 步安装 Redis 的过程。假设读者用的是 Windows 操作系统，而且操作系统和 CPU 都支持 64 位（在 32 位的操作系统上安装会存在问题）。

1. 在 64 位 Windows 操作系统中安装 Docker[②]

1）下载 Docker

Docker（操作系统虚拟层应用容器软件）的下载地址为 https://hub.docker.com/editions/community/docker-ce-desktop-windows，下载 Windows 10 版本对应的 Docker 安装包。Windows 10 以前版本的 Docker 需要在该网址界面上注册下载。

2）安装 Docker

双击 Docker 安装包执行安装，安装完成后运行 Docker。为了使 Docker 与 Redis Cluster 兼容，需要使用 Docker 的主机联网模式，通过--net = host 选项实现（其设置详见 https://docs.docker.com/engine/userguide/networking/）。

3）安装 Linux

在 Docker 里安装 Linux（安装过程略，如 CentOS、RedHat、Debian、Ubuntu 等）。

2. 安装 Redis

1）下载 Redis

在 Redis 官网上下载最新版本的 Redis，下载地址为 https://redis.io/download。

在图 1.3 所示的位置下载最新稳定版本的 Redis。

---

① Redis 的 Windows 版本下载地址：https://github.com/tporadowski/redis。

② Docker 的百度百科解释地址：http://baike.baidu.com/item/Docker?sefr=enterbtn。

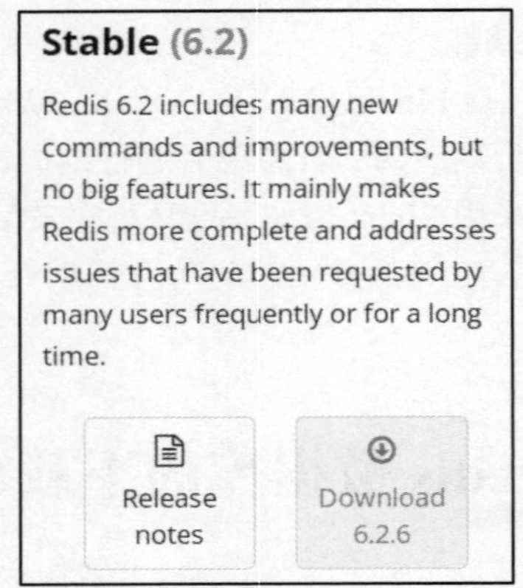

图 1.3 Redis 最新稳定版本的下载界面

说明：

可以使用 WinSCP 工具将下载好的安装包传输到 Linux 中，也可以在 Linux 中使用 wget 命令直接下载 Redis-6.2.6.tar.gz。

本书主要以 Redis 6.2.6 版本为基础实现命令测试，同时单独测试了 Redis 7.0.0 版本的命令。

2）安装 Redis

首先在 Linux 环境中解压缩 Redis 安装包，然后执行 make 命令对 Redis 解压后的文件进行编译。此处假设将 redis-6.2.6.tar.gz 安装包下载到/root/lamp 路径下。

```
$[1] cd /root/lamp                   //进入 lamp 文件夹，用于存放 redis-6.2.6.tar.gz 文件
$tar -zxvf redis-6.2.6.tar.gz        //解压 redis-6.2.6.tar.gz 文件
$cd redis-6.2.6
$make                                //编译 Redis 源代码文件为可执行文件
$cd src
$make install                        //安装该 Redis 文件
```

编译完成后，在解压文件 redis-6.2.6 中可以看到对应的 src 文件夹，这与在 Windows 下安装和解压的文件一样，大部分安装包都会有对应的类文件、配置文件和一些命令文件。

编译成功后，进入 src 文件夹，执行 make install 命令进行 Redis 安装操作。

说明：

若安装时报英文错误，用 yum install 命令将 gcc 和 tcl 升级到最新版本。

3．部署 Redis

安装完成 Redis 后，需要进一步对相关内容进行部署配置，方便数据库的使用。

先将配置文件和常用命令文件放置到新的指定的文件夹下，在 Linux 环境下执行以下命令：

[1] 本书统一用“$”符号代表 Linux 操作系统中的命令提示符，Linux 命令都在该符号后操作。不同的 Linux 产品，其命令提示符有所不同，如 DOS 的命令提示符是“>”。

```
$mv /root/lamp/redis-6.2.6/redis.conf /etc
$cd etc/
$vi① redis.conf
```

cd：改变文件夹路径

mv：将文件移动到指定文件夹

执行以下命令，启动 Redis 服务器端：

```
$redis-server
```

redis-server：启动 Redis 服务器端

Redis 服务器端启动界面如图 1.4 所示。

```
root@threecoolcat:~/redis-6.2.6
[root@threecoolcat redis-6.2.6]# ./src/redis-server
17772:C 27 Jan 2022 23:32:28.618 # oO0OoO0OoO0Oo Redis is starting oO0OoO0OoO0Oo
17772:C 27 Jan 2022 23:32:28.618 # Redis version=6.2.6, bits=64, commit=00000000, modified=0, pid=17772, just started
17772:C 27 Jan 2022 23:32:28.618 # Warning: no config file specified, using the default config. In order to specify a config file use ./src/redis-server /path/to/redis.conf
17772:M 27 Jan 2022 23:32:28.619 * monotonic clock: POSIX clock_gettime

                Redis 6.2.6 (00000000/0) 64 bit

                Running in standalone mode
                Port: 6379
                PID: 17772

                        https://redis.io

17772:M 27 Jan 2022 23:32:28.619 # WARNING: The TCP backlog setting of 511 cannot be enforced because /proc/sys/net/core/somaxconn is set to the lower value of 128.
17772:M 27 Jan 2022 23:32:28.619 # Server initialized
17772:M 27 Jan 2022 23:32:28.619 # WARNING overcommit_memory is set to 0! Background save may fail under low memory condition. To fix this issue add 'vm.overcommit_memory = 1' to /etc/sysctl.conf and then reboot or run the command 'sysctl vm.overcommit_memory=1' for this to take effect.
17772:M 27 Jan 2022 23:32:28.620 * Loading RDB produced by version 6.2.6
17772:M 27 Jan 2022 23:32:28.620 * RDB age 43 seconds
17772:M 27 Jan 2022 23:32:28.620 * RDB memory usage when created 0.77 Mb
17772:M 27 Jan 2022 23:32:28.620 # Done loading RDB, keys loaded: 0, keys expired: 0.
17772:M 27 Jan 2022 23:32:28.620 * DB loaded from disk: 0.000 seconds
17772:M 27 Jan 2022 23:32:28.620 * Ready to accept connections
```

图 1.4　Redis 服务器端启动界面

控制台上出现图 1.4 所示的信息，表示 Redis 服务器启动成功，然后按 Ctrl+C 组合键停止 Redis 服务器。修改/etc/redis.conf 文件，将 daemonize 属性的值改为 yes（以后台服务的方式启动 Redis）。

然后执行以下命令，以后台服务的方式启动 Redis。

```
$redis-server /etc/redis.conf
```

以指定配置文件的方式启动 Redis

执行结果如图 1.5 所示。

图 1.5　以后台服务的方式启动 Redis 界面

当以后台服务的方式启动 Redis 时，如果控制台界面上没有显示任何输出内容，则表示服务启动成功；如果显示了错误信息，则需要根据错误信息调整配置文件。

① mac 的学习笔记，Linux vi 命令详解，http://www.cnblogs.com/mahang/archive/2011/09/01/2161672.html。

Redis 服务器端安装完成并启动后，才可以在 Linux 下执行 Redis-cli。

Redis-cli 是客户端执行命令的操作平台，会经常用到，所以读者需要先了解该平台的基本使用方法。

4．关闭 Redis

关闭 Redis 后台，可以采用以下两种方法：

（1）先执行 Linux 命令 ps -ef|grep redis 查看 Redis 进程端口号，然后执行 Linux 命令“kill redis 进程端口号”强制关闭 Redis 后台。

（2）执行 Linux 命令 redis-cli -p 6379 shutdown 关闭对应端口的 Redis 后台。

1.3.2 Redis-cli

Redis-cli 是 Redis 客户端命令操作的简易工具，为 Redis 提供两方面的命令操作支持功能。一方面提供 Redis 数据库操作的基本功能，如实现对字符串、列表、集合、散列、有序集合、位图、超文本、地理空间索引等数据结构的建立和操作；另一方面提供 Redis 数据库管理的辅助功能，例如：

- 连续远程监控 Redis 服务器的运行情况。
- 扫描 Redis 数据库，以发现特殊的巨大键（very large keys）情况（巨大键的存在会影响 Redis 数据库的执行效率）。
- 基于模式匹配的键空间扫描。
- 为信息订阅渠道提供发布、订阅操作终端。
- 监控 Redis 数据库中的命令的执行情况。
- 检查在不同应用方式下的 Redis 服务器的延迟情况。
- 检查本计算机的调度延误情况。
- 将远程数据库备份到本地。
- 在客户端展现 Redis 数据库的情况。
- 模拟 LRU 工作负载，显示键点击统计情况。
- 实现对 Lua 的客户端操作。

此处重点介绍 Redis-cli 数据操作的基本功能。在后续章节中酌情介绍其他辅助功能。

1．Redis-cli 的两种使用方式

第一种为带参数方式，举例如下：

从这里开始，读者必须动手体验各种 Redis 命令的用法

```
$redis-cli -h 127.0.0.1 -p 6379 ping
PONG
```

以参数形式指出 Redis-cli 要连接的 Redis 数据库，同时执行 ping 命令。这里指向 IP 地址为 127.0.0.1、端口号为 6379 的本机 Redis 数据库。显然，通过变换 IP 地址和端口号，可以使用 Redis-cli 连接其他服务器上的 Redis 数据库。如果返回的结果是 PONG，则说明 Redis-cli 与 Redis 数据库连接成功。当连接失败时，会返回以 ERR 开头的连接失败信息。

第二种为交互式模式，举例如下：

```
$redis-cli
```

在 Linux 提示符下执行上述命令，进入以下 Redis 客户端交互操作界面：

```
redis 127.0.0.1:6379>
```

方便起见，本书后续统一采用 r>方式

就可以在其上输入各种 Redis 操作命令，然后按 Enter 键，执行各种数据库操作。这是 MongoDB shell 程序员所熟悉的命令交互方式。

2. 试用 Redis 命令

在 Redis 客户端交互操作界面检查 Redis-cli 与 Redis 数据库的连接状态，命令如下：

```
r>ping
PONG
```

⚠ **注意：**

（1）Redis 数据库对命令大小写不敏感，这意味着 ping、Ping、PING 表示同一个命令。

（2）Redis 数据库对变量大小写敏感，如 Title 和 title 是两个变量。

（3）在执行 Redis-cli 客户端工具之前，Redis 数据库必须为正常启动状态，否则无法执行数据库命令。

（4）用 exit 命令退出 Redis-cli 客户端。

1.3.3 在 Windows 下安装使用

Redis 官网并不提供可以在 Windows 操作系统中直接运行的 Redis。一开始，微软公司组织了一个团队，独自更新并维护 Windows 版本的 Redis，一直更新到 Redis 3.0.504（2016 年前），后续微软公司放弃了对该版本的维护。其下载地址为 https://github.com/microsoftarchive/redis/releases。

后来网上一群志愿者自主独立维护 Windows 版本的 Redis，截至 2022 年 3 月，版本已经更新到 5.0.14.1，其下载地址为 https://github.com/tporadowski/redis/releases，下载界面如图 1.6 所示。

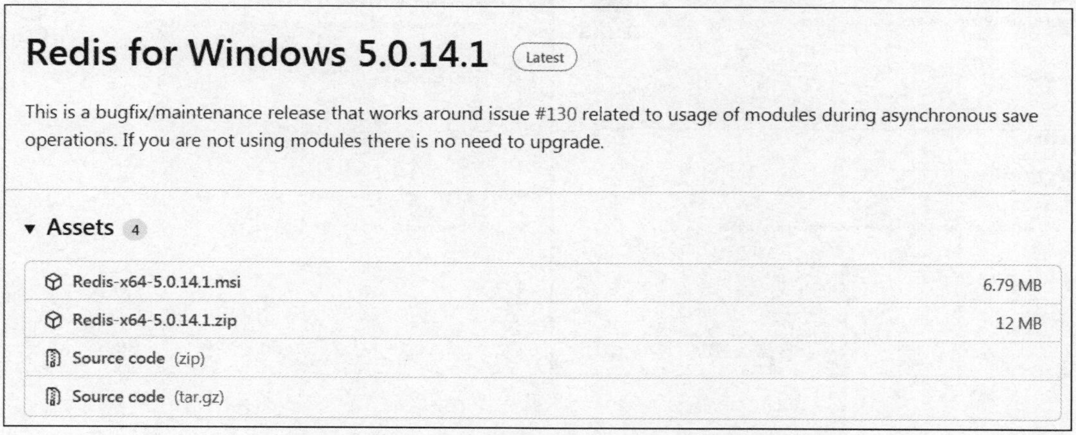

图 1.6　Windows 版本的 Redis 下载界面

1. 下载安装 Redis 5.0.X

（1）在图 1.6 所示的界面上单击“Redis-x64-5.0.14.msi”，下载安装包。

（2）在硬盘上建立一个运行 Redis 的文件夹，如 D:\redis。

（3）双击 Redis-x64-5.0.14.msi，开始如图 1.7 所示的安装过程。

双击安装包后，显示如图 1.7（a）所示的界面；单击 Next 按钮，进入图 1.7（b）所示的授权许可界面，勾选 I accept the terms in the License Agreement 复选框；单击 Next 按钮，进入图 1.7（c）所示的安装路径选择界面，这里选择 D:\redis\安装路径；然后单击 Next 按钮，进入图 1.7（d）所示的网络端口号和防火墙设置界面，一般情况下可以选择默认的端口号 6379，防火墙选项可以不选；单击 Next 按钮，进入图 1.7（e）所示的最大内存设置界面，这里选择默认设置；单击 Next 按钮，进入图 1.7（f）所示的准备安装界面；单击 Install 按钮，进入安装过程（期间若有防火墙阻拦提示，设置为允许继续安装）；最后进入图 1.7（g）所示的完成安装界面，单击 Finish 按钮完成安装。

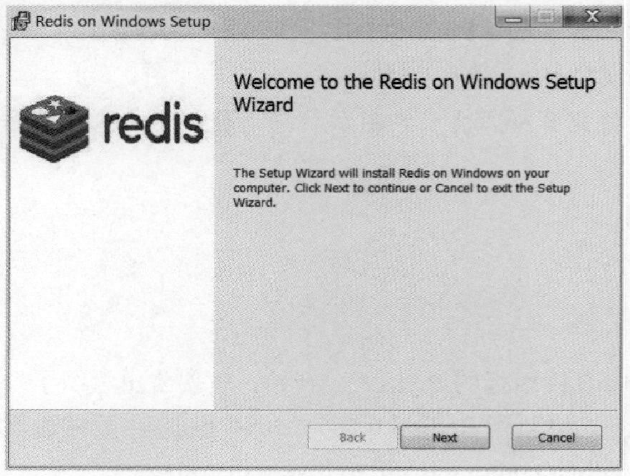

（a）

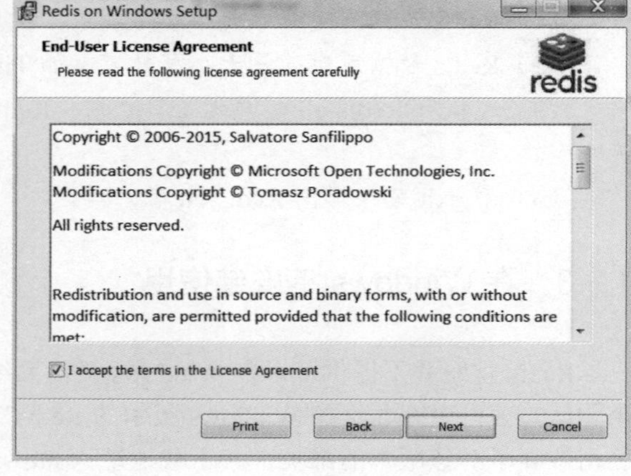

（b）

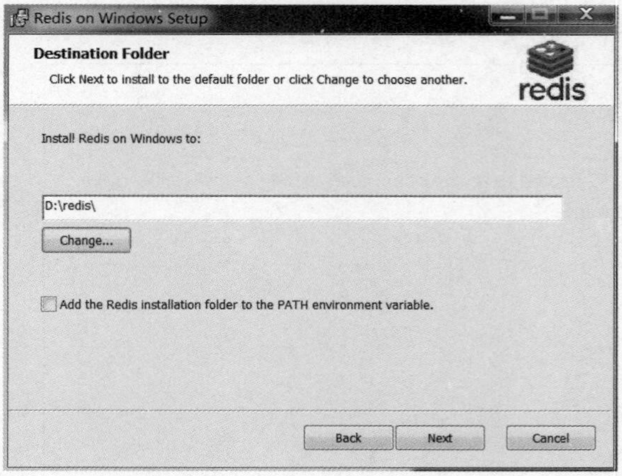

（c）

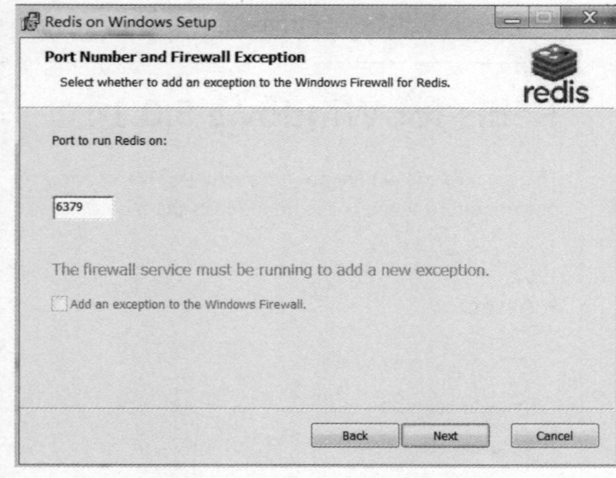

（d）

图 1.7　Redis 在 Windows 下的安装过程

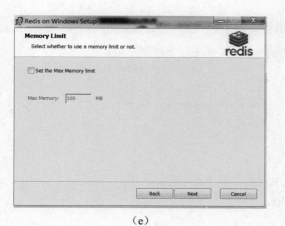

（e）

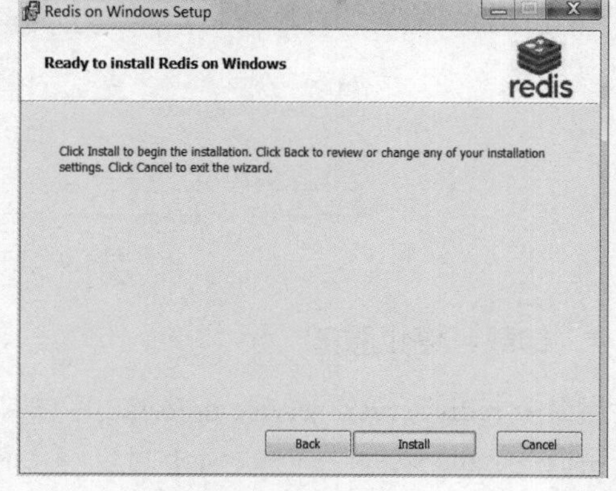

（f）

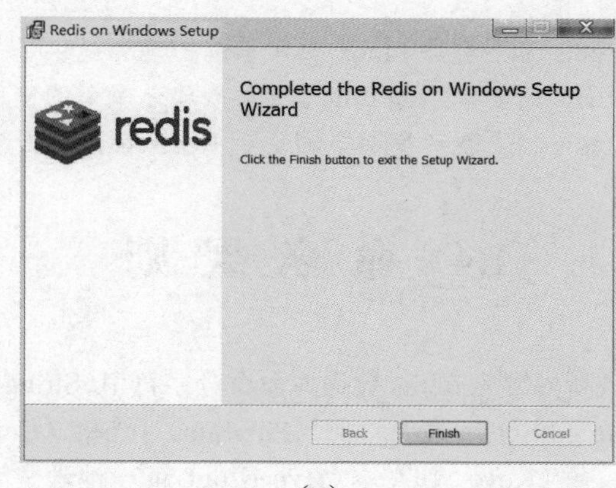

（g）

图 1.7 （续）

2．启动 Redis

打开 Windows 的命令提示符（可以用 CMD 命令启动）界面，切换到 Redis 的安装路径下，执行 redis-server redis.windows.conf 命令启动 Redis，如图 1.8 所示。

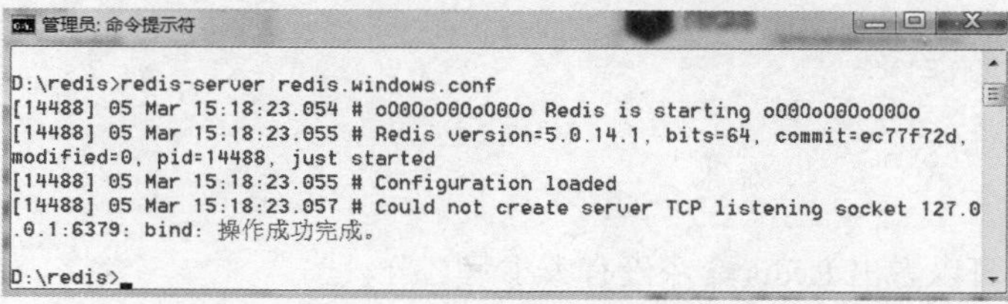

图 1.8 在命令提示符中启动 Redis

3．使用 Redis

启动 Redis 后再启动 Redis-cli 工具来执行 Redis 命令。然后打开一个新的命令提示符界面，切换到 Redis 安装路径下，执行 redis-cli 命令（见图 1.9），就可以在 Redis 客户端命令提示符

（127.0.0.16379>）右边直接输入各种 Redis 命令进行练习了。

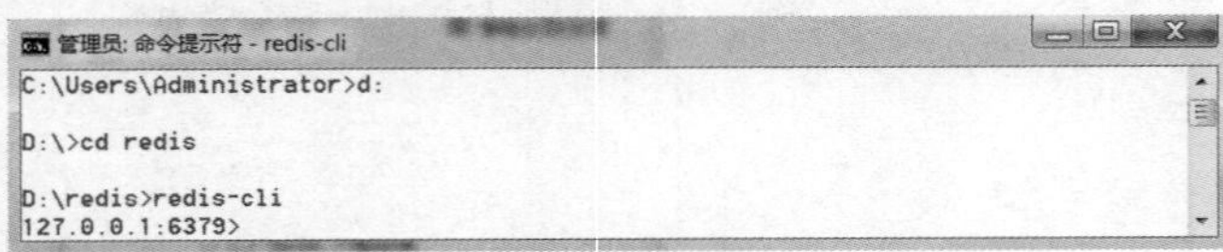

图 1.9　启动 Redis-cli 工具

4．卸载、停止服务

用命令 redis-server -service-uninstall 可以卸载 Redis。

用命令 redis-server -service-stop 可以停止 Redis。

说明：

（1）Windows 版本的 Redis 为不熟悉 Linux 操作系统的读者提供了另外一种学习方法。

（2）Windows 版本的 Redis 的功能不如 Linux 版本，部分命令的使用也存在细微区别。

（3）Windows 版本的 Redis 的更新速度明显滞后于 Redis 官网的更新速度。

1.4　命 名 规 则

根据 Redis 官网提供的最新内容[①]，Redis 数据库命令分字符串（String）、列表（List）、集合（Set）、散列（Hash）、有序集合（Sorted Set）、发布订阅（Pub/Sub）、连接（Connection）、服务（Server）、脚本（Scripting and Function）、键（Key）、超文本（HyperLogLog）、地理空间索引（Geospatial index）、事务（Transaction）、集群（Cluster），一共 200 多种命令。

Redis 的命名规则分为命令的命名规则和数据对象的命名规则。

1．命令的命名规则

大小写不敏感，ping、PING、Ping、pinG 都为同一个命令，在 Redis-cli 中的执行示例如下：

```
127.0.0.1:6379> ping
PONG
127.0.0.1:6379> PING
PONG
127.0.0.1:6379> pinG
PONG
```

从上述执行结果可以看出 Redis 命令没有大小写之分。

2．数据对象的命名规则

Redis 的数据类型非常丰富，如字符串、列表、集合、散列、有序集合等，用上述数据类型命令生成的数据对象是大小写敏感的，如用同一个命令生成的 n1、N1 是不同的数据对象。

[①] Redis 官网命令大全：https://redis.io/commands。

命名数据对象时一般尽量容易理解，而且不宜太长。例如，能用 student_name，就不要用 s_n，显然前者容易理解，后者不容易理解；shanghaidao_junior_high_student_name 显然太长，容易占用存储空间，而且没有 student_name 易读、易用。

1.5 练习及实验

1．填空题

（1）数据库系统经历了层次数据库系统、网状数据库系统、关系型数据库系统、________数据库系统、NewSQL 数据库系统。

（2）Redis 是主要基于________进行数据存储的数据库系统，其设计之初的目的是追求速度。

（3）Redis 是一个开源的基于内存处理的数据结构存储系统，可以作为数据库使用，也可以用于缓存处理和________传递处理。

（4）在商业环境下，Redis 建议部署在________操作系统中。

（5）启动 Redis 后，使用________工具实现命令的输入和执行。

2．判断题

（1）Redis 数据库系统属于 NewSQL 数据库系统。（　　）

（2）Reids 数据库系统不具有关系型数据库系统的特点。（　　）

（3）Redis 主要在内存中实现对各类数据的运算，以提高数据处理速度。（　　）

（4）Redis 的数据也可以存储到硬盘上。（　　）

（5）Redis 的数据对象在命名上大小写不敏感。（　　）

3．实验题

安装 Redis。在自己的计算机里安装 Redis，安装要求如下：

（1）截取安装过程界面。

（2）写出主要安装步骤。

（3）安装成功后，执行一个安装命令。

（4）形成实验报告。

第 2 章

字符串、列表命令

Redis 数据库提供了种类丰富的数据结构存储对象，对它们进行读写等操作是通过执行相应的命令来实现的。从第 2 章开始，需要读者一步一步地掌握各种数据库操作命令的使用方法。

扫一扫，看视频

2.1 字 符 串

字符串类是 Redis 最简单的数据结构存储对象之一。

2.1.1 字符串存储结构

Redis 数据库数据存储模式是基于键值对（Key-Value）基本存储原理进行细化分类的，构建了具有自身特点的数据结构类型。

截至 2022 年 3 月，Redis 官网提供的数据结构类型已经达到 9 种。在对数据进行各种命令操作之前，首先需要掌握 Redis 数据结构类型的特点。

字符串（String）是 Redis 数据库最简单的数据结构，由键值对构成，其形式如图 2.1 所示。

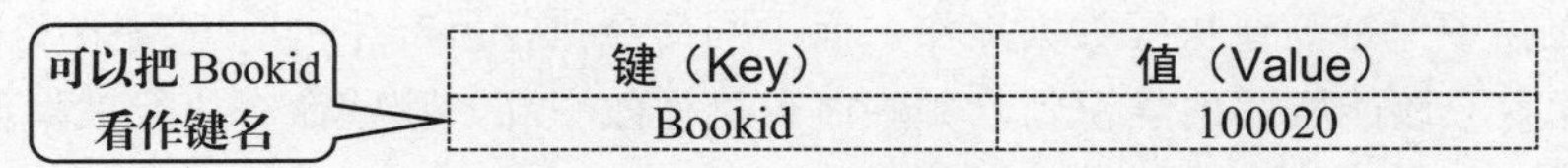

图 2.1 字符串的形式

（1）键（Key）。键的键名的表示方式可以是带引号的内容，如“111”；也可以是没有引号的，如 111，这两个键名指向同一个键。

（2）值（Value）。字符串值内容是二进制安全的，这意味着程序可以把数字、文本、图片、视频、格式数据（JSON、XML 等）等赋给值，而且 Redis，为上述值的内容提供了丰富的操作命令，详情见 7.2.1 小节。

⚠ **注意：**

（1）键名不要过大，如用几百字节的内容作为键名，会影响 Redis 数据库的执行效率；键名要容易阅读，这样方便系统维护。

（2）值最大的长度不能超过 512MB。

（3）键名可以用 IT:Bookid 方式增加键名的提示信息。

截至 2022 年 3 月，Redis 中字符串的操作命令分为字符串命令和位图命令，共 28 个。

2.1.2 读写命令

表 2.1 列出了基本字符串读写操作命令。

表 2.1　基本字符串读写操作命令

序号	命令名称	命令功能描述	执行时间复杂度[1]
1	Set	为指定的一个键设置对应的值（任意类型）。如果已经存在值，则直接覆盖原来的值	$O(1)$
2	MSet	为多个键设置对应的值（任意类型）。如果已经存在值，则直接覆盖原来的值。该命令是原子操作，操作过程是排他锁隔离的	$O(n)$
3	MSetNX	对多个键名设置对应的值（任意类型）。该命令不允许指定的任何一个键名已经在内存中建立，如果有一个键名已经建立，则该命令执行失败。它是原子操作，所执行的命令内容要么都成功，要么都不执行。它适合用于通过设置不同的键名来表示一个唯一的对象的不同字段	$O(n)$
4	Get	得到指定一个键名的字符串值。如果键名不存在，则返回 nil 值；如果值不是字符串，则返回错误信息，因为该命令只能处理 String 类型的值	$O(1)$
5	MGet	得到所有指定键名的字符串值，与 Get 的区别是可以同时指定多个键名，并且可以同时获取多个字符串的值	$O(n)$
6	StrLen	获取指定键名的值为字符串的长度。如果值为非字符串，则返回错误信息	$O(1)$

由于 Redis 需要在内存中保持高速执行数据操作，而不同命令执行所产生的时间复杂度是不一样的。对于这些差异，读者应该能敏感地意识到，哪些命令执行效率高，哪些命令执行效率低。例如，$O(1)$与 $O(n)$比，显然 $O(1)$效率高。

1．Set 命令

作用：创建一个字符串的键值对对象。

语法：Set key value [EX seconds] [PX milliseconds] [NX|XX]

参数说明：key value 是必选项，填写字符串键和值，键和值中间空一格；EX seconds 设置指定的到期时间，以秒为单位；PX milliseconds 设置指定的到期时间，以毫秒为单位；NX 只有当指定的键名不存在时，才能设置对应的值；XX 只有当指定的键名存在时，才能设置对应的值。

返回值：如果命令正常执行，则返回 OK；如果命令加了 NX 或 XX 参数，但是命令未执行成功，则返回 nil。

说明：

对于 Redis 所有的操作命令，当在语法说明里带“[”和“]”符号时，意味着括号内的参数是可选的，不是必需的。

【例 2.1】Set 命令使用实例。

在安装 Redis-cli 的 Linux 环境下启动该命令交互平台

```
$redis-cli
r>Set BookName "《C 语言》"              //设置键名为 BookName，值为“《C 语言》”字符串
OK                                       //返回值

r>Set BookName0 "《D 语言》" EX 1        //1s 后 BookName0 过期
OK                                       //返回值
```

[1] 百度百科，时间复杂度，http://baike.baidu.com/item/时间复杂度?sefr=enterbtn。

2. MSet 命令

作用：一次性可以设置多个键值对字符串。

语法：MSet key value [key value ...]

参数说明：key 指定需要设置字符串的键，value 指定键名对应的值（可以是任意类型）。该命令支持多个键值对同步设置。

返回值：返回值总是 OK，因为该命令设计为不会失败。

【例 2.2】MGet 命令使用实例。

```
r>MSet BookName1 "《A 语言》" BookName2 "《B 语言》" //同时设置两个键值对
OK                                                //返回值
```

3. MSetNX 命令

作用：一次性可以设置多个键值对字符串；要先确保设置的键名在内存中不存在，再执行该设置命令。

语法：MSetNX key value [key value ...]

参数说明：key 指定需要设置字符串的键，value 指定键名对应的值（可以是任意类型）。该命令支持多个键值对同步设置。

返回值：如果所有的键名被设置了值，则返回 1；如果有键名没有被设置值（意味着至少一个键名已经存在），则返回 0。

【例 2.3】MSetNX 命令使用实例。

```
r>MSetNX BookID1 1001 BookID2 1002 BookID3 1003
(integer) 1
r>MSetNX BookID3 1003 BookID4 1004 BookID5 1005
(integer) 0
```

上述第一条命令的 BookID3 已经存在，那么第二条命令全部不执行。

4. Get 命令

作用：获取指定键名对应的值。如果指定键名不存在，则返回 nil。

语法：Get key

参数说明：key 指定需要读取字符串的键名。

返回值：返回指定键名对应的值。当键名不存在时，返回 nil。

【例 2.4】Get 命令使用实例。

在例 2.1 的基础上执行如下命令：

```
r>Get BookName
《C 语言》    //返回值，或返回“\xe3\x80\x8aC\xe8\xaf\xad\xe8\xa8\x80\xe3\x80\x8b”
```

说明：

如果 Get 命令得到的结果为十六进制值(一般在含中文值的情况下出现)，可以通过在执行 redis-cli 命令时在其后面加上--raw 参数解决。

5．MGet 命令

作用：通过指定多个键名一次性获得多个键名对应的值。

语法：MGet key [key ...]

参数说明：key 指定需要读取字符串的键，这里允许多 key 指定。

返回值：返回所有指定键对应的值，用列表形式显示。对于不是 String 类型的值或者不存在的键，都返回 nil，所以，这个命令从来不会返回命令执行失败的信息。

【例 2.5】MGet 命令使用实例。

在例 2.2 基础上执行如下命令：

```
r>MGet BookName1 BookName2 BookName3  //同时获取 3 个字符串键的值
1) "《A 语言》"
2) "《B 语言》"
3) (nil)                              //第 1 个和第 2 个字符串值显示成功，第 3 个字符串返回 nil
```

说明：

不同 Linux 环境下的显示格式略有不同。

6．StrLen 命令

作用：获取指定键名对应值的字符串长度。

语法：StrLen key

参数说明：key 指定需要获取长度的字符串键。

返回值：返回字符串长度。如果值为非字符串，则返回错误信息；如果键名不存在，则返回 0。

【例 2.6】StrLen 命令使用实例。

```
r>Set MyName "张三"
OK
r>StrLen MyName
(integer) 6                           //一个汉字占 3 个字节，两个汉字占 6 个字节
r>StrLen Sky
(integer) 0
r>set age 18                          //一个 ASCII 码字符占 1 个字节
OK
r>strlen age
(integer) 2
```

2.1.3　修改和删除命令

在内存中创建字符串数据对象后，往往会碰到数据本身发生修改，或对不需要的字符串对象进行删除的情况，以释放内存空间。表 2.2 列出了字符串类型数据的修改、删除命令。

表 2.2 修改、删除字符串命令

序号	命令名称	命令功能描述	执行时间复杂度
1	Append	追加字符串。当字符串指定键名存在时，把新字符串追加到现有值的后面；当键名不存在时，则建立新的字符串（该操作类似于 Set）	$O(1)$
2	GetRange	得到指定范围字符串的子字符串	$O(n)$
3	GetSet	得到指定字符串键名的旧值，然后为键名设置新值	$O(1)$
4	SetRange	替换指定键名的字符串的一部分	$O(1)$
5	Del	删除指定键名的值（任意类型）	$O(1)$

1. Append 命令

作用：为指定键名的值追加字符串。

语法：Append key value

参数说明：key 为指定字符串的键名，value 为需要增加的字符串内容。

返回值：增加字符串后的整个新字符串的长度。

【例 2.7】Append 命令使用实例。

```
r>Get AddTail
(nil)                                  //返回值为 nil，说明键名为 AddTail 的字符串不存在
r>Append AddTail "A"                   //建立一个字节长度的新字符串
(integer) 1
r>Append AddTail " dog!"               //d 前面有一个空格
(integer) 6                            //新字符串长度为 6 字节
r>Get AddTail
"A dog! "
```

说明：

因为 Redis 在建立字符串的同时会给字符串增加一倍的可用空闲空间，所以在后续增加同样大小的值的情况下，所用时间为 $O(1)$。这也提醒读者增加固定长度的字符串的速度最快。

2. GetRange 命令

作用：得到指定范围的字符串的子字符串。

语法：GetRange key start end

参数说明：key 为指定字符串的键名，start 为字符串的开始位置，end 为字符串的结束位置。开始位置从 0 开始，也就是字符串第一个字节位置为 0，第二个字节位置为 1，以此类推；开始、结束位置也可以用负数表示，如-1 代表字符串最后一个位置，-2 代表倒数第二个位置，以此类推。当开始、结束位置超出字符串的范围时，该命令会自动把结果控制在字符串长度范围之内。

返回值：返回指定范围内的子字符串。

【例 2.8】GetRange 命令使用实例。

```
r>Set context "This a white dog!"
OK
```

```
r>GetRange context 0 3          //字符串正向数位置从 0 开始
"This"
r>GetRange context -4 -2        //从字符串后往前数，进行子字符串截取
"dog"
r>GetRange context 13 50        //结束位置超过了字符串本身的长度
"dog!"
r>GetRange context 0 -1
"This a white dog! "            //结束位置用-1 比较方便，无须一个一个地数或用 StrLen 获取长度
```

说明：

在 Redis 2.0.0 版本之前截取子字符串，用的命令是 SubStr，后来的版本将命令改成了 GetRange。

3．GetSet 命令

作用：得到指定字符串键名的旧值，然后为键名设置新值。

语法：GetSet key value

参数说明：key 为指定字符串的键名，value 是为键名设置的新值。

返回值：返回之前的旧值。如果指定的键不存在，则返回 nil。

【例 2.9】GetSet 命令使用实例。

```
r>Set counter "1"               //值一定是字符串型
"OK"
r>GetSet counter "0"            //给 counter 设置 0，并返回 1
"1"
r>Get counter                   //counter 的值为 0
"0"
```

说明：

GetSet 命令的主要应用场景为实现支持重置的计数功能，可与 Incr 命令配合使用。

4．SetRange 命令

作用：替换指定键名的字符串的一部分。

语法：SetRange key offset value

参数说明：key 为指定字符串的键名，offset 为字符串需要修改的开始位置，value 为新的子字符串值。如果 offset 位置超过了指定字符串的长度，则超出部分补 0。所以该命令可以确保在指定位置设置新的子字符串值。

返回值：该命令修改后的新的字符串长度。

【例 2.10】SetRange 命令使用实例。

```
r>Set title "I like dogs."
OK
r>SetRange title 7 "cats."
(integer) 12
r>Get title
"I like cats."
```

补 0 的例子如下：

```
r>SetRange titles 4 "注意"
(integer) 10
r>Get titles
"注意"                              //不同 Linux 环境下的格式存在不一致现象
```

说明：

（1）Redis 数据库把字符串的大小限制为 512MB，所以 offset 不能超过 536 870 911bit。

（2）当指定的键没有值时，在指定位置设置新值，Redis 数据库需要立即分配内存，这有可能会导致服务阻塞现象的出现。新设置的值长度越大，需要消耗的时间越多，一般消耗时间在几毫秒到几百毫秒之间。

5. Del 命令

作用：在内存里删除指定键名的对象。这里的对象可以是字符串、列表、集合、散列、有序集合等。

语法：Del key [key ...]

参数说明：key 指定需要删除的字符串键名，允许一次删除多个。

返回值：被删除字符串的个数。

【例 2.11】Del 命令使用实例。

```
r>Set FirstName "TomCat1 "
OK
r>Set SecondName "TomCat2 "
OK
r>Get FirstName
" TomCat1 "
r>Get SecondName
" TomCat2 "
r>Del FirstName SecondName          //一次删除两个字符串
(integer) 2                         //返回值为 2
r>Get SecondName
(nil)                               //返回值为 nil，意味着该字符串在内存中不存在了
```

说明：

Del 命令还可以删除其他类型的数据结构，如列表、集合、散列等。

另外，Redis 数据库专门为字符串值为数字的数据提供了修改操作命令，见表 2.3。

表 2.3　修改数字的操作命令

序号	命令名称	命令功能描述	执行时间复杂度
1	Decr	对整数做原子减 1 操作	$O(1)$
2	DecrBy	对整数做原子减指定数操作	$O(1)$
3	Incr	对整数做原子加 1 操作	$O(1)$
4	IncrBy	对整数做原子加指定数操作	$O(1)$
5	IncrByFloat	对浮点数做原子加指定数操作	$O(1)$

6. Decr 命令

作用：对整数做原子减 1 操作。

语法：Decr key

参数说明：key 为指定字符串的键，该字符串的值必须为整型。如果 key 不存在，则会新建键，并设置对应的值为 0。

返回值：返回减 1 后的数字。如果指定键的字符串值存储的是非整型数据，则该命令返回错误提示信息。

【例 2.12】Decr 命令使用实例。

```
r>Set countLog "10"
OK
r>Decr countLog
(integer) 9                                      //一次减 1
r>Set countLog "10g"                             //非整型值
OK
r>Decr countLog
ERR value is not an integer or out of range      //错误提示信息
```

说明：

（1）Decr 命令最大支持 64 位有符号的整型数字。

（2）英文水平好的读者可以发现 Decr 是英文 Decrease（减少）的略写。通过英文全称，可以更好地记住命令。

7. DecrBy 命令

作用：对整数做原子减指定数操作。

语法：DecrBy key decrement

参数说明：key 为指定需要做减数操作的字符串的键，decrement 为需要减少的整数数量。如果 key 不存在，则会新建键，并设置对应的值为 0。该命令的使用方法类似于 Decr 命令，主要区别是后者一次减 1，前者一次减指定数量。

返回值：返回减少数量后的数字。如果指定键的字符串值存储的是非整型数据，则该命令返回错误提示信息。

【例 2.13】DecrBy 命令使用实例。

```
r>Set countLog "10"
OK
r>DecrBy countLog 8                        //一次直接减 8
(integer) 2
```

8. Incr 命令

作用：对整数做原子加 1 操作。

语法：Incr key

参数说明：key 为指定字符串的键，键对应的值必须为整型数字。如果指定的键不存在，则会新建键，并设置对应的值为 0。

返回值：返回加 1 后的数字。如果指定键的字符串值存储的是非整型数据，则该命令返回错误提示信息。

【例 2.14】Incr 命令使用实例。

```
r>Set countLog "10"
OK
r>Incr countLog                             //一次加 1
(integer) 11
r>Get countLog
"11"
```

说明：

（1）Incr 命令最大支持 64 位有符号的整型数字。

（2）Incr 是英文 Increase（增多）的略写。

（3）原子递增操作常用于计数器和特定场景的限速器中。

9．IncrBy 命令

作用：对整数做原子加指定数操作。

语法：IncrBy key decrement

参数说明：key 为指定需要做加数操作的字符串键，decrement 为需要增加的整数数量。如果 key 不存在，则会新建键，并设置对应的值为 0。该命令的使用方法类似于 Incr 命令，主要区别是后者一次加 1，前者一次加指定数量。

返回值：返回增加数量后的数字。如果指定键的字符串值存储的是非整型数据，则该命令返回错误提示信息。

【例 2.15】IncrBy 命令使用实例。

```
r>Set countLog "10"
OK
r>IncrBy countLog 2
(integer) 12                                   //一次直接加 2
```

10．IncrByFloat 命令

作用：对浮点数做原子加指定数操作。

语法：IncrbyFloat key decrement

参数说明：key 为指定字符串的键，键对应的值必须是浮点数，并存放于 String 类型中。decrement 为需要增加的浮点数。

返回值：返回增加后的浮点数值。如果操作出错，则返回错误提示信息。

【例 2.16】IncrByFloat 命令使用实例。

```
r>Set countPrice 10.1
OK
r>IncrByFloat countPrice 0.2
```

```
 "10.3 "                              //一次增加 0.2，而且是字符型结果
r>Set countPrice 10.0e3               //可以用任意指数符号，这里用 e，设置值为 10000.0
OK
r>IncrByFloat countPrice 2.0e2        //新增值为 200.0
 "10200.0 "                           //最终结果值
```

说明：

满足以下任意一个条件，该命令将返回错误提示信息：

（1）key 包含非法值（不是 String 类型）。

（2）当前的值增加指定数后，不能解析为一个双精度的浮点数（超出精度范围）。无论各计算的内部精度如何，输出精度都固定为小数点后 17 位。

2.1.4　位图命令

当 Redis 数据库利用字符串的值存储二进制数据时，就可以利用位图操作命令，见表 2.4。所有的位图命令是以 Bit 开头或结尾的特殊字符串处理命令。利用位图命令处理数据，存在两方面的好处：一是可以大幅减少存储量（利用比特位存放数据，所需要的内存空间最少）；二是当在特定应用场景中进行数据处理时速度相对较快。位图适用于用户访问记录统计类似的应用场景。显然，该类型的数据由于利用二进制表示，直接展示给用户看不是很直观。

表 2.4　位图操作命令

序号	命令名称	命令功能描述	执行时间复杂度
1	BitCount	统计字符串指定起止位置的值为 1bit 的位数	$O(n)$
2	SetBit	设置或者清空指定位置的 bit 值	$O(1)$
3	GetBit	获取指定位置的 bit 值	$O(1)$
4	Bitop	对一个或多个二进制位的字符串进行比特位运算操作	$O(n)$
5	BitPos	获取字符串里第一个被设置为 1 或 0 的位置	$O(n)$
6	BitField	对指定字符串数据进行位数组寻址、位值自增/自减等操作	$O(1)$

1．BitCount 命令

作用：统计字符串指定起止位置的值为 1bit 的位数。

语法：BitCount key [start end]

参数说明：key 为指定字符串的键，start 为需要统计的字符串开始字节的下标位置（所有的字符串值第一个字节的下标位置都为 0），end 为需要统计的字符串结束字节的下标位置。如图 2.2 所示，字符串 foods 的开始字节 f 的下标值为 0，结束字节 s 的下标值为 4，该命令统计的是字符串值的所有比特位为 1 的数量；如果把 start 值设置为 2，end 值设置为 2，则统计 o 的比特位为 1 的数量。

起止位置的设置和 GetRange 命令类似，也可以用负数表示，如-1 代表字符串值的最后一个字节，-2 代表倒数第二个字节。当省略 start 和 end 参数时，统计指定字符串的所有二进制 1 比特位的总数量。

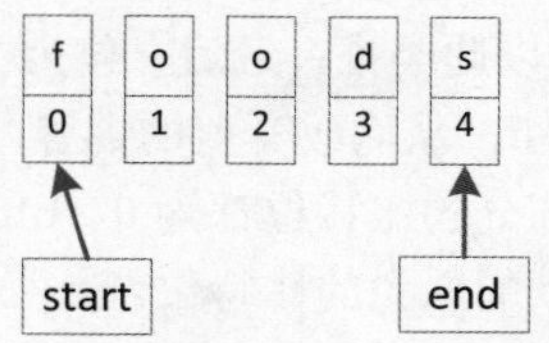

图 2.2 foods 字符串值的位置下标关系

返回值：返回指定范围的 1bit 的总数。如果指定的 key 不存在，则返回 0。

【例 2.17】BitCount 命令使用实例。

```
r>Set tkey "foods"
OK
r>BitCount tkey 0 0
(integer)4
```

为了直观地分析 BitCount 命令的统计结果，需要把字符串值 foods 通过 ASCII 码换算成二进制形式，如图 2.3 所示。

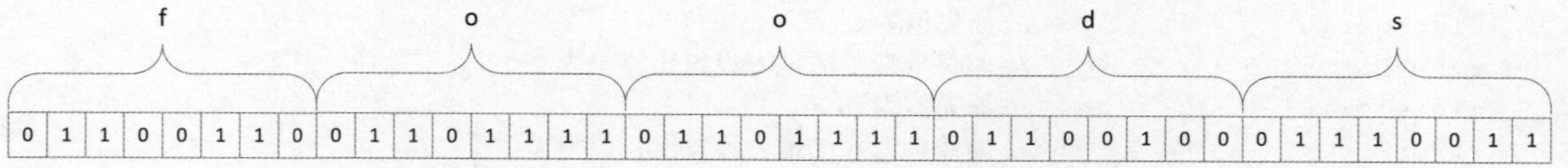

图 2.3 foods 的二进制形式

在 ASCII 码表中，f 对应的二进制值是 01100110，o 对应的二进制值是 01101111，d 对应的二进制值是 01100100，s 对应的二进制值是 01110011。从字符串值角度来说，一个英文字母对应的是一个字节（Byte），即 8 个比特位（bit）。当参数 begin=0 时，统计的开始字节位置是 f；当参数 end=0 时，则统计的结束字节位置为 f 本身。f 的二进制 1 比特位为 4 个，所以，最终该命令统计的结果为 4。

```
r>BitCount tkey 1 2
(integer)12
```

这里的 BitCount 命令的开始位置指向 1（第一个 o 所在的位置），结束位置指向 2（第二个 o 所在的位置），所以，统计两个 o 的 1 比特位的数量，最终结果为 12。

说明：

（1）Set tkey "foods"从侧面证明了 Redis 数据库中字符串所有的值最终是以二进制形式存储的。

（2）如果直接通过命令存储二进制形式的值，则需要使用 SetBit 命令。

2. SetBit 命令

作用：设置或者清空指定位置的 bit 值。

语法：SetBit key offset value

参数说明：key 为指定字符串的键，键名对应的值必须为 String 类型；offset 为值的二进制偏移量，在二进制中，一个字节的偏移量从左到右数为 0～7，如字母 s 的二进制值为 01110011，那么左边第一位的偏移量为 0，第二位为 1，以此类推，最后一位为 7；value 为比特位 1 或 0。该命令用于对指定键的值的比特位进行置 1 或置 0，从而改变值的内容。当键不存在时，建立一个新的字符串值，并保证 offset 处有比特位，其他部分的比特位都为 0。offset 的设置范围是 0～231。

返回值：返回在 offset 处的二进制的原先的比特位。

通过查看 ACSII 码对照表，可以得到 s 的二进制值为 01110011。用 SetBit 命令设置其二进制值如例 2.18 所示。

【例 2.18】SetBit 命令使用实例。

```
r>Set s1 s
OK
r>SetBit s1 1 1              //偏移量为 1 的地方设置比特位为 1
(integer)1                   //原先值为 1
r>SetBit s1 2 1              //偏移量为 2 的地方设置比特位为 1
(integer)1                   //原先值为 1
r>SetBit s1 3 1              //偏移量为 3 的地方设置比特位为 1
(integer)1                   //原先值为 1
r>SetBit s1 4 0              //偏移量为 4 的地方设置比特位为 0
(integer)0                   //原先值为 0
r>SetBit s1 5 0              //偏移量为 5 的地方设置比特位为 0
(integer)0                   //原先值为 0
r>SetBit s1 6 1              //偏移量为 6 的地方设置比特位为 1
(integer)1                   //原先值为 1
r>SetBit s1 7 1              //偏移量为 7 的地方设置比特位为 1
(integer)1                   //原先值为 1
r>Get s1
s
```

说明：

（1）当 offset 等于 $2^{32}-1$ 且键为空或键对应的值字符串比较小时，Redis 数据库会立即分配所有内存，可能会导致服务阻塞，进而影响业务系统的操作响应。

（2）重新分配内存的时间在几毫秒到几百毫秒之间。

3．GetBit 命令

作用：获取指定位置的 bit 值。

语法：GetBit key offset

参数说明：key 为指定字符串的键，键对应的值必须为 String 类型；offset 为键对应值（二进制）的偏移位置。当 offset 超出字符串值（二进制）的长度时，超出部分用 0 比特位填充。

返回值：返回在 offset 处的 bit 值。当 key 不存在时，将会看作空字符串，返回 0。

【例 2.19】GetBit 命令使用实例。

```
r>SetBit TestBit 7 1        //这里设 TestBit 键名是新的，所以新建该键名
(integer)1                  //返回原先值 1
r>GetBit TestBit 0          //偏移量为 0 处的比特位为 1
(integer)1                  //返回 0 处的比特位为 1
```

```
r>GetBit TestBit 7             //偏移量为 7 处的比特位为 1
(integer)1                     //返回 7 处的比特位为 1
r>GetBit TestBit 10            //偏移量为 10 处的比特位为 0，超过了原先值的范围
(integer)0                     //返回 10 处的比特位为 0
```

这里需要对 SetBit TestBit 7 1 作进一步解释，在命令执行后，该字符串值的二进制形式如图 2.4 所示。由于该字符串是新建的，前面 1～6 位都置为了 1 比特位，且将第 7 位设置为 1 比特位。所以 GetBit TestBit 7 得到的比特位为 1。

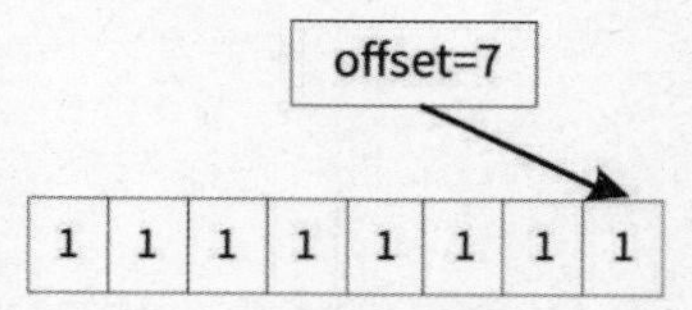

图 2.4　SetBit TestBit 7 1 的设置结果

说明：

在不同操作系统中测试，会得到不同的结果。作者是在 CentOS（Linux 的一个版本）里测试的，结果如例 2.19 所示；在 https://try.redis.io/里测试，结果是 TestBit 的二进制值为 00000001。

4．Bitop 命令

作用：对一个或多个二进制位的字符串进行比特位运算操作。

语法：Bitop operation destkey key [key ...]

参数说明：operation 为二进制比特位运算方式，这里可以指定为 AND（并）、OR（或）、NOT（非）、XOR（异或）4 种操作方式。该命令的二进制位运算结果保存到 destkey 中。key 为指定字符串的键名，要求键名对应的值必须为 String 类型。除了 NOT 的键名只能为一个外，其他操作允许多键名。

AND、OR、NOT、XOR 操作举例如下：

（1）AND 运算：00001001 AND 01100001 的运算结果为 00000001，其运算过程如图 2.5 所示。

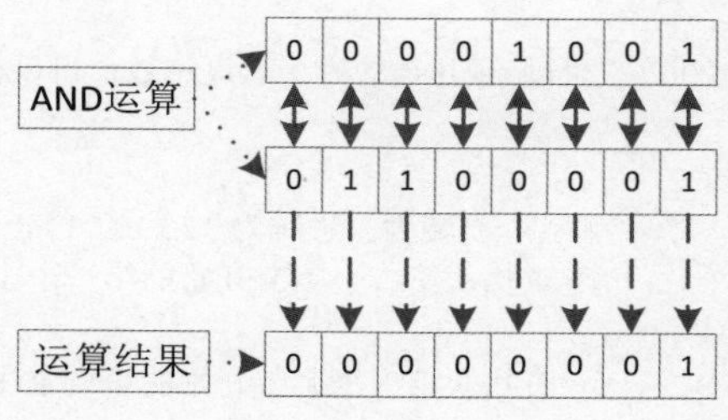

图 2.5　AND 运算过程

从图 2.5 可以看出，AND 运算是按比特位进行运算的，只有在对应的比特位都为 1 的情况下，对应的比特位的运算结果为 1，其他结果都为 0。

（2）OR 运算：00001001 OR 01100001 的运算结果为 01101001，也就是说，对应的比特位只要

有1出现，运算结果都为1；只有所有参与运算的值的对应的比特位为0，其结果才为0。

（3）NOT运算：只允许存在一个操作字符串。NOT 00001001，其运算结果为11110110，也就是说，把二进制数的每一个比特位取反，0变成1，1变成0。

（4）XOR运算：00001001 XOR 01100001，其异或运算结果为01101000，也就是说，当对二进制数对应的比特位进行运算时，只有不相同的比特位才能得到1。

返回值：返回保存到destkey的字符串长度数，与设置在key中最长的字符串长度数相等。

【例2.20】Bitop命令使用实例。

```
r>SetBit One 6 1
(integer)0
r>SetBit One 7 0
(integer)0
r>Set Two  "a"                    //a 的二进制数为 01100001
OK
r>Bitop OR dest One Two           //00000010 OR 01100001，结果为 01100011
(integer)1                        //一个字符 c，其二进制值为 01100011
r>Get dest
 "c"
```

5. BitPos命令

作用：获取字符串里第一个被设置为1或0的位置。

语法：BitPos key bit [start] [end]

参数说明：key为指定字符串的键，键对应的值必须为String类型，当键名不存在时，视字符串为空串；bit为指定的比特位（0或1）；start和end的用法与BitCount命令一样，以字节为单位进行位置值设置，start为0时表示左边第一个字节。

返回值：返回字符串里第一个1或0的位置数值。如果在空字符串里找比特位（0或1），则返回-1；如果要找的比特位是1，而字符串只包含1的值时，将返回字符串最右边的第一个空位数；如果在指定的start和end范围内找不到对应的比特位时，将返回-1；如果有一个字符串是三个字节的值为0xff的字符串，那么命令BitPos key 0将会返回24，因为0～23位都是1。

【例2.21】BitPos命令使用实例。

```
r>Set testBit "\xff\x0f\x00" //以\x 开头的为十六进制数，可以在 ASCII 码表里对照查找
OK
r>BitPos testBit 0
(integer)8                    //\xff 转为二进制为 11111111，x0f 转为二进制为 00001111
r>BitPos testBit 1 1          //查找从第二个字节开始的第一个 1，第二个字节为\x0f
(integer)12
r>BitPos testBit 1 2          //查找从第三个字节开始的第一个 1，第三个字节为\x00
(integer)-1
```

6. BitField命令

作用：对指定字符串数据进行位数组寻址、位值自增/自减等操作

语法：BitField key [GET type offset] [SET type offset value] [INCRBY type offset increment]

[OVERFLOW WRAP|SAT|FAIL]

参数说明：详见 Redis 官网命令使用手册，此处不再赘述。

返回值：返回一个针对子命令给定位置的处理结果组成的数组。OVERFLOW 子命令在响应消息中不会统计结果的条数，返回 nil。

说明：

该命令的使用动机是用许多小整数存储来代替一个单一的大位图（large bitmap），这样可以提高内存的使用效率。这在实时分析领域非常有用。

2.2 列　表

一个键对应一个字符串值有时太简单，而列表数据结构对象可以实现一个键对应多个字符串值，并保证字符串值有序排列。列表擅长处理类似于任务队列的应用。

2.2.1 列表存储结构

列表（List）是由若干个插入顺序排序的字符串元素组成的集合，可以理解为多个字符串组成一个集合对象，并按照链表（Link List）[①]的插入顺序排序，在读写操作时，只能从其两头开始（由链表的寻址方式所决定）。列表数据结构如图 2.6 所示。

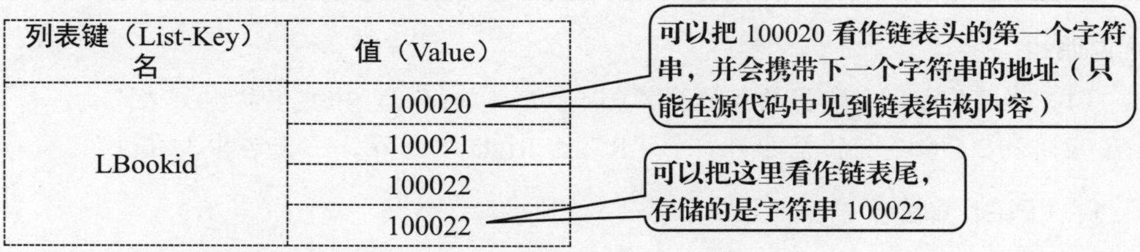

列表键（List-Key）名	值（Value）
LBookid	100020
	100021
	100022
	100022

可以把 100020 看作链表头的第一个字符串，并会携带下一个字符串的地址（只能在源代码中见到链表结构内容）

可以把这里看作链表尾，存储的是字符串 100022

图 2.6　列表数据结构

说明：

（1）列表允许值内容重复出现，如图 2.6 所示，100022 出现了两次。

（2）由于列表采用链表技术实现，所以当在链表头插入新字符串时，速度非常快。

（3）列表可以用于聊天记录、博客评论等无须调整字符串顺序，而又需要快速响应的应用场景。

（4）列表的有序排列是指按照插入顺序排列，而不一定按照值本身的 ASCII 码顺序排列。

（5）列表的各种操作命令见 2.2.2 小节。

[①]快懂百科，链表，http://www.baike.com/wiki/链表。

2.2.2 读写命令

从 2.2.1 小节可以知道列表是一种可以记录重复字符串值且有序排列的数据存储结构。读写命令主要应用于无须调整次序的业务数据的记录和读取等场景中，如记录用户在网页端浏览过程的网页信息、记录商品评论信息、传递聊天记录、记录任务队列等。列表的基本操作命令见表 2.5。

表 2.5 列表的基本操作命令

序号	命令名称	命令功能描述	执行时间复杂度
1	LPush	从列表的左边插入一个或多个元素值	$O(1)$
2	LRange	获取指定范围列表的元素值	$O(s+n)$
3	RPush	从列表的右边插入一个或多个元素值	$O(1)$
4	LPop	从列表的左边读出并移除一个元素值	$O(1)$
5	RPop	从列表的右边读出并移除一个元素值	$O(n)$
6	LInsert	在指定位置插入一个元素值	$O(n)$
7	LIndex	通过指定列表下标，获取一个元素值	$O(1)$
8	LLen	获取指定列表的元素个数	$O(1)$
9	LSet	设置列表指定位置的元素值	$O(n)$
10	LPushX	在只有列表存在的前提下，从左边插入一个元素	$O(1)$
11	RPushX	在只有列表存在的前提下，从右边插入一个元素	$O(1)$
12	LMove	从列表左边或右边移动一个元素到另外一个列表	$O(1)$
13	LPos	在指定列表里查找元素 n，若找到返回对应下标	$O(n)$

说明：

（1）表 2.5 命令名称里的第一个“L”为 List 的缩写，中文名称“列表”。

（2）表 2.5 命令名称里的第一个“R”为 Right 的缩写，中文名称“右边”。

1．LPush 命令

作用：从列表的左边插入一个或多个元素值。

语法：LPush key value [value ...]

参数说明：key 为指定的列表名；value 为需要插入列表左边的字符串值（元素），允许一次插入多个值。如果 key 不存在，在用命令插入值前，会先创建一个空列表。在多值插入过程中，如 LPush "1" "2" "3"，先把"1"插入列表，后插入"2"，最后把"3"插入。那么列表元素第一个是"3"，第二个是"2"，第三个是"1"。

返回值：返回插入操作后的列表的长度。当 key 对应的值不是列表时，返回错误提示信息。

【例 2.22】LPush 命令使用实例。

```
r>LPush NewList  "one "       //先建空列表，再从左边插入第一个元素 "one "
(integer) 1
r>LPush NewList  "two "
(integer) 2
```

```
r>LPush NewList  "three "
(integer) 3
```

以上代码表示向 key 为 NewList 的列表里连续插入三个值。注意它们在列表中的顺序从左到右为 three、two、one，符合链表式列表从左边插入的顺序特点，如图 2.7 所示。如果想了解具体的插入结果，见 LRange 命令的用法。

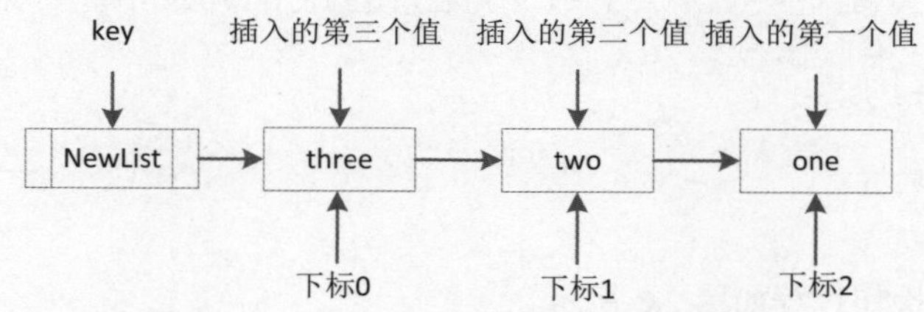

图 2.7　链表式列表左插入结果

2. LRange 命令

作用：获取指定范围列表的元素值。

语法：LRange key start stop

参数说明：key 为指定的列表名，start 为读取列表元素时的开始位置，stop 为读取列表元素时的结束位置。当 stop 指定的范围大于列表范围时，默认为列表最大下标的元素位置。列表的第一个元素下标为 0，第二个元素下标为 1，以此类推。允许以负数形式倒着对列表下标进行标注，如列表的最后一个元素可以标注为-1，倒数第二个元素可以标注为-2，以此类推。当 start 为-1 时，表示从最后一个元素开始，当 stop 为-2 时，表示结束于倒数第二个元素。

返回值：返回指定范围内的列表元素，当 start 大于列表的范围时，返回空列表信息。

【例 2.23】LRange 命令使用实例。

在例 2.22 的 LPush 命令代码的执行基础上，继续进行 LRange 命令操作。

```
r>LRange NewList 0 -1     //前面命令里的列表已经有三个元素，0 为列表的第一个元素位置，-1 为
                          //列表的最后一个元素位置
three                     //最后从左边插入列表的值，在最左边
two                       //其次从左边插入列表的值，在中间位置
one                       //最先从左边插入列表的值，在最右边
r>LRange NewList 0 0      //获取列表左边第一个元素值
three
r>LRange NewList -2 -1    //获取列表右边第一个和第二个的元素值
two                       //倒数第二个
one                       //倒数第一个
r>LRange NewList 3 5      //开始值为 3，大于 NewList 的最大范围 0～2
(empty list or set)       //返回空列表信息
```

3. RPush 命令

作用：从列表的右边插入一个或多个元素值。

语法：RPush key value [value ...]

参数说明：key 为指定的列表名，value 为需要从列表右边插入的值，允许多值插入。如果 key 不存在，先创建新的空列表，再在列表右边插入值。该命令的使用方法类似于 LPush 命令。唯一的区别是，插入值从列表的右边进入。

返回值：返回插入操作后的列表的长度。当 key 对应的值不是列表时，返回错误提示信息。

【例 2.24】RPush 命令使用实例。

```
r>RPush NewList1  "1 "  "2 "  "3 "    //在新建列表 NewList1 里一次插入三个值
(integer) 3
r>LRange NewList1 0 -1
1
2
3
```

上述代码的右插入操作过程如图 2.8 所示。

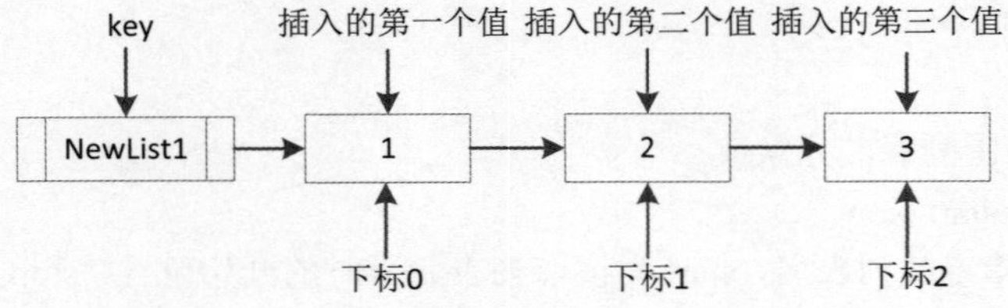

图 2.8　链表式列表右插入结果

4. LPop 命令

作用：从列表的左边读出并移除一个元素值。

语法：LPop key

参数说明：key 为指定的列表名。

返回值：返回列表左边第一个元素值。当 key 不存在时，返回 nil。

在 RPush 命令代码实例的基础上，继续执行例 2.25 中的代码。

【例 2.25】LPop 命令使用实例。

```
r>LPop NewList1
1
r>LRange NewList1 0 -1
2
3
```

从上述代码可以看出，执行一次 LPop 命令后，NewList1 的第一个元素被删除了。

5. RPop 命令

作用：从列表的右边读出并移除一个元素值。

语法：RPop key

参数说明：key 为指定的列表名。

返回值：返回列表右边最后一个元素值。当 key 不存在时，返回 nil。

【例 2.26】RPop 命令使用实例。

```
r>RPush NewList2  "1 "  "2 "  "3 "      //在新建列表 NewList2 里一次插入三个值
(integer) 3
r>RPop NewList2                         //从列表右边获取第一个值，并删除该值
3
r>LRange NewList2 0 -1
1
2
```

6. LInsert 命令

作用：在指定位置插入一个元素值。

语法：LInsert key Before|After pivot value

参数说明：key 为指定的列表名；Before|After 二选一，Before 表示在指定元素前插入 value，After 表示在指定元素后插入 value；pivot 为列表里存在的指定一个元素值。当 key 不存在时，该命令不执行任何操作。

返回值：如果插入值成功，则返回操作后的列表长度。当指定的 pivot 值不存在时，返回-1；当指定 key 不为列表时，返回错误提示信息。

【例 2.27】LInsert 命令使用实例。

```
r>RPush TestInsert  "One "  "Two "  "four "
(integer) 3
r>LInsert TestInsert Before  "four "  "three "  //four 为 Before 的参数 pivot
(integer) 4
r>LRange TestInsert 0 -1
One
Two
three
four
```

7. LIndex 命令

作用：通过指定列表下标，获取一个元素值。

语法：LIndex key index

参数说明：key 为指定的列表名，index 为列表指定的下标值。index 值可以设置为从 0 开始的正数，也可以设置为从-1 开始的负数。

返回值：返回 index 下标对应的列表元素值；当指定 key 不为列表时，返回错误提示信息；当 index 超出列表下标范围时，返回 nil。

【例 2.28】LIndex 命令使用实例。

```
r>RPush TestIndex "a" "b" "c" "d" "e"
(integer) 5
r>LIndex TestIndex 0
a
```

```
r>LIndex TestIndex -1
e
r>LIndex TestIndex 2
c
r>LIndex TestIndex 5
(nil)
```

8. LLen 命令

作用：获取指定列表的元素个数。

语法：LLen key

参数说明：key 为指定的列表名。

返回值：返回指定列表的长度（元素个数）。当 key 不存在时，返回 0；当指定 key 不为列表时，返回错误提示信息。

【例 2.29】LLen 命令使用实例。

```
r>RPush names  "TomCat1 "
(integer) 1
r>LLen names
(integer) 1
r>RPush names  "TomCat2 "
(integer) 2
r>LLen names
(integer) 2
```

9. LSet 命令

作用：设置列表指定位置的元素值。

语法：LSet key index value

参数说明：key 为指定的列表名，index 为列表指定的下标（可以用正数，也可以用负数），value 为 index 下标处需要设置的值。

返回值：设置成功，返回 OK。当 index 超出范围时，返回错误提示信息。

【例 2.30】LSet 命令使用实例。

```
r>RPush names1  "TomCat1 "  "TomCat1 "
(integer) 2
r>LSet names1 1  "TomCat2 "        //在下标为 1 处设置新值 TomCat2
OK
r>LRange names1 0 -1
TomCat1
TomCat2
```

10. LPushX 命令

作用：在只有列表存在的前提下，从左边插入一个元素。

语法：LPushX key value

参数说明：key 为指定的列表名，value 为需要插入列表左边的值。只有当 key 已经存在，并且是列表的情况下，该命令才能执行；当 key 不存在时，不执行。这是与 LPush 命令的唯一区别。

返回值：返回操作后的列表的长度。当 key 不存在时，返回 0；当 key 对应的值不为列表时，返回错误提示信息。

【例 2.31】LPushX 命令使用实例。

```
r>LPushX testPushX  "TOM "  //testPushX 原先不存在
(integer) 0
r>LRange testPushX 0 -1
(empty list or set)
```

11. RPushX 命令

作用：在只有列表存在的前提下，从右边插入一个元素。

语法：RPushX key value

参数说明：key 为指定的列表名，value 为需要插入列表右边的值。该命令与 RPush 命令唯一的区别是，当 key 不存在时，该命令什么也不做。

返回值：返回命令执行后的列表的长度。

【例 2.32】RPushX 命令使用实例。

```
r>RPushX TestNewList  "one "  "two "  "three "
(integer) 0
r>LRange TestNewList 0 -1
(empty list or set)
```

12. LMove 命令

作用：从列表左边或右边移动一个元素到另外一个列表。

语法：LMove source destination<left | right>

参数说明：source 为需要移出元素的列表；destination 为需要新增元素的列表。当从 source 移出一个元素时，如果指定 left 参数，则从 source 左边读取一个元素添加到 destination 列表；如果指定 right 参数，则从 source 右边读取一个元素添加到 destination 列表。

返回值：返回读取的一个元素。

【例 2.33】LMove 命令使用实例。

```
r>RPush age 12 20 18 15 19
(integer) 5
r>lrange age 0 -1
12
20
18
15
19
r>LMove age news left right
12
r>LMove age news right left
19
```

```
r>lrange age 0 -1
20
18
15
19
r>lrange news 0 -1
12
19
```

说明：

LMove 命令为 Redis 6.2.0 版本新增命令。

13. LPos 命令

作用：在指定列表里查找元素 *n*，若找到返回对应下标。

语法：LPos key element [Rank rank] [Count num-matches] [MaxLen len]

参数说明：key 为指定需要查找的列表；element 为需要查找的元素；Rank 参数的 rank 为当查找元素在 key 里有重复现象时，指定查找的顺序号；Count num-matches 用于指定查找到的元素返回的下标个数，若指定值为 0，则返回所有匹配的下标；当需要查找的列表元素个数太多时，可以用 MaxLen len 约束查找最大范围，如 Maxlen 100 表示查找前 100 个元素，若省略该参数或设置值为 0，则查找该列表里的所有元素。

返回值：若查找成功，则返回查找元素在列表里的对应下标；若查找失败，则返回 nil（或空格）。

【例 2.34】LPos 命令使用实例。

```
r>rpush price 10 15 10 18 10 20
(integer) 6
r>LPos price 10
(integer) 0
r>LPos price 10 Count 2
(integer) [0 2]                //返回第一个和第三个匹配的元素对应的下标
```

说明：

LPos 命令为 Redis 6.0.6 版本新增命令。

2.2.3 删除命令

对于不需要的列表元素可以作删除处理，以更好地满足实际操作需要。列表的删除命令见表 2.6。

表 2.6 列表的删除命令

序号	命令名称	命令功能描述	执行时间复杂度
1	LRem	从列表里删除指定元素	$O(n)$
2	LTrim	对指定列表范围内的元素进行修剪	$O(n)$
3	RPopLPush	删除左边列表中的最后一个元素，并将其追加到另外一个列表的头部	$O(1)$

1. LRem 命令

作用：从列表里删除指定元素。

语法：LRem key count value

参数说明：key 为指定的列表名。count 为指定列表元素的下标位置，可以为正数，从左往右从 0 开始数下标；也可以为负数，从右往左从-1 开始数下标。value 指定需要删除的值。

（1）count>0：从左往右删除值为 value 的元素。

（2）count<0：从右往左删除值为 value 的元素。

（3）count=0：删除所有值为 value 的元素。

返回值：返回被删除的元素个数。当 key 不存在时，返回 0。

【例 2.35】LRem 命令使用实例。

```
r>RPush TestList1 "a" "a" "b" "c" "a"
(integer) 5
r>LRem TestList1 1 "a"              //删除下标为 1 的 a
(integer) 1
r>LRange TestList1 0 -1
a
b
c
a
r>RPush TestList2 "a" "a" "b" "c" "a"
(integer) 5
r>LRem TestList1 -1 "a"             //删除最后一个 a
(integer) 1
r>LRange TestList2 0 -1
a
a
b
c
```

2. LTrim 命令

作用：对指定列表范围内的元素进行修剪。

语法：LTrim key start stop

参数说明：key 为指定的列表名，start 为列表指定的开始下标，stop 为列表指定的结束下标。该命令会保留 start 和 stop 指定范围内列表中的元素，而删除其他元素。start 和 stop 可以是正数，也可以是负数，使用方法同 LRange 命令的参数。如果 start 超过列表尾部或 start>stop，则修剪的列表为空列表；如果 end 超过列表尾部，则当作列表的最后一个元素的位置看待。

返回值：修剪成功返回 OK。

【例 2.36】LTrim 命令使用实例。

```
r>RPush TestTrim  "One "  "Two "  "Three "
(integer) 3
r>LTrim TestTrim 1 -1               //去掉左边第一个元素
```

```
OK
r>LRange TestTrim 0 -1
Two
Three
```

3. RPopLPush 命令

作用：删除左边列表中的最后一个元素，并将其追加到另外一个列表的头部。

语法：RPopLPush source destination

参数说明：source、destination 都为列表名。该命令从 source 列表中获取并删除右边最后一个元素，把获取的元素插入 destination 列表左边第一个位置。

返回值：返回移动的元素值。如果 source 不存在，则返回 nil，且不会执行任何操作。

【例 2.37】RPopLPush 命令使用实例。

```
r>RPush RoundList one two three
(integer) 3
r>RPopLPush RoundList DList      //把 three 值转到 DList 列表，该列表允许为新建列表
three
r>LRange RoundList 0 -1
one
two
r>LRange DList 0 -1
three
```

说明：

使用场景说明：

（1）可以利用 RPopLPush 命令实现对消息队列的轮询。

（2）在 source 和 destination 列表存储相同内容的情况下，通过该命令可以实现一个接一个地循环访问客户端，而不用像 LRange 命令那样需要把列表中的所有元素传递到客户端，再进行值获取操作。

2.2.4 阻塞命令

阻塞（Block）是指如果从列表里读取的元素为空，就处于等待状态，直到列表中插入新元素后，进入非阻塞状态继续读取元素，阻塞命令见表 2.7。2.2.2 小节中介绍的都是非阻塞方式，即如果从列表中读取的元素为空，就返回 nil，并且不会等待。

表 2.7 阻塞命令

序号	命令名称	命令功能描述	执行时间复杂度
1	BLPop	带阻塞式功能的 LPop 命令	$O(1)$
2	BRPop	带阻塞式功能的 RPop 命令	$O(1)$
3	BRPopLPush	带阻塞式功能的 RPopLPush 命令	$O(1)$
4	BLMove	带阻塞式功能的 LMove 命令	$O(1)$
5	BLMPop	带阻塞式功能的 LMPop 命令	$O(n)$

1. BLPop 命令

作用：带阻塞式功能的 LPop 命令。

语法：BLPop key [key ...] timeout

参数说明：key 为指定的列表名，可以是多个；timeout 为指定阻塞的最大秒数（整型值），当 timeout 为 0 时，表示阻塞时间无限制。

阻塞方式：如果 BLPop 命令指定的列表无元素可供获取，则客户端连接进入阻塞方式，直到有新的值通过 LPush 或 RPush 命令被插入指定的列表，解除阻塞，成对读取列表名和左边第一个元素值到客户端，并把该元素从列表中删除。

返回值：如果读取的列表都没有值，则返回 nil，此时 timeout 过期；如果列表存在元素，则会返回成对的值（列表名和该列表左边第一个元素值）。

【例 2.38】BLPop 命令使用实例。

```
r>Del B1 B2                        //确保 B1、B2 为空值
(integer) 0
r>RPush B1  "a "  "b "  "c "
(integer) 3
r>BLPop B1 B2 0                    //0 为过期时间无限制
B1
a
r>LRange B1 0 -1
b
c                                  //当 a 被读取后，在列表中将其删除
```

在上述代码中，由于 B1 列表中存在元素值，所以使用 BLPop 命令后会成对地读取 B1 和 a 值，并且没有进入阻塞状态。

说明：

（1）当利用 BLPop 命令将列表元素值读取到客户端时，如果客户端发生故障，该元素将丢失。下面的 BRPopLPush 命令将进一步对该命令进行改进。

（2）当 BLPop 命令与 Push 类命令配合使用时，可以实现类似于即时聊天应用消息传递的效果。当服务器端列表插入新值时，BLPop 命令具有客户端自动获取最新消息数据的能力。

2. BRPop 命令

作用：带阻塞式功能的 RPop 命令。

语法：BRPop key [key ...] timeout

参数说明：参数说明同 BLPop 命令。

返回值：返回值同 BLPop 命令，唯一的区别是，返回的元素是列表的最后一个。

BRPop 命令的使用实例类似于 BLPop 命令的处理过程，此处不再作介绍。

3. BRPopLPush 命令

作用：带阻塞式功能的 RPopLPush 命令。

语法：BRPopLPush source destination timeout

参数说明：source 和 destination 的参数说明同 RPopLPush 命令，timeout 的参数说明同 BLPop 命令。当 source 指定的列表包含元素时，这个命令的处理结果与 RPopLPush 命令一样；当 source 指定的列表为空时，Redis 数据库将会阻塞这个连接，直到另外一个客户端 Push 类命令把一个新的元素插入 source 指定的列表或 timeout 过期。

返回值：移动的元素值。如果 timeout 过期，返回多批量的 nil。

【例 2.39】BRPopLPush 命令使用实例。

```
r>RPush one "a" "b" "c" "d" "e"
5
r>BRPopLPush one d1 0
e
r>lrange one 0 -1
a
b
c
d
r>lrange d1 0 -1
e
```


说明：

（1）BRPopLPush 命令在把读取的值返回给客户端的同时，会把该值插入 destination 指定的列表，所以不受客户端操作影响，不会产生元素丢失的问题。

（2）BRPopLPush 命令一次只能读取一个元素值。在读取不到元素值时，进入阻塞方式，直到新的值 Push 入 source 指定的列表。该命令的使用方法同 RPopLPush 命令。

4．BLMove 命令

作用：带阻塞式功能的 LMove 命令。

语法：BLMove source destination<left | right>timeout

参数说明：新增参数 timeout 表示当超过指定秒数时，阻塞结束；当 timeout=0 时（默认值），一直处于阻塞等待状态。

返回值：返回有效时间期限内的从左边列表中读取到的一个元素。如果超时，则返回 null（空值）。

【例 2.40】BLMove 命令使用实例。

```
r>lpush a1 "A" "B" "C" "D"
(integer) 4
r> BLMove a1 b1 left right timeout=0
A
```

说明：

BLMove 命令为 Redis 6.2.0 版本新增命令。

5．BLMPop 命令

作用：带阻塞式功能的 LMPop 命令。

语法：BLMPop timeout numkeys key [key ...] left | right [Count count]

参数说明：参数说明同 LMPop 命令，新增参数 timeout 表示当超过指定秒数时，阻塞结束；当 timeout=0 时（默认值），一直处于阻塞等待状态；numkeys 表示指定 key 的个数；key 为指定的列表名，可以指定多个；当指定 left 参数时，从左边第一个列表开始弹出元素；当指定 right 参数时，从右边第一个列表开始弹出元素；返回的元素数量限制为非空列表长度与 count 参数（默认为 1）之间的较低者。

返回值：返回从列表中弹出的元素，当 key 不存在或 timeout 过期时，返回 nil。

说明：

LMPop、BLMPop 命令都为 Redis 7.0.0 版本新增命令。

2.3 练习及实验

1．填空题

（1）字符串（String）是 Redis 数据库最简单的数据结构，由________构成。

（2）Redis 数据库利用字符串的值存储二进制数据时，就可以利用________命令。

（3）利用位图命令处理数据，存在两方面的好处，一是可以大幅减少存储量（利用比特位存放数据，所需要的内存空间最少）；二是当在特定应用场景中进行数据处理时________相对较快。

（4）列表（List）是由若干个插入顺序排序的________组成的集合。

（5）列表数据结构对象可以实现一个键对应多个________，并保证其有序排列。

2．判断题

（1）Redis 数据库是基于键值对（Key-Value）的数据存储模式。（　　）

（2）name 和"name"指向同一个键名。（　　）

（3）位图命令是一种特殊的字符串操作命令。（　　）

（4）列表底层用链表构成。（　　）

（5）一个列表对象不能重复存储相同的字符串值。（　　）

3．实验题

分别用非阻塞方式、阻塞方式建立一个列表，并加入三个元素，依次读取并删除 4 个元素，最后分析当用阻塞方式和非阻塞方式进行上述操作时的区别。

第 3 章

集合、散列、有序集合命令

本章介绍 Redis 数据库常见的集合、散列、有序集合的使用方法。

扫一扫，看视频

3.1 集　合

集合跟列表既有些相似，又有所不同。

3.1.1 集合存储结构

集合（Set）表示不重复且无序的字符串元素的集合，其存储结构如图 3.1 所示。不重复意味着一个集合里的所有字符串值是唯一的，这是与列表的主要区别之一；无序则意味着所有字符串值的读写可以是任意的，不存在列表一定要从两头操作的问题，集合对字符串地址的统一管理原理[1]决定了字符串值之间是无序的，这也是与列表的主要区别之一。集合可以用于类似于聚合和分类的应用中。

集合键（Set-Key）名	值（Value）
SBookid	100021
	100022
	100020
	100023

可以根据特殊地址管理方式进行任意插入，或者任意读取

图 3.1　集合存储结构

⚠ 注意：

（1）一个集合内的字符串值不能重复。
（2）一个集合内的字符串值不用排序。

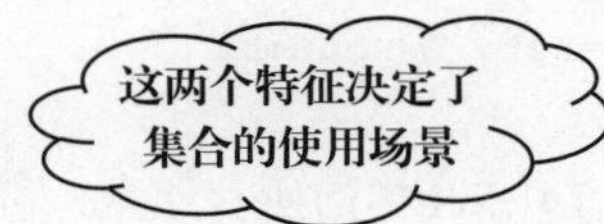

3.1.2 基本操作命令

集合与列表的主要区别是集合元素无序且必须唯一。集合可以用于对文章进行分类或存储文章书签等场景中。对集合进行基本读写、删除、判断、统计操作的命令见表 3.1。

表 3.1　集合的基本操作命令

序号	命令名称	命令功能描述	执行时间复杂度
1	SAdd	添加一个或多个元素到集合中	$O(n)$
2	SMembers	返回集合中的所有元素	$O(n)$
3	SRem	删除集合中指定的元素	$O(n)$
4	SCard	返回集合中元素的数量	$O(1)$
5	SRandMember	从集合中随机返回一个或多个元素	$O(n)$-$O(n)$
6	SMove	把一个集合中的元素移动到另外一个集合中	$O(1)$
7	SPop	从集合中随机返回（并删除）一个或多个元素	$O(1)$

[1] Redis 集合用 Hashtable 或 intset 统一管理字符串值，涉及数据结构实现原理，感兴趣的读者可以下载 Redis 源码进行详细研究。

续表

序号	命令名称	命令功能描述	执行时间复杂度
8	SIsMember	判断集合成员是否存在	$O(1)$
9	SScan	增量迭代式返回集合中的元素	$O(1)$-$O(n)$
10	SMisMember	判断所给的元素是否在集合中	$O(n)$

说明：

集合命令都以 S 开头，代表 Set。

1．SAdd 命令

作用：添加一个或多个元素到集合中。

语法：SAdd key member [member ...]

参数说明：key 为指定的集合名；member 为需要插入的新元素，允许多元素插入，如果集合中已经存在指定的 member 值，则忽略插入。如果 key 不存在，则新建集合，并添加 member 指定的元素。

返回值：返回成功添加到集合中的元素数量。如果 key 指定的为非集合，则返回错误提示信息。

【例 3.1】SAdd 命令使用实例。

```
r>SAdd TitleSet  "Group:a1 "      //假设 Group 为文章分类，a1 代表第一篇文章名称
1                                 //新加入一个集合元素
r>SAdd TitleSet  "Group:b2 "      //新加入分类 Group 中的第二篇文章 b2
1
r>SAdd TitleSet  "group:b2 "      //新加入分类 group 中的第二篇文章 b2（值区分大小写）
1
r>SAdd TitleSet  "Group:b2 "      //b2 文章重复加入，忽略该命令
 0
```

若要查看集合 TitleSet 中的所有元素，可以使用 SMembers 命令。

2．SMembers 命令

作用：返回集合中的所有元素。

语法：SMembers key

参数说明：key 为指定的集合名。

返回值：返回集合中的所有元素。

【例 3.2】SMembers 命令使用实例。

对例 3.1 的 TitleSet 集合中的所有元素进行获取。

```
r>SMembers TitleSet
Group:a1
group:b2
Group:b2
```

结果的显示顺序与例 3.1 的添加顺序不一致，这说明了集合元素的无序性。

3．SRem 命令

作用：删除集合中指定的元素。

语法：SRem key member [member ...]

参数说明：key 为指定的集合名；member 为需要移除的元素，允许多元素移除。如果指定的 member 元素不是集合中的，则忽略该移除操作。

返回值：返回集合中移除的元素个数，不包括被忽略的元素。如果 key 不存在，则返回 0；如果 key 指定的不是集合，则返回错误提示信息。

【例 3.3】SRem 命令使用实例。

```
r>SAdd TestSet  "one "  "two "  "three "
3
r>SRem TestSet  "two"
1
r>SMembers TestSet
three
one
```

说明：

SRem 中的 Rem 为 Remove（清除）的缩写。

4. SCard 命令

作用：返回集合中元素的数量。

语法：SCard key

参数说明：key 为指定的集合名。

返回值：返回集合中存储的元素数量。如果 key 不存在，则返回 0。

【例 3.4】SCard 命令使用实例。

在例 3.3 的基础上，继续对 TestSet 集合进行操作。

```
r>SMembers TestSet
three
one
r>SCard TestSet
2
r>SCard Testset1                //不存在的集合
0
```

5. SRandMember 命令

作用：从集合中随机返回一个或多个元素。

语法：SRandMember key [count]

参数说明：key 为指定的集合名，可选参数 count 是整数，指定该命令随机返回的元素个数。

返回值：在不使用 count 的情况下，随机返回集合中的一个元素；如果 count>0 且小于指定集合的元素个数，则返回含有 count 个的元素；如果 count>0 且大于指定集合的元素个数，则返回整个集合的元素；如果 count<0 且绝对值小于指定集合的元素个数，则返回绝对值 count 个的元素；如果 count<0 且绝对值大于指定集合的元素个数，则会在返回值里发现一个元素出现多次的情况。如果 key 不存在，则返回 nil。

【例 3.5】SRandMember 命令使用实例。

```
r>SAdd testRandSet  "1 "  "2 "  "3 "  "4 "
4
r>SRandMember testRandSet                //随机返回一个元素
2
r>SRandMember testRandSet 2              //随机返回两个元素
2
3
4>SRandMember testRandSet -5
1
1
1
1
1
```

6. SMove 命令

作用：把一个集合中的元素移动到另外一个集合中。

语法：SMove source destination member

参数说明：source 为移出元素集合，destination 为移入元素集合，member 为移动的元素。把 member 指定的元素从 source 集合中移动到 destination 集合中，并删除 source 集合中的该元素。如果 source 集合中不存在或不包含指定的 member 元素，该命令不执行任何操作；如果 destination 集合中已经存在指定的 member 元素，则该命令只删除 source 集合中的该元素。

返回值：如果指定元素移除成功，则返回 1；如果该命令无任何操作，则返回 0；如果 source 或 destination 不是集合，则返回错误提示信息。

【例 3.6】SMove 命令使用实例。

```
r>SAdd testS  "1 "  "2 "
2
r>SAdd testD  "3 "  "4 "
2
r>SMove testS testD  "1 "
1
r>SMembers testD
3
4
1
4>SMembers testS
2
```

7. SPop 命令

作用：从集合中随机返回（并删除）一个或多个元素。

语法：SPop key [count]

参数说明：key 为指定的集合名，可选参数 count 为随机返回集合元素的个数。该命令的使用方法类似于 SRandMember 命令，主要区别是，SPop 命令在返回随机元素的同时，会删除集合中对应的元素，而 SRandMember 命令只随机读取元素。

返回值：返回移除的元素。当 key 不存在时，返回 nil。

【例 3.7】SPop 命令使用实例。

```
r>SAdd testP  "1 "  "2 "  "3 "
3
r>SPop testP
3                                    //随机返回一个元素，并在集合中将其删除
r>SMembers testP
1
2
```

8. SIsMember 命令

作用：判断集合成员是否存在。

语法：SIsMember key member

参数说明：key 为指定的集合名，member 为需要在集合中寻找的元素。

返回值：如果 member 指定的元素在集合内，则返回 1；如果 member 指定的元素不在集合内，则返回 0。

【例 3.8】SIsMember 命令使用实例。

```
r>SAdd testIS  "1"  "2"  "3"
3
r>SIsMember testIS  "2"       //2 在集合内
1
r>SIsMember testIS  "4"       //4 不在集合内
0
```

9. SScan 命令

作用：增量迭代式返回集合中的元素。

语法：SScan key cursor [Match pattern] [Count count]

参数说明：key 为指定的集合名；cursor 为返回给客户端的集合读取的游标；可选参数 Match 为读取指定模式的元素，如*f 为读取以 f 结尾的元素；可选参数 Count 指定读取的元素数量。

返回值：分批次返回值，返回的是两个数组，第一个数组元素是用于进行下一次迭代的新游标；第二个数组元素则是一个数组，这个数组中包含了所有被迭代的元素（一次最多几十个元素，可以把迭代一次看作读取其中一部分元素）。

【例 3.9】SScan 命令使用实例。

```
r>SAdd testScan  "1"  "2"  "3"  "Banana"  "Bag"  "Bear"
(integer) 6
r>SScan testScan 0 MATCH B*
0                             //下次迭代游标值，0 代表迭代结束
Banana
Bag
Bear                          //因为 testScan 是小集合，所以一次迭代全部读取
```

说明：

（1）SScan 命令类似于 SMembers 命令，都是用来获取集合元素的；SMembers 命令运行于服务器端，在高并发读取大集合时，容易引起服务器运行性能下降，而 SScan 命令可以避免类似问题。

（2）SScan 命令在读取小规模集合时比较有效；SScan 命令由于采用分批迭代从服务器集合中获取指定范围的元素，存在获取过程集合被修改的问题，导致返回值无法保证准确性。另外存在同一个元素被反复返回多次的可能，需要客户端软件进行代码处理。每次迭代最多返回几十个元素。

10．SMisMember 命令

作用：判断所给的元素是否在集合中。

语法：SMisMember key member [member ...]

参数说明：key 为指定的集合名，member 为需要判断是否存在于集合中的元素，一次可以指定多个 member。

返回值：如果 member 存在于集合中，则返回 1；如果 member 不存在于集合中，则返回 0。

【例 3.10】SMisMember 命令使用实例。

```
r>SAdd s1 1 2 3 4 5
(integer) 5
r>SMisMember s1 1 6
1) (integer) 1
2) (integer) 0
```

说明：

SMisMember 为 Redis 6.2.0 版本新增命令。

3.1.3 并、交、差运算操作命令

根据数学中的集合知识，集合之间可以做并、交、差运算。Redis 数据库中的集合也可以通过表 3.2 中的命令进行相关运算操作。

表 3.2 集合并、交、差运算操作命令

序号	命令名称	命令功能描述	集合论里对应的数学符号	执行时间复杂度
1	SUnion	集合并运算	∪	$O(n)$
2	SUnionStore	带存储功能的集合并运算	∪	$O(n)$
3	SInter	集合交运算	∩	$O(nm)$
4	SInterStore	带存储功能的集合交运算	∩	$O(nm)$
5	SDiff	集合差运算	−	$O(n)$
6	SDiffStore	带存储功能的集合差运算	−	$O(n)$
7	SInterCard	返回交运算结果的基数		$O(nm)$

1. SUnion 命令

作用：集合并运算。

语法：SUnion key [key ...]

参数说明：key 为指定的集合名，允许多个集合一起参与并运算。如果 key 不存在，则默认为空集合。

返回值：返回并运算后的所有元素。

【例 3.11】SUnion 命令使用实例。

```
r>SAdd Set1  "1"  "2"  "3"  "Banana"
(integer) 4
r>SAdd Set2  "Banana"  "Bag"  "Bear"
(integer) 3
r>SUnion Set1 Set2
1
2
3
Banana             //注意，这里去掉了一个重复的 Banana，也就是说，并运算的结果元素不能重复
Bag
Bear
```

2. SUnionStore 命令

作用：带存储功能的集合并运算。

语法：SUnionStore destination key [key ...]

参数说明：destination 为存储并运算的结果，即生成一个并运算后的新集合，如果 destination 集合已经存在，会被重写；key 为指定的集合名，允许多个集合一起参与并运算。该命令与 SUnion 命令的区别是，把并运算的结果存储到新的集合中，而非返回并运算的结果。

返回值：返回并运算后的新的集合中的元素个数。

【例 3.12】SUnionStore 命令使用实例。

```
r>Del Set1 Set2                //删除集合 Set1 和 Set2，确保是新的集合
2
r>SAdd Set1  "1"  "2"  "3"  "Banana"
4
r>SAdd Set2  "Banana"  "Bag"  "Bear"
3
r>SUnionStore SetD Set1 Set2
6
r>SMembers SetD
1
Bag
2
Bear
3
Banana
```

3. SInter 命令

作用：集合交运算。

语法：SInter key [key ...]

参数说明：key 为指定的集合名，允许多个集合一起参与交运算。

返回值：返回交运算后的所有元素。

【例 3.13】SInter 命令使用实例。

```
r>Del Set1 Set2                  //删除集合 Set1 和 Set2，确保是新的集合
2
r>SAdd Set1  "1"  "2"  "3"  "Banana"
4
r>SAdd Set2  "Banana"  "Bag"  "Bear"
3
r>SAdd Set3  "Banana"  "1"  "0"
3
r>SInter Set1 Set2 Set3
Banana
```

4. SInterStore 命令

作用：带存储功能的集合交运算。

语法：SInterStore destination key [key ...]

参数说明：destination 为交运算后存储结果的新集合，如果 destination 集合已经存在，则会被重写；key 为指定的集合名，允许多个集合一起参与交运算。

返回值：返回结果集合中元素的个数。

【例 3.14】SInterStore 命令使用实例。

```
r>Del Set1 Set2 Set3 SetD    //删除集合 Set1、Set2、Set3、SetD，确保是新的集合
(integer) 4
r>SAdd Set1  "1"  "2"  "3"  "Banana"
(integer) 4
r>SAdd Set2  "Banana"  "Bag"  "Bear"
(integer) 3
r>SAdd Set3  "Banana"  "1"  "0"
(integer) 3
r>SInterStore SetD Set1 Set2 Set3
(integer) 1
r>SMembers SetD
Banana
```

5. SDiff 命令

作用：集合差运算。

语法：SDiff key [key ...]

参数说明：key 为指定的集合名，允许多个集合一起参与差运算。如果 key 不存在，则默认为空

集合。

返回值：返回一个集合与给定集合的差集的元素。

【例 3.15】SDiff 命令使用实例。

```
r>Del Set1 Set2                  //删除集合 Set1 和 Set2，确保是新的集合
2
r>SAdd Set1  "1"  "2"  "3"  "Banana"
4
r>SAdd Set2  "Banana"  "Bag"  "Bear"
3
r>SDiff Set1 Set2                //Set1-Set2
1
2
3                                //删除了 Set1 中的公共元素 Banana
```

6．SDiffStore 命令

作用：带存储功能的集合差运算。

语法：SDiffStore destination key [key ...]

参数说明：destination 为差运算后存储结果的新集合，如果 destination 集合已经存在，则会被重写；key 为指定的集合名，允许多个集合一起参与差运算。

返回值：返回差运算结果集中的元素个数。

【例 3.16】SDiffStore 命令使用实例。

```
r>Del Set1 Set2 SetD             //删除集合 Set1、Set2、SetD，确保是新的集合
3
r>SAdd Set1  "1"  "2"  "3 "  "Banana"
4
r>SAdd Set2  "Banana"  "Bag"  "Bear"
3
r>SDiffStore SetD Set1 Set2 //SetD=Set1-Set2
3
r>SMembers SetD
1
2
3
```

7．SInterCard 命令

作用：返回交运算结果的基数。

语法：SInterCard numkeys key [key ...] [Limit limit]

参数说明：numkeys 为指定 key 的个数，key 为指定的集合名，Limit limit 限制运算的基数范围。

返回值：返回交运算结果的基数。

SInterCard 命令使用实例此处不作介绍。

说明：

SInterCard 为 Redis 7.0.0 版本新增命令。

3.2 散　列

如果说字符串只能实现一个键值对数据的存储与操作，那么散列可以实现多个。

3.2.1 散列存储结构

散列（Hash）表可以存储多个键值对的映射，是一种无序的数据集合。如图 3.2 所示，键名必须是唯一的，不能重复；键名中间有“:”，类似于隔离符号，主要用于提高可阅读性，并为使用者提供更多信息。键名必须为字符串型，值可以是字符串型，也可以是数值型。基于这个特性，散列表特别适用于存储一个对象。将一个对象存储在散列表中会占用更少的内存，并且可以方便地存取整个对象。在 Redis 数据库中，每个散列表可以存储 $2^{32}-1$ 个键值对（40 多亿个）。

散列键（Hash-Key）名	值（Value）
Book:name	《NoSQL 数据库入门与实践》
Book:id	100022
Book:ISBN	978-7-5170-6084-0
Book:price	89.8

图 3.2　散列存储结构

注意：

（1）键名的字符串不应太长，否则会占用过多内存，从而影响执行效率。

（2）散列表更适合用于小规模数据结构对象的存储及操作。

（3）散列表的基本操作命令见 3.2.2 小节。

3.2.2 基本操作命令

散列表的特点如下：

（1）实现了键和值（键值对）的一对一映射关系。

（2）键名必须是唯一的，在一个散列表中不能出现相同的键名。

（3）散列表中的元素是无序的。

散列表的基本操作命令包括读、写、删除散列元素，见表 3.3。

表 3.3　散列表的基本操作命令

序号	命令名称	命令功能描述	执行时间复杂度
1	HSet	在指定的散列表中插入一个键值对	$O(1)$
2	HGet	返回指定散列表中指定键名的一个值	$O(1)$
3	HMSet	在指定的散列表中插入一个或多个键值对	$O(n)$
4	HMGet	返回指定散列表中指定键名的值（允许多键值对操作）	$O(n)$
5	HGetAll	返回指定散列表中的所有键值对	$O(n)$
6	HDel	删除散列表中指定的键值对	$O(n)$

说明：

在表 3.3 中，H 为 Hash 的缩写，M 为 Mult 的缩写。

1．HSet 命令

作用：在指定的散列表中插入一个键值对。

语法：HSet key field value

参数说明：key[①]为指定的散列表名，field 为需要插入的键名，键对应的 value 为需要插入的值。如果指定的 key 不存在，则创建新的散列表。当 field 存在时，其值会被重写。

返回值：如果是新插入一个键值对，则返回 1；如果是修改键的值，则返回 0；如果指定的 key 不是散列表，则返回错误提示信息。

【例 3.17】HSet 命令使用实例。

```
r>HSet H1 name  "Cat1"         //H1 为新建的散列表名，name 为键名，Cat1 为键对应的值
1                              //1 为创建一个新的键值对
```

2．HGet 命令

作用：返回指定散列表中指定键名的一个值。

语法：HGet key field

参数说明：key 为指定的散列表名，field 为在散列表中指定的键名。

返回值：返回指定散列表中指定键的一个值。当指定的散列表或指定的键不存在时，返回 nil。

【例 3.18】HGet 命令使用实例。

在例 3.17 HSet 代码的基础上，用 HGet 命令获取散列表中指定键的内容。

```
r>HGet H1 name                 // 一定要确保 H1 是刚刚被执行过的，并且是存在的
Cat1
```

3．HMSet 命令

作用：在指定的散列表中插入一个或多个键值对。

语法：HMSet key field value [field value ...]

参数说明：key 为指定的散列表名；field 为需要插入的键名，键对应的 value 为需要插入的值，

① Redis 官网里对不同数据存储结构的 key 的用法和叫法不统一，需要读者仔细区分。

允许多个键值对一起插入。如果指定的 key 不存在，则创建新的散列表；当 field 存在时，其值会被重写。

返回值：当命令执行成功时，返回 OK；当指定的 key 不是散列表时，返回错误提示信息。

【例 3.19】HMSet 命令使用实例。

```
r>Del H1                                  //删除 H1 散列表
(integer) 1
r>HMSet H1 name  "Cat1"  sex "男"
OK
```

4. HMGet 命令

作用：返回指定散列表中指定键名的值（允许多键值对操作）。

语法：HMGet key field [field ...]

参数说明：key 为指定的散列表名；field 为指定的键名，允许一次指定多个键。

返回值：返回指定键对应的值的列表。如果指定的键不存在，或 key 指定的散列表不存在，则返回 nil；如果指定的 key 不是散列表，则返回错误提示信息。

【例 3.20】HMGet 命令使用实例。

在例 3.19 HMSet 代码的基础上执行如下代码：

```
r>HMGet H1 name sex address               //要保证 H1 已经存在
Cat1
男
(nil)
```

5. HGetAll 命令

作用：返回指定散列表中的所有键值对。

语法：HGetAll key

参数说明：key 为指定的散列表名。

返回值：返回指定散列表中的所有键值对。当 key 指定的散列表不存在时，返回 nil；如果指定的 key 不是散列表，则返回错误提示信息。

【例 3.21】HGetAll 命令使用实例。

```
r>HGetAll H1                              //在例 3.20 的基础上进行
name                                      //返回第一个键
Cat1                                      //返回第一个键对应的值
sex                                       //返回第二个键
男                                        //返回第二个键对应的值
```

说明：

HGetAll 命令返回的内容大小将是散列表本身大小的两倍。注意观察上述代码的执行结果，连键带值一起返回了。

6. HDel 命令

作用：删除散列表中指定的键值对。

语法：HDel key field [field ...]

参数说明：key 为指定的散列表名；field 为指定的键名，允许一次指定多个键。

返回值：返回从散列表中删除的键值对个数，不包括不存在的键值对。当指定的散列表或键不存在时，返回 0。

【例 3.22】HDel 命令使用实例。

```
r>HMSet H2 BookId  "200101 " Bookname  "《C 语言》 " Press  "中国水利水电出版社 "
OK
r>HDel H2 BookId
1
r>HMGet H2 Bookname Press
《C 语言》
中国水利水电出版社
r>HDel H2 Bookname Press
2
```

3.2.3 其他操作命令

散列表的其他操作命令见表 3.4。

表 3.4　散列表的其他操作命令

序号	命令名称	命令功能描述	执行时间复杂度
1	HExists	返回指定散列表中的指定键名是否存在的标志（1 或 0）	$O(1)$
2	HLen	返回散列表中包含的键值对数量	$O(1)$
3	HSetNX	仅对指定散列表中的新键设置值	$O(1)$
4	HStrLen	返回散列表中指定键的值的字符串长度	$O(1)$
5	HVals	返回指定散列表中所有键的值	$O(n)$
6	HIncrBy	对散列表中指定键的整型值进行增量操作	$O(1)$
7	HIncrByFloat	对散列表中指定键的浮点型值进行增量操作	$O(1)$
8	HKeys	返回指定散列表中的所有键名	$O(n)$
9	HScan	增量迭代式返回散列表中的指定键值对	$O(1)$-$O(n)$
10	HRandField	在指定的散列表中随机返回键或键值对	$O(n)$

1. HExists 命令

作用：返回指定散列表中的指定键名是否存在的标志（1 或 0）。

语法：HExists key field

参数说明：key 为指定的散列表名，field 为指定的键名。

返回值：如果指定的散列表中的键存在，则返回 1；如果散列表或键不存在，则返回 0；如果 key 指定的不是散列表，则返回错误提示信息。

【例 3.23】HExists 命令使用实例。

```
r>HExists H1 name                //在例 3.21 的基础上进行，要确保 H1 已经存在
1                                //指定的 name 键存在
r>HExists H1 phone               //指定的 phone 键不存在
0
```

2. HLen 命令

作用：返回散列表中包含的键值对数量。

语法：HLen key

参数说明：key 为指定的散列表名。

返回值：返回散列表中键值对的数量。当散列表不存在时，返回 0；当指定的不是散列表时，返回错误提示信息。

【例 3.24】HLen 命令使用实例。

```
r>HMSet H3 title  "新闻头条 " id  "1010 "
OK
r>HLen H3
2
```

3. HSetNX 命令

作用：仅对指定散列表中的新键设置值。

语法：HSetNX key field value

参数说明：key 为指定的散列表名，field 为指定的新键，value 为新键对应的值。

返回值：如果键值对新建成功，则返回 1；如果已经存在该键，则返回 0；当指定的不是散列表时，返回错误提示信息。

【例 3.25】HSetNX 命令使用实例。

```
r>HSetNX H4  Address  "中国上海"
1
r>HSetNX H4  Address  "中国天津"
0
r>HGet H4 Address
 "中国上海 "
```

4. HStrLen 命令

作用：返回散列表中指定键的值的字符串长度。

语法：HStrLen key field

参数说明：key 为指定的散列表名，field 为指定的键名。

返回值：返回散列表中指定键名的值的字符串长度。如果散列表或键不存在，则返回 0；当指定的不是散列表时，返回错误提示信息。

【例 3.26】HStrLen 命令使用实例。

```
r>HStrLen H4 Address      //在例 3.25 的基础上进行，要确保 H4 已经存在
12                        //一个汉字占三个字节
```

5. HVals 命令

作用：返回指定散列表中所有键名的值。

语法：HVals key

参数说明：key 为指定的散列表名。

返回值：返回指定散列表中所有键的值。当 Key 指定的散列表不存在时，返回空列表；当指定的不是散列表时，返回错误提示信息。

【例 3.27】HVals 命令使用实例。

```
r>HMSet H5 first  "LI" next  "ming"
OK
r>HVals H5
LI
ming
```

6. HIncrBy 命令

作用：对散列表中指定键的整型值进行增量操作。

语法：HIncrBy key field increment

参数说明：key 为指定的散列表名，field 为指定的键名，increment 为增量。如果指定的散列表或键不存在，则先建立散列表或键，并将值赋为 0，然后再进行增量操作。

返回值：返回增量操作后该键的新值。

【例 3.28】HIncrBy 命令使用实例。

```
r>HSet Goods amount 1
1
r>HIncrBy Goods amount 5
6
r>HIncrBy Goods amount -1
5
r>HIncrBy Goods price 10          //新增加了一个键值对，其初始值为 0
10
```

7. HIncrByFloat 命令

作用：对散列表中指定键的浮点型值进行增量操作。

语法：HIncrByFloat key field increment

参数说明：key 为指定的散列表名，field 为指定的键名，increment 为增量。如果指定的散列表或键不存在，则先建立散列表或键，并将值赋为 0，然后再进行增量操作。该命令与 HIncrBy 命令的主要区别是，该命令对浮点型值进行增量操作，HIncrBy 命令对整型值进行增量操作。

返回值：返回键指定的值增量后的结果。当指定的不是散列表或键对应的值不能解析为浮点型

值时，返回错误提示信息。

【例 3.29】HIncrByFloat 命令使用实例。

```
r>HSet H6 price  "10.5"          //带小数的数值为浮点数
1
r>HIncrByFloat H6 price  "0.2"
10.7
r>HIncrByFloat H6 amount  "0.8"
0.8
```

8. HKeys 命令

作用：返回指定散列表中的所有键名。

语法：HKeys key

参数说明：key 为指定的散列表名。

返回值：返回指定散列表中的所有键名。当指定的散列表不存在时，返回空列表；当指定的不是散列表时，返回错误提示信息。

【例 3.30】HKeys 命令使用实例。

```
r>HKeys H6                //在例 3.29 的基础上进行，要确保 H6 已经存在
price
amount
```

9. HScan 命令

作用：增量迭代式返回散列表中的指定键值对。

语法：HScan key cursor [Match pattern] [Count count]

参数说明：同 3.1.2 小节中的 SScan 命令。

返回值：分批次返回符合条件的指定散列表中的键值对。

HScan 命令使用实例此处不作介绍。

10. HRandField 命令

作用：在指定散列表中随机返回键或键值对。

语法：HRandField key [count [WithValues]]

参数说明：key 为指定的散列表名，count 为随机返回的键的指定个数。

返回值：当只有 key 对象时，随机返回一个键；当指定 count 时，随机返回 count 个键；当指定 WithValues 时，则一起返回键对应的值。

【例 3.31】HRandField 命令使用实例。

```
r>HMSet students name1 "Tom" name2 "Jack" name3 "Alice" name4 "Mike"
"OK"
r>HRandField students
"name3"
r>HRandField students 2
1) "name2"
```

```
2) "name1"
r>HRandField students 2 WithValues
1) "name2"
2) "Jack"
3) "name1"
4) "Tom"
```

3.3 有序集合

有序集合与散列表比较相似，主要区别在于有序集合中的元素排列是有序的，而散列表中的元素排列是无序的。有序集合可以用于与用户排行榜类似的应用。

3.3.1 有序集合存储结构

有序集合（Sorted Set）和散列表一样，都是由键值对构成的数据集合[①]，主要区别在于两方面，一是有序集合根据值进行自动排序，而散列表值不排序；二是有序集合可以对值进行直接操作，而散列表通过键名查找来获取值。如图 3.3 所示，该有序集合的值自动进行了排序。有序集合的键必须唯一，值可以重复，值必须可以解析为浮点数。

有序集合键（zset-Key）名	值（Value）
Book:id4	100021
Book:id2	100022
Book:id3	100023
Book:id1	100023

图 3.3　有序集合存储结构

⚠ 注意：

（1）由于有序集合采用自动值排序，所以在数据量相对多的情况下，在检索速度上会比散列表快。

（2）有序集合支持大量的值更新，这在修改游戏积分等方面具有应用优势。

（3）有序集合的键名又叫作成员（member），值又叫作分值（score）。

（4）有序集合的基本操作命令见 3.3.2 小节。

3.3.2 基本操作命令

有序集合与散列表的数据存储结构类似，都采用一对一映射关系的键值对实现对数据的管理。不同之处是，有序集合中键所对应的值只能是浮点数，因此有序集合的键名所对应的值又叫作分值，而且对该值进行由低到高的顺序排序（见图 3.4）。有序集合的使用范围为可以排序的、带浮点数的场景，

① 有序集合采用跳表（Skip List）结构实现数据底层。

如可以根据分数对文章进行排名，也可以根据时间的先后顺序进行排名。另外，还可以对游戏建立排行榜等。由于有序集合的有序性，所以对有序集合的操作速度明显快于对散列表的操作速度。

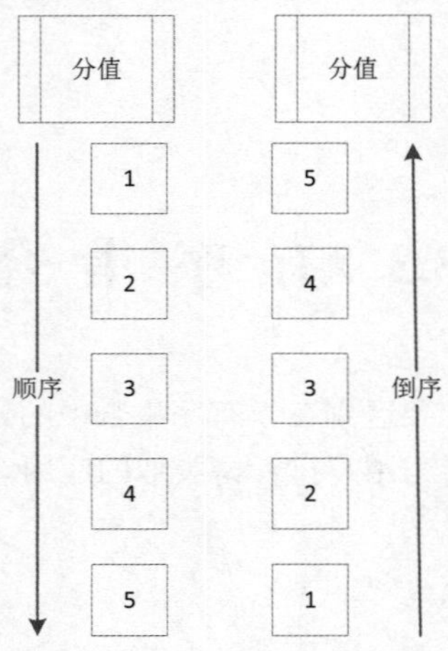

图 3.4　有序集合的顺序与倒序

说明：

（1）有序集合的键必须唯一，值允许相同。

（2）有序集合的分值的默认排序方式为顺序排序（升序），即从低分值往高分值递增排序。

（3）按照分值大小进行顺序排序是有序集合的第一排序条件，在分值相同的情况下，对键（成员）字符串按照二进制大小进行顺序排序（又叫词典排序，lexical order）（可以参考 ASCII 码表）。

有序集合的基本操作命令包括增加元素、查看元素、删除元素、分值操作、排序位号获取等，见表 3.5。

表 3.5　有序集合的基本操作命令

序号	命令名称	命令功能描述	执行时间复杂度
1	ZAdd	在有序集合中添加键值对	$O(\log(n))$
2	ZRange	返回指定范围有序集合中的键或键值对	$O(\log(n)+m)$
3	ZCount	返回有序集合中指定值范围的个数	$O(\log(n))$
4	ZRem	删除有序集合中指定的键值对	$O(m\log(n))$
5	ZCard	返回有序集合中的键值对个数	$O(1)$
6	ZIncrBy	对有序集合中指定键的值进行增量操作	$O(\log(n))$
7	ZLexCount	返回有序集合中指定键名范围的个数	$O(n)$
8	ZScore	返回有序集合中指定键名对应的值	$O(1)$
9	ZRank	返回有序集合中指定值的排名位数	$O(\log(n))$
10	ZPopMax	弹出有序集合中的最大分值键值对	$O(\log(n)m)$
11	ZPopMin	弹出有序集合中的最小分值键值对	$O(\log(n)m)$

1．ZAdd 命令

作用：在有序集合中添加键值对。

语法：ZAdd key [NX|XX] [CH] [INCR] score member [score member ...]

参数说明：key 为指定的有序集合名，score 为值（分值），member 为对应的键（成员），允许多键值对添加操作。如果指定的 member 在有序集合中已经存在，则修改对应的 score，并对 score 重新排序；如果 member 不存在，则添加该键值对。如果指定的 key 不存在，则创建新的有序集合。

NX 为附加可选参数，不更新存在的 member 的 score，只添加新增键值对。

XX 为附加可选参数，仅更新存在的 member 对应的 score，不添加新增键值对。

CH 为附加可选参数，是 Changed 的缩写，返回所有值被修改的键值对总数（包括新增键值对）。

INCR 为附加可选参数，当指定该选项时，对指定 member 的 score 进行递增 1 操作，等同于 ZIncrBy 命令。

返回值：在没有指定附加可选参数的情况下，该命令只返回新添加的键值对数量；在指定 CH 的情况下，返回所有变化的键值对数量。

【例 3.32】ZAdd 命令使用实例。

```
r>ZAdd SSet1 1 "Game1" 1 "Game2" 2 "Game3" 3 "Game4" //新建一个包含 4 个键值对的有序集合
4
```

上述代码的有序集合 SSet1 的执行结果见 ZRange 命令。

说明：

Redis 有序集合的分值使用双精度 64 位浮点数，它能包括的整数范围为-9 007 199 254 740 992～9 007 199 254 740 992。更大的整数在内部用指数形式表示，但是是近似的十进制数。

2．ZRange 命令

作用：返回指定范围有序集合中的键或键值对。

语法：ZRange key start stop [WithScores]

参数说明：key 为指定的有序集合名；start 为有序集合分值从低到高的第一个分值的下标位置，默认第一个下标位置为 0，第二个为 1，第三个为 2，依次类推；stop 为结束下标位置。start 和 stop 的下标位置也可以用负数表示，-1 表示分值最高的下标位置，-2 表示分值次高的下标位置，依次类推。如果 stop 大于有序集合的最大下标位置数，则 Redis 数据库会默认 stop 取该有序集合的最大下标位置数。

返回值：返回指定范围的键列表。如果 start 超出有序集合的最大下标位置数或 start>stop，则返回一个空列表；如果选择 WithScores 选项，则返回键值对列表。

【例 3.33】ZRange 命令使用实例。

```
r>ZRange SSet1 0 -1            //在例 3.32 的基础上进行，要确保 SSet1 已经存在
Game1
Game2
Game3
Game4
```

3．ZCount 命令

作用：返回有序集合中指定值范围的个数。

语法：ZCount key min max

参数说明：key 为指定的有序集合名；min 和 max 为指定范围的 score，分三种情况指定范围：

（1）准确指定参数闭区间范围，如 4 10，代表 4≤score≤10。

（2）在参数前指定“(”（代表小于符号），如(5 10 代表 5<score≤10。

（3）min 和 max 可以是-inf 和+inf，-inf 代表无限小（infinitely small）；+inf 代表无限大（infinitely big），如-inf +inf 代表-∞ ～+∞。该方法适合在无法指定 min、max 确切值的情况下使用。

返回值：返回指定分值范围的键值对个数。当指定的 key 为非有序集合时，返回错误提示信息。

【例 3.34】ZCount 命令使用实例。

```
r>ZCount SSet1 -inf +inf              //在例 3.33 的基础上进行，要确保 SSet1 已经存在
ERR min or max is not a float         //适用于分值为浮点型值的情况，在整型值情况下会报错
r>ZCount SSet1 1 3                    //1<=Score<=3
4
```

4．ZRem 命令

作用：删除有序集合中指定的键值对。

语法：ZRem key member [member ...]

参数说明：key 为指定的有序集合名；member 为指定的需要删除的键名，允许多键指定。

返回值：返回删除的键值对个数（不包括不存在的 member）。当指定的 key 为非有序集合时，返回错误提示信息。

【例 3.35】ZRem 命令使用实例。

```
r>ZRem SSet1  "Game1"  "Game4"        //在例 3.34 的基础上进行，要确保 SSet1 存在
2
r>ZRange SSet1 0 -1 WithScores
Game2
1
Game3
2
```

5．ZCard 命令

作用：返回有序集合中的键值对个数。

语法：ZCard key

参数说明：key 为指定的有序集合名。

返回值：返回有序集合中的键值对个数。当 key 不存在时，返回 0。

【例 3.36】ZCard 命令使用实例。

```
r>ZCard SSet1                //在例 3.35 的基础上进行，要确保 SSet1 已经存在
2                            //还剩余 Game2 1 和 Game3 2 两个键值对
```

6. ZIncrBy 命令

作用：对有序集合中指定键的值进行增量操作。

语法：ZIncrBy key increment member

参数说明：key 为指定的有序集合名；increment 表示对指定键名的值进行增量操作，该增量为整数或浮点数；member 为需要进行增量操作的键。如果 member 不存在，则创建 member，并给对应的值先赋 0.0，再进行增量操作。

返回值：返回指定 member 对应的进行增量操作后的新值。如果指定的 key 为非有序集合，则返回错误提示信息。

【例 3.37】ZIncrBy 命令使用实例。

```
r>ZIncrBy SSet1 2  "Game2"
3
r>ZRange SSet1 0 -1 WithScores
Game3
2
Game2
3                                        //注意，值从 1 变成了 3，而且排序调整了
```

7. ZLexCount 命令

作用：返回有序集合中指定键名范围的个数。

语法：ZLexCount key min max

参数说明：key 为指定的有序集合名；min 和 max 为指定键范围的下限值和上限值，当它们与有序集合的键进行比较时，采用二进制值比较法（可以参考 ASCII 码表）。当采用 min 和 max 参数时，必须以“[”“(”开头，或用“-”“+”代表。

“[”代表闭区间的范围，也就是包含 min 和 max 本身。

“(”代表小于符号，也就是不包含 min 和 max 本身。

“-”代表二进制值最小的键，“+”代表代表二进制值最大的键，“-”和“+”一起使用，就是统计有序集合的全部键值对。

返回值：返回有序集合 min 和 max 之间的键值对数量。如果 min 和 max 的位置放反，则返回 0；如果指定的 key 为非有序集合，则返回错误提示信息。

【例 3.38】ZLexCount 命令使用实例。

```
r>ZAdd ZSet1 1 "a" 2 "b" 3 "c" 4 "d" 5 "e" 6 "f"
6
r>ZLexCount ZSet1 [b [d      //b<=Member<=d，它们进行的是二进制值比较
3
```

8. ZScore 命令

作用：返回有序集合中指定键名对应的值。

语法：ZScore key member

参数说明：key 为指定的有序集合名，member 为指定的键名。

返回值：返回指定 member 对应的值。如果指定的 key 或 member 不存在，则返回 nil。

【例 3.39】ZScore 命令使用实例。

```
r>ZScore ZSet1 "c"  //在例 3.38 的基础上进行，要确保 ZSet1 已经存在
3
```

9. ZRank 命令

作用：返回有序集合中指定值的排名位数。

语法：ZRank key member

参数说明：key 为指定的有序集合名，member 为指定的键名。

返回值：返回指定 member 在有序集合中的排名位数（根据分值排序）。如果指定的 member 不存在，则返回 nil。

【例 3.40】ZRank 命令使用实例。

```
r>ZRank ZSet1 "c"              //在例 3.39 的基础上进行，要确保 ZSet1 已经存在
2                              //排名也是从下标 0 开始，c 排第三个，下标为 2
r>ZRank ZSet1 "g"              //g 不存在
(nil)
```

10. ZPopMax 命令

作用：弹出有序集合中的最大分值键值对。

语法：ZPopMax key [count]

参数说明：key 为指定的有序集合名，count 指定弹出的键值对个数，默认为 1。

返回值：以列表形式返回键值对。

【例 3.41】ZPopMax 命令使用实例。

```
r>ZAdd school 1 "one" 2 "two" 3 "three" 4 "four"
(integer) 4
r>ZPopMax school                      //弹出最大分值的键值对
1) "four"
2) "4"
r>ZRange school 0 -1 WithScores       //显示最大分值的键值对已经被删除
1) "one"
2) "1"
3) "two"
4) "2"
5) "three"
6) "3"
```

11. ZPopMin 命令

作用：弹出有序集合中的最小分值键值对。

语法：ZPopMin key [count]

参数说明：key 为指定的有序集合名，count 指定弹出的键值对个数，默认为 1。

返回值：以列表形式返回键值对。

【例 3.42】ZPopMin 命令使用实例。

在例 3.41 的基础上继续执行以下代码。

```
r>ZPopMin school 2
1) "one"
2) "1"
3) "two"
4) "2"
r>ZRange school 0 -1 WithScores
1) "three"
2) "3"
```

3.3.3 其他操作命令

表 3.6 所列为有序集合的其他操作命令，包括并运算、交运算、删除指定范围内的元素、返回指定键名或键值等。

表 3.6 有序集合的其他操作命令

序号	命令名称	命令功能描述	执行时间复杂度
1	ZUnionStore	带存储功能的多有序集合并运算	$O(n)+O(m\log(m))$
2	ZInterStore	带存储功能的多有序集合交运算	$O(nk)+O(m\log(m))$
3	ZRemRangeByLex	在同值情况下，删除指定范围内的键值对	$O(\log(n)+m)$
4	ZRangeByLex	在同值情况下，返回指定范围内键名的列表	$O(\log(n)+m)$
5	ZRangeByScore	返回指定范围内有序集合的键名或键值对列表	$O(\log(n)+m)$
6	ZRemRangeByScore	删除指定值大小范围内的键值对	$O(\log(n)+m)$
7	ZRemRangeByRank	删除指定值下标范围内的键值对	$O(\log(n)+m)$
8	ZRevRange	返回指定值下标范围内的固定排序键值对列表	$O(\log(n)+m)$
9	ZRevRangeByLex	在同值情况下，返回指定键范围内的倒排序键列表	$O(\log(n)+m)$
10	ZRevRangeByScore	返回指定值大小范围内的固定排序键或键值对列表	$O(\log(n)+m)$
11	ZRevRank	返回指定键在有序集合中的排名位数	$O(\log(n))$
12	ZScan	增量迭代式返回有序集合中的键值对列表	$O(1)$– $O(n)$
13	ZDiffStore	求有序集合的差集，并把结果存储到指定的新有序集合中	$O(l+(n-k)\log(n))$
14	ZDiff	求有序集合的差集，返回结果但不存储	$O(l+(n-k)\log(n))$
15	ZInter	求有序集合的交集，并返回结果	$O(nk)+O(m\log(m))$
16	ZInterCard	求有序集合的交集，并返回结果集的元素个数	$O(nk)$

说明：

Rev 为 Reverse order 的缩写，中文为相反的排序。

1. ZUnionStore 命令

作用：带存储功能的多有序集合并运算。

语法：ZUnionStore destination numkeys key [key ...] [WEIGHTS weight] [SUM|MIN|MAX]

参数说明：destination 为存放多个有序集合并运算结果的有序集合，若 destination 已经存在，则覆盖原先内容；numkeys 为参与并运算的有序集合的个数；key 为参与并运算的有序集合，key 的数量要与 numkeys 保持一致；可选参数 WEIGHTS 可以为每个 key 指定一个乘法因子，在进行集合运算之前，每个 key 中参与运算的 score 先跟该因子相乘，如果没有指定该选项，则默认值为 1。

说明：

Redis 官网里给出的[WEIGHTS weight]看上去似乎只能指定一个 weight（乘法因子），在实际使用中，该参数应该这样理解：

（1）当没有该参数时，参与运算的所有有序集合的乘法因子都默认为 1。

（2）当使用该参数时，必须按照顺序指定所有参与运算的有序集合的乘法因子。例如，有三个有序集合参与运算（key1、key2、key3），那么就应该像这样指定该参数：WEIGHTS 2 3 4。key1 的乘法因子为 2，key2 的乘法因子为 3，key3 的乘法因子为 4。

该命令的执行过程为：先将参与运算的所有有序集合的 score 乘以 weight，然后根据并运算对每个 member 的所有 score 进行集合运算。该命令的集合运算方式可以通过以下几个可选参数来实现：

（1）SUM：把确定 member 的所有 score 进行累加，作为某个 member 的新 score。

（2）MIN：取确定 member 的所有 score 的最小值，作为某个 member 的新 score。

（3）MAX：取确定 member 的所有 score 的最大值，作为某个 member 的新 score。

返回值：返回并运算结果有序集合 destination 中的键值对个数。

【例 3.43】ZUnionStore 命令使用实例。

```
r>ZAdd ZSet2 1  "Book1" 2  "Book2" 3  "Book3"
3
r>ZAdd ZSet3 2  "Book1" 2  "Book2" 4  "Book4"
3
r>ZUnionStore ZEnd0 2 ZSet2 ZSet3 WEIGHTS 1 2 //默认增加 SUM 可选参数
4
r>ZRange ZEnd0 0 -1 WithScores
Book3
3                                            //Book3=3×1=3
Book1
5                                            //Book1=1×1+2×2=5
Book2
6                                            //Book2=2×1+2×2=6
Book4
8                                            //Book4=4×2=8
```

2．ZInterStore 命令

作用：带存储功能的多有序集合交运算。

语法：ZInterStore destination numkeys key [key...] [WEIGHTS weight] [SUM|MIN|MAX]

参数说明：同 ZUnionStore 命令的参数说明。唯一的区别是，当多个有序集合参与交运算时，此命令必须用 numkeys 参数指定参与交运算的有序集合个数。

返回值：返回交运算结果有序集合 destination 中的键值对个数。

【例 3.44】ZInterStore 命令使用实例。

```
//默认添加 SUM 可选参数。在例 3.43 的基础上进行，要确保 ZSet2 和 ZSet3 已经存在
r>ZInterStore IEnd0 2 ZSet2 ZSet3 WEIGHTS 1 2
2
r>ZRange IEnd0 0 -1 WithScores
Book1
5                                //Book1=1×1+2×2=5
Book2
6                                //Book2=2×1+2×2=6
```

3．ZRemRangeByLex 命令

作用：在同值情况下，删除指定范围内的键值对。

语法：ZRemRangeByLex key min max

参数说明：key 为指定的有序集合名；min 和 max 为指定键范围的下限值和上限值，当它们与有序集合的键进行比较时，采用二进制值比较法（可以参考 ASCII 码表）。当采用 min 和 max 参数时，必须以“[”“(”开头，或用“-”“+”代表。

“[”代表闭区间的范围，也就是包含 min 和 max 本身。

“(”代表小于符号，也就是不包含 min 和 max 本身。

“-”代表二进制值最小的键，“+”代表二进制值最大的键，“-”和“+”一起使用，就是统计有序集合的全部键值对。

返回值：返回删除的键值对个数。如果 min 和 max 的位置放反，则返回 0；如果 key 指定的为非有序集合，则返回错误提示信息。

【例 3.45】ZRemRangeByLex 命令使用实例。

```
r>ZAdd ZDel 0  "Bag " 0  "Bed " 0  "Bear "
3
r>ZRemRangeByLex ZDel - +        //要确保在 Score 都一样时，使用该命令
3                                //删除 ZDel 的所有键值对
```

⚠ **注意：**

必须在 score 都一样的情况下使用该命令。当 Score 不一样时，删除结果会不正常。

4．ZRangeByLex 命令

作用：在同值情况下，返回指定范围内键名的列表。

语法：ZRangeByLex key min max [Limit offset count]

参数说明：key 为指定的有序集合名；min 为二进制值 member 比较中的下限值，max 为二进制值 member 比较中的上限值，min 和 max 中的“[”“(”“-”“+”用法同 ZRemRangeByLex 命令对应参数的用法；可选参数 Limit 同 offset、count 一起使用，指定 Limit 将对该命令的执行结果进行分页处理，分页起始位置由 offset 指定，分页内显示的数量由 count 指定。

返回值：返回指定范围内键名的列表。

【例 3.46】ZRangeByLex 命令使用实例。

```
r>ZAdd ZDel 0 "Bag" 0 "Bed" 0 "Bear" 0 "apple" 0 "and" 0 "ant"
6
r>ZRangeByLex ZDel - +
Bag
Bear
Bed
and
ant
apple
```

注意观察上述代码的执行结果，在 score 都为 0 的情况下，键排序是根据二进制值的大小从小到大进行的，关于每个字母的二进制值见对应的 ASCII 码表。在上述代码的基础上继续进行分页操作，代码如下：

```
r>ZRangeByLex ZDel - + Limit 0 3      //第一页三条记录
Bag
Bear
Bed
r>ZRangeByLex ZDel - + Limit 3 3      //第二页三条记录
and
ant
apple
```

5. ZRangeByScore 命令

作用：返回指定范围内有序集合的键名或键值对列表。

语法：ZRangeByScore key min max [WithScores] [Limit offset count]

参数说明：key 为指定的有序集合名；min 为 score 检索的下限值；max 为 score 检索的上限值。也可以在参数 min 和 max 前加“(”（小于符号），或者用-inf 和+inf 代表无限小和无限大；指定可选参数 WithScores 后，会返回键值对；可选参数 Limit 同 offset、count 一起使用，使用方法同 ZRangeByLex 中的对应参数。

返回值：返回指定范围内的键名或键值对列表。

【例 3.47】ZRangeByScore 命令使用实例。

```
r>ZAdd ZGet 1 "Bag" 2 "Bed" 3 "Bear" 4 "apple" 5 "and" 6 "ant"
6
r>ZRangeByScore ZGet -inf +inf
Bag
Bed
```

```
Bear
apple
and
ant
```

从上述代码执行的结果可以看出，ZRangeByScore 命令是根据 score 顺序来显示对应的 member 的，这里不要求 score 必须一样。这是 ZRangeByScore 命令和 ZRangeByLex 命令的主要区别。

6．ZRemRangeByScore 命令

作用：删除指定值大小范围内的键值对。

语法：ZRemRangeByScore key min max

参数说明：key 为指定的有序集合名；min 和 max 为指定 score 的下限值和上限值，可以使用"("、-inf 和+inf 符号。该命令中的其他参数说明同 ZRangeByScore 命令。

返回值：返回删除的键值对个数。

【例 3.48】ZRemRangeByScore 命令使用实例。

```
r>ZRemRangeByScore ZGet (3 +inf       //在例 3.47 的基础上进行，要确保 ZGet 已经存在
3
r>ZRange ZGet 0 -1 WithScores
Bag
1.0
Bed
2.0
Bear
3.0
```

7．ZRemRangeByRank 命令

作用：删除指定值下标范围内的键值对。

语法：ZRemRangeByRank key start stop

参数说明：key 为指定的有序集合名。start 和 stop 都为以 score 排序的基础上的 member 的下标位置，start 为开始下标位置，stop 为结束下标位置，可以从 0、1 开始类推，0 代表 score 最小的数的下标；也可以用负数表示，-1 代表 score 最大的下标，-2 代表 score 第二大的下标。

返回值：返回被删除的键值对个数。

【例 3.49】ZRemRangeByRank 命令使用实例。

```
r>ZRemRangeByRank ZGet 0 1  //在例 3.48 的基础上进行，要确保 ZGet 已经存在
2
r>ZRange ZGet 0 -1 WithScores
Bear
3.0
```

8．ZRevRange 命令

作用：返回指定值下标范围内的固定排序键值对列表。

语法：ZRevRange key start stop [WithScores]

参数说明：key、start、stop 的参数说明同 ZRemRangeByRank 命令，WithScores 的参数说明同 ZRangeByScore 命令。

返回值：返回指定值下标范围内的键或键值对列表。

【例 3.50】ZRevRange 命令使用实例。

```
r>ZAdd ZGetRev 1 "Bag" 2 "Bed" 3 "Bear" 4 "apple" 5 "and" 6 "ant"
6
r>ZRevRange ZGetRev 0 -1
ant
and
apple
Bear
Bed
Bag
```

这里的命令返回的结果是倒序排列的，读者应该同 ZRangeByScore 命令中的返回结果进行仔细对比，"ant"的 score 为 6，"and"的 score 为 5，以此类推。ZRevRange 命令与 ZRange 命令的唯一区别是，ZRevRange 命令返回的结果是倒序排列的，ZRange 命令返回的结果是顺序排列的。

说明：

（1）有序集合里带 Rev 英文缩略字母的命令都为按 score 倒序排列；在 score 相同的情况下，按 member 倒序排列。

（2）读者应该更仔细地发现，存储在 ZGetRev 命令中的键值对还是按照默认的 score 顺序排列的，只不过 ZRevRange 命令在返回键的同时将键值对按照倒序规则进行了重新排序。

9．ZRevRangeByLex 命令

作用：在同值情况下，返回指定键范围内的倒排序键列表。

语法：ZRevRangeByLex key max min [Limit offset count]

参数说明：key 为指定的有序集合名；min 为二进制值 member 比较中的下限值，max 为二进制值 member 比较中的上限值，min 和 max 中的“[”“(”“-”“+”的用法同 ZRemRangeByLex 命令对应参数的用法；可选参数 Limit 同 offset、count 一起使用，指定 Limit 将对该命令的执行结果进行分页处理，分页起始位置由 offset 指定，分页内显示的数量由 count 指定。

返回值：返回指定键范围内的倒排序键列表。

【例 3.51】ZRevRangeByLex 命令使用实例。

```
r>ZAdd ZRev1 0 "Bag" 0 "Bed" 0 "Bear" 0 "apple" 0 "and" 0 "ant"
6
r>ZRevRangeByLex ZRev1 + -
apple
ant
and
Bed
Bear
Bag
```

代码执行结果可以与例 3.46 的代码执行结果进行仔细比较。ZRevRangeByLex 命令与 ZRangeByLex 命令的唯一区别是，ZRevRangeByLex 命令返回的结果是倒序排列的，ZRangeByLex 命令返回的结果是顺序排列的。

⚠ **注意：**

必须在 score 都一样的情况下使用该命令。当 score 不一样时，返回结果会不正常。

10．ZRevRangeByScore 命令

作用：返回指定值大小范围内的固定排序键或键值对列表。

语法：ZRevRangeByScore key max min [WithScores] [Limit offset count]

参数说明：key 为指定的有序集合名；min 为 score 检索的下限值，max 为 score 检索的上限值。也可以在参数 min 和 max 前加“(”（小于符号），或者用-inf 和+inf 代表无限小和无限大；指定可选参数 WithScores 后，会返回键值对；可选参数 Limit 同 offset、count 一起使用，使用方法同 ZRangeByLex 命令中的对应参数。

返回值：返回指定范围内的键或键值对列表。

【例 3.52】ZRevRangeByScore 命令使用实例。

```
r>ZAdd ZGet1 1.0 "Bag" 2.0 "Bed" 3.0 "Bear" 4.0 "apple" 5.0 "and" 6.0 "ant"
6
r>ZRevRangeByScore ZGet1 +inf -inf WithScores
"ant "
6
"and "
5
"apple "
4
"Bear "
3
"Bed "
2
"Bag "
1
```

代码执行结果可以与例 3.47 的代码执行结果进行仔细比较。ZRevRangeByScore 与 ZRangeByScore 的唯一区别是，ZRevRangeByScore 命令返回的结果是倒序排列的，ZRangeByScore 命令返回的结果是顺序排列的。

11．ZRevRank 命令

作用：返回指定键在有序集合中的排名位数。

语法：ZRevRank key member

参数说明：key 为指定的有序集合名，member 为指定的键名。

返回值：返回指定 member 在有序集合中的排名位数（根据分值倒序排序）。如果指定的 member 不存在，则返回 nil。

【例 3.53】ZRevRank 命令使用实例。

```
r>ZAdd ZSetRev 1 "a" 2 "b" 3 "c" 4 "d" 5 "e" 6 "f "
6
r>ZRevRank ZSetRev  "c"
3
```

12．ZScan 命令

作用：增量迭代式返回有序集合中的键值对列表。

语法：ZScan key cursor [MATCH pattern] [COUNT count]

参数说明：同 3.1.2 小节中的 SScan 命令。

返回值：分批次返回游标指定的有序集合内容。

ZScan 命令使用实例此处不作介绍。

13．ZDiffStore 命令

作用：求有序集合的差集，并把结果存储到指定的新有序集合中。

语法：ZDiffStore destination numkeys key [key ...]

参数说明：destination 用于存储差集的结果，key 为指定需要进行差集运算的有序集合，numkeys 指定进行差集运算的有序集合个数。

返回值：返回差集运算结果的元素个数。

【例 3.54】ZDiffStore 命令使用实例。

```
r>ZAdd class1 1 "Tom" 2 "Jack" 3 "Alice"
(integer) 3
r>ZAdd class2 1 "Tom" 2 "Jack" 3 "Alice" 4 "Rose"
(integer) 4
r>ZDiffStore class 2 class2 class1
(integer) 1
r>ZRange class 0 -1 WithScores
1)"Rose"
2)4
```

说明：

ZDiffStore 为 Redis 6.2.0 版本新增命令。

14．ZDiff 命令

作用：求有序集合的差集，返回结果但不存储。

语法：ZDiff numkeys key [key ...] [WithScores]

参数说明：key 为需要进行差集运算的有序集合，个数由 numkeys 指定；当指定了 WithScores 参数时，返回结果是键值对列表。

返回值：以数组形式返回差集运算的结果。

【例 3.55】ZDiff 命令使用实例。

```
r>ZAdd class1 1 "Tom" 2 "Jack" 3 "Alice"
(integer) 3
r>ZAdd class2 1 "Tom" 2 "Jack" 3 "Alice" 4 "Rose"
(integer) 4
r>ZDiff 2 class2 class1 WithsCores
1)"Rose"
2)4
```

说明：

ZDiff 为 Redis 6.2.0 版本新增命令。

15. ZInter 命令

作用：求有序集合的交集，并返回结果。

语法：ZInter numkeys key [key ...] [WithScores]

参数说明：key 为需要进行交集运算的有序集合，个数由 numkeys 指定；当指定了 WithScores 参数时，返回结果是键值对列表。

返回值：返回指定的有序集合进行交集运算的结果。

【例 3.56】ZInter 命令使用实例。

```
r>ZAdd class1 1 "Tom" 2 "Jack" 3 "Alice"
(integer) 3
r>ZAdd class2 1 "Tom" 2 "Jack" 3 "Alice" 4 "Rose"
(integer) 4
r>ZInter 2 class2 class1 WithScores
1)"Tom"
2)"1"
3)"Jack"
4)"2"
5)"Alice"
6)"3"
```

说明：

ZInter 为 Redis 6.2.0 版本新增命令。

16. ZInterCard 命令

作用：求有序集合的交集，并返回结果集的元素个数。

语法：ZInterCard numkeys key [key ...] [Limit limit]

参数说明：key 为需要进行交集运算的有序集合，个数由 numkeys 指定；如果指定了 limit 参数，当交集运算的基数超过该 limit 数值时，退出运算，确保在限定范围内以较快的速度运行。

返回值：返回交集运算的结果集元素的个数。

【例 3.57】ZInterCard 命令使用实例。

```
r>ZAdd class1 1 "Tom" 2 "Jack" 3 "Alice"
(integer) 3
```

```
r>ZAdd class2 1 "Tom" 2 "Jack" 3 "Alice" 4 "Rose"
(integer) 4
r>ZInterCard 2 class2 class1
(integer) 3
```

说明：

ZInterCard 为 Redis 7.0.0 版本新增命令。

3.4 练习及实验

1．填空题

（1）集合表示______且______的字符串元素的集合。

（2）散列表可以存储多个______的映射，是一种无序的数据集合。

（3）散列表的最大特点是，实现了______的一对一映射关系。

（4）有序集合和______表一样，都是由______构成的数据集合，区别在于有序集合中的元素会自动排序。

（5）有序集合的键名又叫作______，值又叫作______。

2．判断题

（1）在高并发读取大规模数据集合时，SScan 命令可以有效降低服务器读取压力。（ ）

（2）在一个散列表中允许出现重复键名。（ ）

（3）有序集合和散列表都通过键名查找来获取值。（ ）

（4）有序集合的键名所对应的值只能是浮点型值。（ ）

（5）有序集合根据键名进行排序。（ ）

3．实验题

从电商平台随意选取 10 本书及其点评分数，根据分数实现排序操作，实现指定范围分值的读取操作，并删除分数最低和最高的两条信息。

第 4 章

其他操作命令

Redis 数据库中的其他操作命令包括客户端管理命令、服务器端操作命令、键命令、HyperLogLog 操作命令、地理空间命令、配置文件及参数命令等。

扫一扫，看视频

4.1　客户端管理命令

客户端管理命令包括基本连接操作命令和客户端相关命令。

4.1.1　基本连接操作命令

连接服务器端 Redis 数据库的基本操作命令见表 4.1。

表 4.1　基本连接操作命令

序号	命令名称	命令功能描述	执行时间复杂度
1	Auth	验证服务器	$O(1)$
2	Echo	回显输入的字符串	$O(1)$
3	Ping	Ping 服务器	$O(1)$
4	Quit	关闭客户端跟服务器端 Redis 数据库的连接	$O(1)$
5	Select	选择新数据库	$O(1)$
6	Reset	此命令对连接的服务器端上下文执行完全重置，以模仿断开连接并重新连接的效果	$O(1)$
7	Hello	将连接切换到其他协议	$O(1)$

1．Auth 命令

作用：验证服务器。

语法：Auth [username] password

参数说明：username 为登录用户名，省略时为 Redis 数据库安装时默认的登录用户名；password 为 Redis 数据库登录认证密码。如果数据库管理员已经在/etc/redis.conf 配置文件的#requirepass foobared 参数选项上设置了密码，当客户端登录 Redis 数据库服务器时，需要先通过 Auth 命令输入与配置文件里一样的密码，才能进行客户端命令操作。

返回值：如果该命令的密码与配置文件里的密码一致，则返回 OK；否则返回错误提示信息。

【例 4.1】Auth 命令使用实例。

```
r>Auth ErrorRedis            //假设 ErrorRedis 为错误密码
ERR AUTH <password> called without any password configured for the default user.
Are you sure your configuration is correct?
r>Auth touchRedis            //假设配置文件参数 requirepass  touchRedis
OK
```

说明：

（1）为了防止通过快速轮询对 Redis 数据库进行暴力解密，密码必须设置得足够复杂，在生产环境下最好对密码加密，防止被攻击。

（2）从 Redis 6.0.0 版本开始，提供了一种名叫 ACL 的新的登录身份认证方法，详见 14.1 节。

（3）配置文件的使用方法详见 4.6 节。

2. Echo 命令

作用：回显输入的字符串。

语法：Echo message

参数说明：message 为输入的字符串。

返回值：在客户端直接返回输入的字符串。

【例 4.2】Echo 命令使用实例。

```
r>Echo "See me!"
 See me!                    //该命令只是返回输入的内容，客户端测试功能
```

3. Ping 命令

作用：Ping 服务器。

语法：Ping [字符串]

参数说明：当没有参数时，返回 PONG，否则返回发出的字符串。这个命令用于测试客户端跟服务器端 Redis 数据库之间的连接是否可用，或者用于测试连接的延时情况。

返回值：连接正常返回 PONG，当带参数时返回字符串。如果客户端处于频道订阅模式，批次返回 PONG、nil，或 PONG、字符串。

【例 4.3】Ping 命令使用实例。

```
r>Ping
PONG     //如果马上返回，则说明与服务器端 Redis 数据库是连接的；如果返回延迟，则说明连接过程发
         //生了堵塞等问题
```

4. Quit 命令

作用：关闭客户端跟服务器端 Redis 数据库的连接。

语法：Quit

参数说明：无参数，请求服务器端关闭跟客户端的连接，在关闭前，连接将会尽可能快地完成未完成的客户端请求。

返回值：返回 OK。

【例 4.4】Quit 命令使用实例。

```
r>Quit
OK       //关闭后，不能继续执行客户端命令
```

5. Select 命令

作用：选择新数据库。

语法：Select index

参数说明：index 为与服务器端 Redis 数据库连接的下标值，从 0 开始，第一个新连接的数据库是 Db0，第二个是 Db1，第三个是 Db2，依次类推。客户端工具 Redis-cli 默认连接服务器端 Redis 数

据库，连接成功的是下标值为 0 的数据库。安装完成的 Redis 数据库下标的默认范围是 0～15，可以通过该命令选择使用。

返回值：如果指定的下标值有对应的数据库，则返回 OK；如果指定的下标值没有对应的数据库，则返回错误提示信息。

【例 4.5】Select 命令使用实例。

```
r>Select 0
OK
r>Select 1
OK
r>Select 16                    //下标为 16 的数据库不存在，报错
ERR DB index is out of range
```

6．Reset 命令

作用：此命令对连接的服务器端上下文执行完全重置，以模仿断开连接并重新连接的效果。当从常规的客户端连接调用该命令时，它会进行以下操作：

（1）丢弃当前的 Multi 事务块（如果存在）。

（2）取消监视连接监视的所有键。

（3）如果正在使用，则禁用客户端跟踪。

（4）将连接设置为 ReadWrite 模式。

（5）如果先前已设置，则取消连接的询问模式。

（6）将客户端回复（Client Reply）设置为 ON。

（7）将协议版本设置为 RESP 2.0 协议（Redis 6.0.0 版本开始支持新的 RESP 3.0 协议）。

（8）选择数据库 0。

（9）退出 Monitor 模式（如果适用）。

（10）在适当的情况下中止发布/订阅的订阅状态（Subscribe 和 Psubscribe）。

（11）取消对连接的身份验证，在启用身份验证后，需要调用 Auth 重新进行身份验证。

语法：Reset

参数说明：无参数。

返回值：'RESET'。

【例 4.6】Reset 命令使用实例。

```
r> Reset
'RESET'
```

说明：

Reset 为 Redis 6.2.0 版本新增命令。

7．Hello 命令

作用：将连接切换到其他协议。Redis 6.0.0 或更高的版本支持 RESP 2.0 和 RESP 3.0 协议。新的 RESP 3.0 可以支持更多的如多语义上的答复等功能。

语法：Hello [protover [Auth username password] [SetName clientname]]

参数说明：protover 参数设置为 2（2 可以省略），用于选择 RESP 2.0 协议，设置为 3 则用于选择 RESP 3.0 协议；Auth username password 可选参数直接验证连接，而不切换到指定的协议。这样，在建立新连接时，无须在 Hello 之前调用 Auth 命令。需要注意的是，可以将用户名设置为“默认”，以便针对不使用 ACL 而使用 Redis 6.0.0 版本之前的 requirepass 简单机制的服务器进行身份验证。可选参数 SetName clientname 等效于执行 Client SetName 命令。

返回值：返回服务器属性的列表。当选择 RESP 3.0 时，返回的是映射而不是数组；如果请求的协议不存在，该命令将返回错误提示信息。

【例 4.7】Hello 命令使用实例。

```
r>Hello 3
1# "server" => "redis"
2# "version" => "6.0.0"
3# "proto" => (integer) 3
4# "id" => (integer) 10
5# "mode" => "standalone"
6# "role" => "master"
7# "modules" => (empty array)
```

说明：

Hello 为 Redis 6.0.0 版本新增命令。

4.1.2 客户端相关命令

表 4.2 所列为与客户端相关命令、统计命令信息相关的命令。

表 4.2 与客户端相关命令、统计命令信息相关的命令

序号	命令名称	命令功能描述	执行时间复杂度
1	Client List	获得客户端连接信息及数量列表	$O(n)$, n 为客户端连接数
2	Client SetName	设置当前连接的名称	$O(1)$
3	Client GetName	获得当前连接的名称	$O(1)$
4	Client Kill	关闭客户端连接	$O(n)$
5	Client Pause	暂停处理客户端命令	$O(1)$
6	Command	返回 Redis 数据库所有命令	$O(n)$
7	Command Count	统计 Redis 数据库命令总数	$O(1)$
8	Command GetKeys	获得指定命令的所有键	$O(n)$
9	Command Info	获得指定命令的详细使用信息	$O(n)$
10	Client Caching	客户端缓存跟踪	$O(1)$
11	Client GetRedir	返回跟踪重定向的客户端 ID	$O(1)$

续表

序号	命令名称	命令功能描述	执行时间复杂度
12	Client Help	获得客户端系列命令的帮助文档	$O(1)$
13	Client ID	获得当前连接的客户端 ID	$O(1)$
14	Client No-Evict	设置当前连接的客户端驱逐模式	$O(1)$
15	Client Reply	控制服务器是否会回复客户端的命令	$O(1)$
16	Client Tracking	启用 Redis 数据库服务器的跟踪功能，用于服务器辅助客户端缓存	$O(1)$
17	Client TrackingInfo	获取有关当前客户端连接使用服务器辅助客户端缓存功能的信息	$O(1)$
18	Client UnBlock	解除阻塞命令	$O(\log n)$
19	Client UnPause	用于恢复所有被 Client Pause 命令暂停的客户端的命令处理	$O(n)$

1．Client List 命令

作用：获得客户端连接信息及数量列表。

语法：Client List

参数说明：无。

返回值：每个已连接客户端对应一行（以 LF 分割），每行字符串由一系列“属性=值”（property=value）形式的域组成，每个域之间用空格分开。

（1）每个域包含的内容如下：

- id：唯一的 64bit 的客户端 ID。
- addr：连接服务器端的所有客户端的 IP 地址/端口号。
- laddr：执行本命令的本地客户端的 IP 地址/端口号。
- fd：对应于套接字的文件描述符。
- age：连接的总持续时间（单位为秒）。
- idle：连接的空闲时间（单位为秒）。
- flags：客户端标志[标志值，见下文（2）]。
- db：当前数据库 ID。
- sub：频道订阅客户端数。
- psub：模式匹配订阅数。
- multi：客户端运行 Multi/Exec（Redis 数据库事务）后所执行的命令数量。
- qbuf：查询缓冲长度（单位为字节，0 表示没有缓冲）。
- qbuf-free：查询缓冲区剩余空间的长度（单位为字节，0 表示没有剩余空间）。
- obl：输出缓冲区长度（output buffer length）。
- oll：输出列表包含对象长度（如果缓冲区已满，命令回复会以字符串对象的形式被入队到这个队列里）。
- omem：输出缓冲区和输出列表占用的内存总量。
- events：文件描述符事件[事件标志，见下文（3）]。
- cmd：最近一次执行的命令。

（2）客户端标志可选项如下（注意要区分大小写）：

- O：客户端是 Monitor 模式下的附属节点（Slave）。
- S：客户端是一个普通模式下（Normal）的附属节点。
- M：客户端是主节点（Master）。
- x：客户端正在执行事务（Multi/Exec）。
- b：客户端正在等待阻塞操作。
- i：客户端正在等待 VM I/O 操作（已废弃）。
- d：一个受监视（Watched）的键已被修改，Exec 命令将失败。
- c：在将回复完整地写出之后，关闭连接。
- u：客户端未被阻塞（UnBlocked）。
- U：客户端通过 UNIX 域套接字连接。
- r：客户端是针对集群节点的只读模式。
- A：连接即将关闭。
- N：未设置任何 flag。

（3）文件描述事件标志可选项如下：

- r：客户端套接字（在事件 loop 中），是可读的（readable）。
- w：客户端套接字（在事件 loop 中），是可写的（writeable）。

【例 4.8】Client List 命令使用实例。

```
r>Client List
 id=1023 addr=127.0.0.1:44036 laddr=127.0.0.1:6379 fd=9 name= age=17081 idle=0
flags=N db=0 sub=0 psub=0 multi=-1 qbuf=26 qbuf-free=40928 argv-mem=10 obl=0
oll=0 omem=0 tot-mem=61466 events=r cmd=client user=default redir=-1
```

说明：

在实际执行过程中，该命令所返回的参数内容会不一样，有时多，有时少，读者需要注意。

2. Client SetName 命令

作用：设置当前连接的名称。

语法：Client SetName

参数说明：无。

返回值：如果客户端连接名被设置成功，则返回 OK。

【例 4.9】Client SetName 命令使用实例。

```
r>Client SetName Conn1
OK                          //该设置会体现在Client List 命令的显示结果里
```

说明：

（1）该命令的连接名称中不能使用空格，因为这将违反 Client List 命令的格式规则。

（2）连接名称具备可读性后，方便对连接进行管理和调试，如调试连接泄露问题。

（3）客户端默认连接是 nil，可用 Client GetName 命令来检查连接名称。

3. Client GetName 命令

作用：获得当前连接的名称。

语法：Client GetName

参数说明：无。

返回值：如果连接没有设置名称，则返回 nil；如果连接设置了名称，则返回连接名称。

【例 4.10】Client GetName 命令使用实例。

```
r>Client GetName              //在例 4.9 的基础上进行
Conn1
r>Client SetName ""           //清除连接名称设置
OK
r>Client GetName
(nil)
```

4. Client Kill 命令

作用：关闭客户端连接。

语法：Client Kill [IP:Port] [ID client-id] [Type normal|master|slave|pubsub] [Addr IP:Port] [SkipMe yes/no]

参数说明：IP:Port 为指定的客户端 IP 地址、端口号。ID 为指定的客户端唯一 ID（可以用 Client List 命令来获取）。Type 为 normal、master、slave、pubsub 指定一种特殊类型的客户端；Addr IP:Port 指定客户端 IP 地址和端口号。SkipMe yes/no 选择一种开关，当将此选项设置为 yes 时，调用该命令的客户端将不会被关闭；当将此选项设置为 no 时，相关的客户端连接具备被该命令关闭的条件。

返回值：在指定 IP 地址的情况下，关闭成功，返回 OK；当使用 Type 参数时，返回被关闭的客户端个数。

【例 4.11】Client Kill 命令使用实例。

```
r>Client Kill 127.0.0.1:40000    //关闭 IP 地址为 127.0.0.1、端口号为 40000 的客户端连接
OK
```

说明：

允许 Client Kill 命令通过多条件同时约束，对指定范围的客户端连接进行关闭。例如，Client Kill 127.0.0.1:40000 Type pubsub 指既要是 127.0.0.1:40000 的客户端，同时该客户端的连接又要处于发布/订阅状态，在满足这两个条件的情况下，该连接才被关闭。

5. Client Pause 命令

作用：暂停处理客户端命令。

语法：Client Pause timeout

参数说明：Timeout 为客户端连接暂停的时间（单位为毫秒）。

返回值：如果设置成功，则返回 OK；如果 timeout 设置无效，则返回错误提示信息。

【例 4.12】Client Pause 命令使用实例。

```
r>Client Pause 3000          //所有客户端连接暂停 3s
OK
```

6. Command 命令

作用：返回 Redis 数据库所有命令。
语法：Command
参数说明：无。
返回值：返回 Redis 数据库所有命令的详细信息，以数组列表的形式显示。
Command 命令使用实例此处不作介绍，请读者自行在测试计算机上执行。

7. Command Count 命令

作用：统计 Redis 数据库命令总数。
语法：Command Count
参数说明：无。
返回值：返回 Redis 数据库命令的总数。
【例 4.13】Command Count 命令使用实例。

```
r>Command Count
224
```

8. Command GetKeys 命令

作用：获得指定命令的所有键。
语法：Command GetKeys
参数说明：无。
返回值：返回 Redis 数据库指定命令的键列表。
【例 4.14】Command GetKeys 命令使用实例。

```
r>Command GetKeys MSet a b c d e f
a
c
e                                    //a、c、e 为该命令的键
```

如果读者没有学过 MSet 命令，就看不出哪些是键，哪些是值。MSet 命令的用法见 2.1.2 小节。

9. Command Info 命令

作用：获得指定命令的详细使用信息。
语法：Command Info command-name [command-name ...]
参数说明：command-name 为 Redis 数据库的任意命令名，允许指定多个命令名。
返回值：返回指定命令的详细信息。
【例 4.15】Command Info 命令使用实例。

```
r>Command Info get               //get 命令的用法见 2.1.2 小节
get
```

```
2
readonly
fast
1
1
1
@read
@string
@fast
```

10. Client Caching 命令

作用：客户端缓存跟踪。

语法：Client Caching yes | no

参数说明：设置 yes 开启客户端跟踪，设置 no 关闭客户端跟踪，与 Client Tracking 命令配合使用。

返回值：正常跟踪时返回 OK，没有提供参数时返回错误提示信息。

【例 4.16】Client Caching 命令使用实例。

```
r>Client Caching
OK
```

11. Client GetRedir 命令

作用：返回跟踪重定向的客户端 ID。

语法：Client GetRedir

参数说明：无。

返回值：当客户端获得重定向通知时，将返回重定向的客户端 ID；当没有执行 Client Tracking 命令时，执行该命令将返回-1；当已经启用 Client Tracking 命令但没有把重定向通知给任何客户端时，返回 0。

【例 4.17】Client GetRedir 命令使用实例。

```
r>Client GetRedir
-1
```

12. Client Help 命令

作用：获得客户端系列命令的帮助文档。

语法：Client Help

参数说明：无。

返回值：以列表形式返回客户端所有相关命令的帮助文档。

【例 4.18】Client Help 命令使用实例。

```
r>Client Help
1) "Client <subcommand> [<arg> [value] [opt] ...]. Subcommands are:"
2) "Caching (yes|no)"
3) "    Enable/disable tracking of the keys for next command in OPTIN/OPTOUT
modes."
```

```
 4) "GetRedir"
 5) "    Return the client ID we are redirecting to when tracking is enabled."
 6) "GetName"
 7) "    Return the name of the current connection."
 8) "ID"
 9) "    Return the ID of the current connection."
10) "Info"
11) "    Return information about the current client connection."
12) "Kill <ip:port>"
13) "    Kill connection made from <ip:port>."
14) "Kill <option> <value> [<option> <value> [...]]"
15) "    Kill connections. Options are:"
16) "    * Addr (<ip:port>|<unixsocket>:0)"
17) "      Kill connections made from the specified address"
18) "    * Laddr (<ip:port>|<unixsocket>:0)"
19) "      Kill connections made to specified local address"
20) "    * Type (normal|master|replica|pubsub)"
21) "      Kill connections by type."
22) "    * User <username>"
23) "      Kill connections authenticated by <username>."
24) "    * SkipMe (yes|no)"
25) "      Skip killing current connection (default: yes)."
26) "List [options ...]"
27) "    Return information about client connections. Options:"
28) "    * Type (normal|master|replica|pubsub)"
29) "      Return clients of specified type."
30) "UnPause"
31) "    Stop the current client pause, resuming traffic."
32) "Pause <timeout> [WRITE|ALL]"
33) "    Suspend all, or just write, clients for <timeout> milliseconds."
34) "Reply (on|off|skip)"
35) "    Control the replies sent to the current connection."
36) "SetName <name>"
37) "    Assign the name <name> to the current connection."
38) "UnBlock <clientid> [timeout|error]"
39) "    Unblock the specified blocked client."
40) "Tracking (on|off) [REDIRECT <id>] [BCAST] [PREFIX <prefix> [...]]"
41) "         [OPTIN] [OPTOUT] [NOLOOP]"
42) "    Control server assisted client side caching."
43) "TrackingInfo"
44) "    Report tracking status for the current connection."
45) "No-Evict (on|off)"
46) "    Protect current client connection from eviction."
47) "Help"
48) "    Prints this help."
```

13. Client ID 命令

作用：获得当前连接的客户端 ID。

语法：Client ID command-name [command-name ...]

参数说明：无。

返回值：返回指定命令的详细信息。

【例 4.19】Client ID 命令使用实例。

```
r>Client id
(integer) 3237
```

14. Client No-Evict 命令

作用：设置当前连接的客户端驱逐模式。

语法：Client No-Evict on | off

参数说明：当设置为 on 并配置客户端驱逐时，即使高于配置的客户端驱逐阈值，当前连接也会被排除在客户端驱逐过程之外；当设置为 off 时，当前客户端将重新包含在要被驱逐的潜在客户端池中（并在需要时被驱逐）。

返回值：返回 OK。

【例 4.20】Client No-Evict 命令使用实例。

```
r>Client No-Evict on
OK
```

说明：

Client No-Evict 为 Redis 7.0.0 版本新增命令。

15. Client Reply 命令

作用：控制服务器是否会回复客户端的命令。有时，客户端需要完全禁用来自 Redis 数据库服务器的回复。例如，当客户端发送 fire and forget 命令或执行大量数据加载时，或者在不断流式传输新数据的缓存上下文中，使用服务器时间和带宽发送回客户端的回复将被忽略，在这种情况下，被认为是资源浪费。

语法：Client Reply on | off | skip

参数说明：on 模式是服务器对每个命令都返回回复的默认模式；在 off 模式下，服务器不会回复客户端命令；在 skip 模式下，会跳过命令的回复。

返回值：在 on 模式下，返回 OK，在其他模式下都不返回值。

【例 4.21】Client Reply 命令使用实例。

```
r>Client Reply on
OK
```

16. Client Tracking 命令

作用：启用 Redis 数据库服务器的跟踪功能，用于服务器辅助客户端缓存。当启用跟踪时，Redis

数据库会记住连接请求的键，以便在修改此类键时发送稍后的失效消息。失效消息在同一连接中发送（仅在使用 RESP 3.0 协议时可用）或在不同连接中重定向（也适用于 RESP 2.0 和 Pub/Sub）。可以使用一种特殊的广播模式，其中参与此协议的客户端接收每个仅订阅给定键前缀的通知，而不管它们请求的键如何。

语法：Client Tracking on | off [REDIRECT id] [PREFIX prefix [PREFIX prefix ...]] [BCAST] [OPTIN] [OPTOUT] [NOLOOP]

参数说明：Client Tracking on ...OPTION...功能可以使跟踪在当前连接的整个生命周期中保持活动状态，除非在某个时间点用 Client Tracking off 命令关闭了跟踪。

启用跟踪时修改命令行为的选项列表如下：

- REDIRECT id：向指定 ID 的连接发送失效消息，且连接必须存在。可以使用 Client ID 命令获取连接的 ID。在 RESP 3.0 协议下，如果重定向到的连接终止，启用跟踪的连接将接收 tracking-redir-broken 推送消息，以发出条件信号。
- PREFIX prefix：对于广播，注册一个给定的键前缀，以便只为以该字符串开头的键提供通知。可以多次给出此选项以注册多个前缀。如果在没有此选项的情况下启用广播，Redis 数据库将为每个键发送通知。操作者无法删除单个前缀，但可以通过禁用和重新启用跟踪来删除所有前缀。使用此选项会增加 $O(n^2)$的额外时间复杂度，其中 n 是跟踪的前缀总数。
- BCAST：在广播模式下启用跟踪。在这种模式下，无论连接请求的键如何，都会为所有指定的前缀报告失效消息。相反，当广播模式未启用时，Redis 数据库将使用只读命令跟踪获取哪些键，并仅报告此类键的失效消息。
- OPTIN：当广播未激活时，通常不跟踪只读命令中的键，除非在 Client Caching yes 命令之后立即调用它们。
- OPTOUT：当广播不活动时，通常跟踪只读命令中的键，除非在 Client Caching no 命令之后立即调用它们。
- NOLOOP：不发送有关此连接本身修改的键的通知。

返回值：当客户端连接进入跟踪模式或跟踪模式被禁止时，返回 OK；在其他情况下返回错误提示信息。

【例 4.22】Client Tracking 命令使用实例。

```
r>Client Tracking on
OK
```

17．Client TrackingInfo 命令

作用：获取有关当前客户端连接使用服务器辅助客户端缓存功能的信息。

语法：Client TrackingInfo

参数说明：无。

返回值：以数组格式返回跟踪信息的列表值。其中，flags 为连接使用的跟踪标志列表。该标志及其含义如下：

- off：连接没有使用服务器辅助的客户端缓存。
- on：为连接启用服务器辅助客户端缓存。

- BCAST：客户端使用广播模式。
- OPTIN：默认情况下，客户端不缓存键。
- OPTOUT：客户端默认缓存键。
- Caching-yes：下一个命令将缓存键（仅与 OPTIN 一起存在）。
- Caching-no：下一个命令不会缓存键（仅与 OPTOUT 一起存在）。
- NOLOOP：客户端不会收到关于自己修改的密钥的通知。
- broken_redirect：用于重定向的客户端 ID 不再有效。
- REDIRECT：用于通知重定向的客户端 ID，如果没有，则为-1。
- PREFIXES：将通知发送到客户端的键前缀列表。

Client TrackingInfo 命令使用实例在此不作介绍。

说明：

Client TrackingInfo 为 Redis 6.2.0 版本新增命令。

18. Client UnBlock 命令

作用：该命令可以从不同的客户端连接解除阻塞，如 BRpop 或 XRead 或 Wait。

语法：Client UnBlock id [timeout | error]

参数说明：timeout 为超时解除阻塞，指定 error 发生时解除阻塞。

返回值：解除阻塞成功，返回 1；解除阻塞不成功，返回 0。

【例 4.23】Client UnBlock 命令使用实例。

```
r>Client ID
3251
r>BRpop key1 key2 key3 0
(client is blocked)
... Now we want to add a new key ...
Connection B (control connection):
r>Client UnBlock 2934
1
```

19. Client UnPause 命令

作用：用于恢复所有被 Client Pause 命令暂停的客户端的命令处理。

语法：Client UnPause

参数说明：无。

返回值：OK。

【例 4.24】Client UnPause 命令使用实例。

```
r>Client UnPause
OK
```

4.2 服务器端操作命令

Redis 数据库服务器端操作命令主要用于实现对数据库的各种管理，这里包括了与 Redis 数据库配置文件相关的操作命令、与磁盘相关的操作命令，以及与数据库测试、调试等相关的操作命令。

4.2.1 与配置文件、磁盘相关的操作命令

与配置文件、磁盘相关的操作命令见表 4.3。

表 4.3 与配置文件、磁盘相关的操作命令

序号	命令名称	命令功能描述	执行时间复杂度
1	Config Get	获取服务器端配置文件参数的值	$O(n)$
2	Config ResetStat	复位再分配使用 Info 命令报告的统计	$O(1)$
3	Config Set	设置配置文件指定参数的值	$O(n)$
4	Config Rewrite	重写内存中的配置文件	$O(1)$
5	BGRewriterAof	异步重写追加文件命令	$O(1)$
6	BGSave	异步保存数据集到磁盘上	$O(1)$
7	LastSave	获得最后一次同步磁盘的时间	$O(1)$
8	Save	同步数据到磁盘上	$O(n)$

1. Config Get 命令

作用：获取服务器端配置文件参数的值。

语法：Config Get parameter

参数说明：parameter 为 Redis 数据库配置文件里的参数名。在参数名里可以用“*”匹配符号，如*max*，可以返回所有参数名称里含 max 的参数键值对。

返回值：返回配置文件里给定参数的键值对列表。

【例 4.25】Config Get 命令使用实例。

```
r>Config Get slowlog-max-len     //指定一个参数名
slowlog-max-len
1050
r>Config Get *                             //可以列出所有配置文件，该命令支持的参数内容
...                                        //显示结果省略
```

说明：

注意 redis.conf 文件里有部分参数不支持该命令的读取。

2. Config ResetStat 命令

作用：复位再分配使用 Info 命令报告的统计。

语法：Config ResetStat

参数说明：无。

返回值：总是返回 OK。

【例 4.26】Config ResetStat 命令使用实例。

```
r>Config ResetStat
OK
```

Config ResetStat 命令用于重置 Info 命令中的某些统计数据，包括 Keyspace hits（键空间命中次数）、Keyspace misses（键空间不命中次数）、Number of commands processed（执行命令的次数）、Number of connections received（连接服务器的次数）、Number of expired keys（过期 key 的数量）、Number of rejected connections（被拒绝的连接数量）、Latest fork(2) time（最后执行 fork(2)的时间）、The aof_delayed_fsync counter（aof_delayed_fsync 计数器的值）。

3. Config Set 命令

作用：设置配置文件指定参数的值。

语法：Config Set parameter value

参数说明：parameter 为 Redis 配置文件里的参数名，value 为参数对应的值。

返回值：如果配置参数设置成功，则返回 OK；反之，返回错误提示信息。

【例 4.27】Config Set 命令使用实例。

```
r>Config Get slowlog-max-len
slowlog-max-len
1050
r>Config Set slowlog-max-len 1100
OK
r>Config Get slowlog-max-len
slowlog-max-len
1100
```

说明：

Config Set 命令用于在运行时重新配置服务器，而无须重新启动 Redis 数据库。可以使用此命令更改两个简单的参数或从一个参数切换到另一个持久性选项。该命令只支持 Config Get 命令所能获取的配置文件参数的设置。使用 Config Set 命令设置的所有配置参数立即由 Redis 数据库加载，并从执行的下一个命令开始生效。

4. Config Rewrite 命令

作用：重写内存中的配置文件。

语法：Config Rewrite

参数说明：无。

返回值：如果配置文件重写成功，则返回 OK；反之，则返回错误提示信息。

【例 4.28】Config Rewrite 命令使用实例。

```
r>Config Get appendonly
appendonly
no
r>Config Set appendonly yes
OK
r>Config Rewrite
OK
```

Congfig Rewrite 命令在重写时会以非常保守的方式进行。

- 原有 redis.conf 文件的整体结构和注释会被尽可能地保留。
- 如果一个选项已经存在于原有 redis.conf 文件中，那么对该选项的重写会在选项原本所在的位置（行号）上进行。
- 如果一个选项不存在于原有 redis.conf 文件中，并且该选项被设置为默认值，那么重写程序不会将这个选项添加到重写后的 redis.conf 文件中。
- 如果一个选项不存在于原有 redis.conf 文件中，并且该选项被设置为非默认值，那么这个选项将被添加到重写后的 redis.conf 文件的末尾。
- 未使用的行会被留白。例如，如果在原有 redis.conf 文件中设置了多个关于 Save 选项的参数，但现在将这些 Save 参数中的一个或所有参数都关闭了，那么这些不再使用的参数原本所在的行就会变成空白的。
- 即使启动服务器时所指定的 redis.conf 文件已经不再存在，Config Rewrite 命令也可以重新构建并生成一个新的 redis.conf 文件。

说明：

Config Rewrite 命令与 Config Set 命令的主要区别：前者把运行于内存的配置信息更新到磁盘上的配置文件中，也就是具有持久性；而 Config Set 命令先写到内存配置文件中，然后再根据一定方式更新到磁盘上。所以内存配置文件和磁盘上的配置文件存在不确定性。

5．BGRewriteAof 命令

作用：异步重写追加文件命令。

语法：BGRewriteAof

参数说明：无。

返回值：执行成功，显示 Background append only file rewriting started；执行失败，将返回错误提示信息。

BGRewriteAof 命令用于异步执行一个 AOF（AppendOnly File）文件重写操作。重写会创建一个当前 AOF 文件的体积优化版本。

即使 BGRewriteAof 执行失败，也不会有任何数据丢失，因为旧的 AOF 文件在 BGRewriteAof 成功之前不会被修改。

说明：

从 Redis 2.4.0 开始，AOF 重写由 Redis 数据库自行触发，BGRewriteAof 仅用于手动触发重写操作。通过该命令实现内存信息更新到磁盘文件中的过程，也就是实现持久化的过程。

【例 4.29】BGRewriteAof 命令使用实例。

```
r>BGRewriteAof
Background append only file rewriting started
```

6. BGSave 命令

作用：异步保存数据集到磁盘上。

语法：BGSave

参数说明：无。

返回值：把内存数据异步保存到磁盘文件中，返回 Background saving started。

BGSave 命令执行之后立即返回 Background saving started，然后 Redis 数据库会 fork 出一个新子进程，原来的 Redis 数据库进程（父进程）继续处理客户端请求，而子进程则负责将数据保存到磁盘，然后退出。如果操作成功，可以通过客户端命令 LastSave 来检查操作结果。

【例 4.30】BGSave 命令使用实例。

```
r>BGSave
Background saving started
```


7. LastSave 命令

作用：获得最后一次同步磁盘的时间。

语法：LastSave

参数说明：无。

返回值：返回 UNIX 的时间戳。

【例 4.31】LastSave 命令使用实例。

```
r>LastSave
1610853592
```

8. Save 命令

作用：同步数据到磁盘上。

语法：Save

参数说明：无。

返回值：命令执行成功返回 OK。

Save 命令执行一个同步操作，以 RDB（关系型数据库）文件的方式保存所有数据的快照，很少在生产环境中直接使用 Save 命令，因为它会阻塞所有的客户端请求，但可以使用 BGSave 命令代替。当 BGSave 命令的保存数据的子进程发生错误时，用 Save 命令保存最新的数据是最后的方式。

【例 4.32】Save 命令使用实例。

```
r>Save
OK
```

4.2.2 其他操作命令

服务器端其他操作命令见表 4.4。

表 4.4 服务器端其他操作命令

序号	命令名称	命令功能描述	执行时间复杂度
1	DBSize	返回数据库实例中数据存储的对象个数	$O(1)$
2	Debug Object	数据存储对象调试命令	
3	Debug Segfault	让 Redis 数据库崩溃	
4	FlushAll	删除所有数据库中的所有数据	$O(n)$
5	FlushDB	删除当前数据库中的所有数据	$O(n)$
6	Info	返回 Redis 数据库服务器中的各种信息和统计数值	$O(1)$
7	Monitor	持续返回服务器端处理的每一条命令信息	
8	Role	返回主从实例所属的角色	$O(1)$
9	ShutDown	异步保存数据到磁盘上，并关闭 Redis 数据库服务器	
10	SlaveOf	将当前服务器转变为指定服务器的从属服务器（Slave Server）	$O(n)$
11	SlowLog	管理 Redis 数据库的慢速记录日志	$O(1)$
12	Sync	用于复制（Replication）功能的内部命令	$O(n)$
13	Time	返回当前服务器的时间	$O(n)$

1. DBSize 命令

作用：返回数据库实例中数据存储的对象个数。

语法：DBSize

参数说明：无。

返回值：返回当前数据库实例中数据存储的对象个数。

【例 4.33】DBSize 命令使用实例。

```
r>DBSize
144
r>Set NewSet1  "DBSize "      //增加了一个字符串对象，其名为NewSet1
OK
r>DBSize
145
```

说明：

DBSize 命令返回的当前数据库实例中包括字符串、列表、集合、散列、有序集合等数据存储对象的个数。

2. Debug Object 命令

作用：数据存储对象调试命令。

语法：Debug Object key

参数说明：key 为数据存储对象名，如字符串名、列表名、集合名等。

返回值：当 key 指定的对象存在时，返回有关信息；当 key 指定的对象不存在时，返回错误提示信息。

该命令不应该被服务器端程序调用，只适用于测试数据库。

【例 4.34】Debug Object 命令使用实例。

```
r>Debug Object NoOne
ERR no such key
```

3．Debug Segfault 命令

作用：让 Redis 数据库崩溃。

语法：Debug Segfault

参数说明：无。

返回值：无。

该命令执行非法的内存访问，从而让 Redis 数据库系统崩溃，仅在开发时用于 bug 调试。

【例 4.35】Debug Segfault 命令使用实例。

```
r>Debug Segfault
Could not connect to Redis at 127.0.0.1:6379: Connection refused
```

4．FlushAll 命令

作用：删除所有数据库中的所有数据。

语法：FlushAll

参数说明：无。

返回值：总是返回 OK。

【例 4.36】FlushAll 命令使用实例。

```
r>FlushAll                    //删除所有数据库中的所有数据！！！破坏力极强
OK
r>Select 0                    //0 号数据库
OK
r>DBSize
0                             //0 号数据库中没有任何数据存储对象
r>Select 1                    //1 号数据库
OK
r>DBSize
1                             //1 号数据库中没有任何数据存储对象
```

⚠ 注意：

（1）在生产环境下，不应该使用该命令，否则很可能丢失数据，建议在配置文件中设置为禁用该命令。

（2）删除所有数据库中的所有数据，注意不是当前数据库，而是所有数据库。

（3）在 Redis 4.0.0 版本中，该命令增加了对多线程异步删除数据库的功能，其命令使用方式为 r>FlushAll ASYNC。

5. FlushDB 命令

作用：删除当前数据库中的所有数据。

语法：FlushDB

参数说明：无。

返回值：总是返回 OK。

【例 4.37】FlushDB 命令使用实例。

```
r>FlushDB                    //删除当前数据库中的所有数据
OK
```

⚠ 注意：

（1）在生产环境下，不应该使用该命令，否则很可能丢失数据，建议在配置文件中设置为禁用该命令。

（2）在 Redis 4.0.0 版本中，该命令增加了对多线程异步删除数据库的功能，其命令使用方式为 r>FlushDB ASYNC。

6. Info 命令

作用：返回 Redis 数据库服务器中的各种信息和统计数值。

语法：Info [section]

参数说明：如果指定可选参数 section 的值，该命令只返回与指定部分相关的信息。

（1）section 参数的值如下：

- server：Redis 数据库服务器的一般信息。
- clients：客户端的连接部分。
- memory：内存消耗相关信息。
- persistence：RDB 和 AOF 相关信息。
- stats：一般统计。
- replication：主/从复制信息。
- cpu：CPU 的消耗统计。
- commandstats：Redis 数据库命令统计信息。
- cluster：Redis 数据库集群信息。
- keyspace：Redis 数据库的相关统计信息。

（2）也可以采取以下值：

- all：返回所有信息。
- default：只返回默认设置的信息。如果没有使用任何参数，默认为 default。

返回值：返回文本行的集合，以键值对的形式出现。

【例 4.38】Info 命令使用实例。

```
r>Info
...
```

说明：

（1）该命令提供的各种信息非常有利于数据库管理员调优数据库运行状况，也方便其他技术人员参考数据库开发设计。

（2）该命令返回的内容的解释详见 Redis 数据库官网文档。

7. Monitor 命令

作用：持续返回服务器端处理的每一条命令信息。

语法：Monitor

参数说明：无。

返回值：持续返回服务器端处理的每一条命令信息。

【例 4.39】Monitor 命令使用实例。

```
r>Monitor
...
```

读者在测试该命令时，可以先在一个客户端工具（Redis-cli）上执行该命令；然后在另外一个客户端输入各种执行命令。将在第一个客户端持续地显示服务器端执行命令的信息。

说明：

（1）在该命令被执行时，可以通过 Ctrl+C 组合键来终止执行。

（2）由于该命令持续监控并读取服务器端的执行命令，将对服务器运行性能产生影响，有些甚至可以降低 50%的吞吐量。该命令只适用于技术人员调试用。

8. Role 命令

作用：返回主从实例所属的角色。

语法：Role

参数说明：无。

返回值：返回角色信息列表。

【例 4.40】Role 命令使用实例。

```
r>Role              //Redis 数据库要在主从或哨兵（master/slave/sentinel）模式下运行
master              //这个值为 master/slave/sentinel 之一
0
empty list or set
```

9. ShutDown 命令

作用：异步保存数据到磁盘上，并关闭 Redis 数据库服务器。

语法：ShutDown [nosave] [save]

参数说明：如果 nosave 被指定，则在执行该命令时，内存的数据不被保存到磁盘上；如果 save 被指定，强制将内存数据保存到磁盘上，即实现数据持久化操作，确保数据不丢失。

返回值：执行成功时不返回任何信息，服务器端和客户端的连接断开，客户端自动退出；执行失败时返回错误提示信息。

【例 4.41】ShutDown 命令使用实例。

```
r>Ping
PONG
r>ShutDown  //正常关闭 Redis，退出 Redis-cli 回到操作系统界面
```

说明：

该命令执行如下操作：停止所有客户端；如果配置了 save 策略，则执行一个阻塞的 save 命令；如果 AOF 选项被打开，则更新 AOF 文件；关闭 Redis 服务器（Server）。

10. SlaveOf 命令

作用：将当前服务器转变为指定服务器的从属服务器（Slave Server）。

语法：SlaveOf host port

参数说明：host 为指定服务器的 IP 地址，port 为指定服务器的端口号。

返回值：总是返回 OK。

该命令实现将当前服务器转变为指定服务器的从属服务器。如果当前服务器已经是某个主服务器（Master Server）的从属服务器，那么执行 SlaveOf host port 将使当前服务器停止对旧主服务器的同步，丢弃旧数据集，转而开始对新主服务器进行同步。

【例 4.42】SlaveOf 命令使用实例。

```
r>SlaveOf 192.168.1.110 6370      //当前服务器就是指输入该命令的服务器；指定服务器的 IP
                                  //地址和端口号就是 192.168.1.110 6370
OK                                //当前服务器成功转变为指定服务器的从属服务器
r>SlaveOf No One                  //从从属服务器状态恢复到主服务器状态
```

说明：

对一个从属服务器执行命令 SlaveOf No One 将使得这个从属服务器关闭复制功能，并从从属服务器转变回主服务器，原来同步所得的数据集不会被丢弃。利用 SlaveOf No One 不会丢弃同步所得数据集这个特性，可以在主服务器执行失败时，将从属服务器用作新的主服务器，从而实现无间断运行。

11. SlowLog 命令

作用：管理 Redis 数据库的慢速日志。

语法：SlowLog subcommand [argument]

参数说明：subcommand 为指定的操作慢速日志的子命令，包括 Get、Len、Reset。使用 Get 命令获取指定数量的记录，通过 argument 参数来指定返回数量；使用 Len 子命令获取慢速日志的长度；使用 Reset 子命令重置慢速日志的慢速命令记录。

返回值：当指定 Get 子命令时，返回指定数量的日志记录（日志里至少要有相应记录数）；当指定 Len 子命令时，返回慢速日志的总记录长度；当指定 Reset 子命令时，返回 OK。

该日志记录超过时限的慢速的查询命令，执行时间不包括 I/O 操作，如与客户端通话、发送回复等，是实际执行命令所需的时间。

【例 4.43】SlowLog 命令使用实例。

```
r>SlowLog Get 2
14                          //记录的唯一渐进号
1309448221                  //记录的 UNIX 时间戳
15                          //其执行所需要的时间，单位为微秒
ping                        //组成命令参数的数组，这里可以看出是 Ping 命令的执行情况
13                          //记录的唯一渐进号
1309448128
30
slowlog
get
100
```

判断一条查询命令执行速度慢，其操作记录进入慢速日志的方法如下：

（1）需要在 redis.conf 配置文件里设置 slowlog-log-slow-than 参数，该参数的值的单位为微秒。设置完成后，Redis 数据库会对超过指定值的命令执行慢日志记录操作。当值为 0 时，强制记录每个命令执行的时间；当值为负数时，禁用慢速日志。

（2）在 redis.conf 配置文件里指定 slowlog-max-len 的长度，当慢速日志超过该最大记录条数后，从该日志中删除最旧的记录内容，这样可以确保记录最新的记录内容，而该文件保持合理大小。

该命令主要用于查询命令性能的排查，是数据库技术人员的调试工具。

12．Sync 命令

作用：用于复制（Replication）功能的内部命令。

语法：Sync

参数说明：无。

返回值：不确定内容。

【例 4.44】Sync 命令使用实例。

```
r>Sync          //该命令用于同步主从服务器
...             //请读者自行在测试计算机上执行，仅限于数据库技术人员内部使用
```

13．Time 命令

作用：返回当前服务器的时间。

语法：Time

参数说明：无。

返回值：返回包含两个字符串的列表，第一个表示服务器的当前 UNIX 时间戳（单位为秒），第二个表示最近一秒已经经过的微秒数。

【例 4.45】Time 命令使用实例。

```
r>Time
1610856598
```

4.3 键 命 令

“键命令”是根据英文Keys直接翻译过来的。目前，国内很多资料都像这样直译。但是从Redis数据库实际使用情况来看，这里的键指向存储在数据库里的各种数据存储对象，如字符串、列表、集合、散列、有序集合等。

4.3.1 基于时间的操作命令

表4.5所列为与键紧密相关的基于时间的操作命令。

表4.5 基于时间的操作命令

序号	命令名称	命令功能描述	执行时间复杂度
1	Expire	设置键的过期时间（以秒为单位）	$O(1)$
2	ExpireAt	设置键的过期时间（以秒为单位，用UNIX时间戳）	$O(1)$
3	Persist	移除在键上设置的过期时间	$O(1)$
4	PExpire	设置键的过期时间（以毫秒为单位）	$O(1)$
5	PExpireAt	设置键的过期时间（以毫秒为单位，用UNIX时间戳）	$O(1)$
6	PTTL	以毫秒为单位返回键的剩余生存时间	$O(1)$
7	TTL	以秒为单位返回键的剩余生存时间	$O(1)$

1．Expire命令

作用：设置键的过期时间（以秒为单位）。

语法：Expire key seconds

参数说明：key为指定的Redis数据库里的数据存储对象，如字符串、列表、集合、散列、有序集合等；seconds为指定的过期时间（单位为秒）。设置key的过期时间，超过指定时间seconds后，将会自动删除该key。对指定key的值进行修改操作，不影响该命令对过期时间的设置产生的作用。

返回值：当设置成功时，返回1；当指定的key不存在或设置失败时，返回0。

【例4.46】Expire命令使用实例。

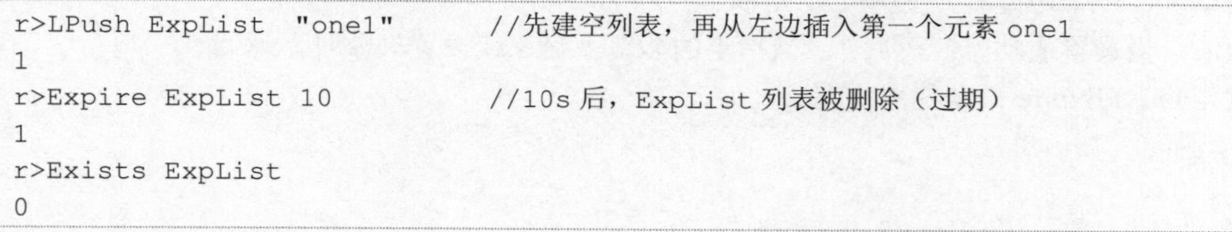

```
r>LPush ExpList  "one1"      //先建空列表，再从左边插入第一个元素one1
1
r>Expire ExpList 10          //10s后，ExpList列表被删除（过期）
1
r>Exists ExpList
0
```

2．ExpireAt命令

作用：设置键的过期时间（以秒为单位，用UNIX时间戳）。

语法：ExpireAt key timestamp

参数说明：key为指定的Redis数据库里的数据存储对象，如字符串、列表、集合、散列、有序集合等；timestamp为指定的UNIX时间戳，以秒为单位。

返回值：当设置成功时，返回1；当指定的key不存在或设置失败时，返回0。

【例4.47】ExpireAt命令使用实例。

```
r>Del ExpList
1
r>LPush ExpList  "one1"
1
r>ExpireAt ExpList 1293840000
1
```

3．Persist命令

作用：移除在键上设置的过期时间。

语法：Persist key

参数说明：key为指定的Redis数据库里的数据存储对象，如字符串、列表、集合、散列、有序集合等。

返回值：当移除成功时，返回1；当key不存在或者key没有设置过期时间时，返回0。

【例4.48】Persist命令使用实例。

```
r>Del testset1
1
r>Set testset1  "This is a dag! "
OK
r>Expire testset1 10          //过期时间为10s
1
r>Persist testset1            //把testset1上的10s过期时间设置去掉
0                             //去掉成功，可以用TTL命令检查过期时间设置情况
```

4．PExpire命令

作用：设置键的过期时间（以毫秒为单位）。

语法：PExpire key milliseconds

参数说明：key为指定的Redis数据库里的数据存储对象，如字符串、列表、集合、散列、有序集合等；milliseconds为指定的过期时间（单位为毫秒）。PExpire命令与Expire命令唯一的区别是过期时间的单位，一个是毫秒，另外一个是秒。

返回值：当设置成功时，返回1；当指定的key不存在或设置失败时，返回0。

【例4.49】PExpire命令使用实例。

```
r>Del testset1
1
r>Set testset1  "This is a bag! "
OK
r>PExpire testset1 10         //过期时间为10ms
1
```

5．PExpireAt 命令

作用：设置键的过期时间（以毫秒为单位，用 UNIX 时间戳）。

语法：PExpireAt key milliseconds-timestamp

参数说明：key 为指定的 Redis 数据库里的数据存储对象，如字符串、列表、集合、散列、有序集合等；milliseconds-timestamp 为指定的 UNIX 时间戳，以毫秒为单位。

返回值：当设置成功时，返回 1；当指定的 key 不存在或设置失败时，返回 0。

PExpireAt 命令的使用实例同 ExpireAt 命令，此处不再作介绍。

6．PTTL 命令

作用：以毫秒为单位返回键的剩余生存时间。

语法：PTTL key

参数说明：key 为指定的 Redis 数据库里的数据存储对象，如字符串、列表、集合、散列、有序集合等。

返回值：当 key 不存在时，返回-2；当 key 存在但没有设置剩余生存时间时，返回-1；否则，以毫秒为单位返回 key 的剩余生存时间。

【例 4.50】PTTL 命令使用实例。

```
r>Del testset1
1
r>Set testset1  "This is a bag! "
OK
r>Expire testset1 10                 //过期时间为 10s=10000ms
1
r>PTTL testset1
2302                                 //还剩余 2302ms
```

7．TTL 命令

作用：以秒为单位返回键的剩余生存时间。

语法：TTL key

参数说明：key 为指定的 Redis 数据库里的数据存储对象，如字符串、列表、集合、散列、有序集合等。TTL 命令与 PTTL 命令唯一的区别是返回的时间单位，TTL 命令返回的时间单位为秒，PTTL 命令返回的时间单位为毫秒。

返回值：当 key 不存在时，返回-2；当 key 存在但没有设置剩余生存时间时，返回-1；否则，以秒为单位返回 key 的剩余生存时间。

【例 4.51】TTL 命令使用实例。

```
r>FlushDB
OK
r>TTL NoKey            //NoKey 不存在
-2
```

4.3.2 基于键的其他操作命令

基于键的其他操作命令见表 4.6。

表 4.6 基于键的其他操作命令

序号	命令名称	命令功能描述	执行时间复杂度
1	Del	删除键指定的数据存储对象	$O(1)$–$O(n)$
2	Dump	序列化给定键	$O(1)$–$O(nm)$
3	Exists	检查指定键是否存在	$O(1)$
4	Keys	查找所有符合指定模式的键	$O(n)$
5	Migrate	原子性地把当前键转移到指定数据库中（可跨服务器）	$O(n)$
6	Move	将当前数据库的键转移到指定的数据库中（本机内）	$O(1)$
7	Object	以内部调试方式给出键的内部对象信息	$O(1)$
8	RandomKey	从当前数据库返回一个随机的键	$O(1)$
9	Rename	将指定的键重新命名（允许新键已经存在）	$O(1)$
10	RenameNX	将指定的键重新命名为不存在的键	$O(1)$
11	Restore	反序列化指定键	$O(1)$
12	Scan	增量迭代式返回当前数据库中的键的数组列表	$O(1)$–$O(n)$
13	Sort	对指定键对象进行排序并返回或保存到目标键	$O(n+m\log(m))$
14	Type	返回键指定的数据结构类型	$O(1)$
15	Wait	阻塞当前客户端到指定从属服务器端的写操作	$O(1)$

1．Del 命令

作用：删除键指定的数据存储对象。

语法：Del key [key ...]

参数说明：key 为指定的 Redis 数据库里的数据存储对象，如字符串、列表、集合、散列、有序集合等，允许多 key 指定。

返回值：返回被删除 key 的数量。

【例 4.52】Del 命令使用实例。

```
r>Set S1  "《鲁滨逊漂流记》"    //字符串
OK
r>Del S1
1
```

2．Dump 命令

作用：序列化给定键。

语法：Dump key

参数说明：key 为指定的 Redis 数据库里的数据存储对象，如字符串、列表、集合、散列、有序集合等。

返回值：如果指定的 key 不存在，则返回 nil；否则，返回序列化后的值。

【例 4.53】Dump 命令使用实例。

```
r>SET mykey 10
OK
redis>Dump mykey
"\u0000\xC0\n\u0006\u0000\xF8r?\xC5\xFB\xFB_("
```

说明：

序列化生成的值有以下几个特点：

（1）带有 64 位的校验和，用于检测错误，Restore 在进行反序列化之前会先检查校验和。

（2）值的编码格式和 RDB 文件保持一致。

（3）RDB 版本会被编码在序列化值中，如果因为 Redis 数据库的版本不同造成 RDB 格式不兼容，那么 Redis 数据库会拒绝对这个值进行反序列化操作。

（4）用于数据的导入/导出操作。

3. Exists 命令

作用：检查指定键是否存在。

语法：Exists key [key ...]

参数说明：key 为指定的 Redis 数据库里的数据存储对象，如字符串、列表、集合、散列、有序集合等，允许多 key 指定。

返回值：若 key 存在返回 1，否则返回 0。

【例 4.54】Exists 命令使用实例。

```
r>Exists mykey        //在例 4.53 的基础上进行，要确保 mykey 已经存在
1
r>Exists NoKey1
0
```

4. Keys 命令

作用：查找所有符合指定模式的键。

语法：Keys pattern

参数说明：pattern 为指定的查找条件模式，可以分为以下几种情况。

（1）?，如 a?c，匹配的可以是 abc、aac、adc、anc、a3c 等。

（2）*，如*n*，匹配的可以是 one、number、fine、phone 等。

（3）[ab]，如 t[ab]e，匹配的可以是 tae、tbe，但不能是类似于 tce 的结果。

（4）[^e]，如 t[^e]e，匹配的可以是 tae、tbe，但不能是 tee。

（5）[a-b]，如 t[a-b]e，匹配的可以是 tae、tbe。

如果要逐字地匹配，则使用“\”来转义特殊字符。

返回值：返回符合模式要求的键对象列表。

【例 4.55】Keys 命令使用实例。

```
r> MSet one 1 two 2 three 3 four 4
```

```
 "OK "
r>Keys t?o
two
r>Keys t*
two
three
```

5. Migrate 命令

作用：原子性地把当前键转移到指定数据库中（可跨服务器）。

语法：Migrate host port key destination-db timeout [Copy] [Replace]

参数说明：key 为当前数据库指定需要迁移的数据存储对象名，host 为指定目标数据库服务器 IP 地址，port 为指定目标数据库服务器端口号，destination-db 为目标数据库实例名，timeout 为传输数据时指定的超时范围（单位为毫秒），选项 Copy 为保留当前数据库的 key，选项 Replace 为替换目标数据库实例上已经存在的 key。

返回值：当迁移成功时返回 OK，否则返回相应的错误 IOERR。当 IOERR 出现时，一般存在两种情况，一种是键在两个数据库中都存在，另一种是键只存在于当前数据库中。技术人员需要仔细检查对应的数据库键的存在情况。

将键原子性地从当前数据库传送到目标实例的指定数据库中，一旦传送成功，键保证会出现在目标实例数据库中，而当前数据库中的键会被删除。

【例 4.56】Migrate 命令使用实例。

本实例采用本机启动两个 Redis 数据库实例的方式进行测试。

```
$ redis-server -port 8888    //在本机启动端口号为 8888 的数据库实例，先要安装该实例
$ redis-server -port 6379    //默认安装的 Redis 数据库实例
```

要确保上述两个实例都启动成功。

```
redis 127.0.0.1:6379> SAdd TestSet22  "one "  "two "  "three "
3
redis 127.0.0.1:6379> Migrate 127.0.0.1 8888 TestSet22 0 1000    //0 为 0 号数据库
OK
redis 127.0.0.1:6379>Exists TestSet22
0                             //当前数据库集合中的 TestSet22 已经不存在
```

当上述命令执行成功后，在目标数据库服务器通过 Redis-cli 进行登录，可以查找新迁移过来的数据对象。

```
$ redis-cli -p 8888           //启动新的客户端
redis 127.0.0.1:8888>SMembers TestSet22
one
two
three                         //集合 TestSet22 已经移入新的数据库实例中
```

6. Move 命令

作用：将当前数据库的键转移到指定的数据库中（本机内）。

语法：Move key db

参数说明：key 为当前数据库指定需要迁移的数据存储对象名，为本机另外一个数据库名。

返回值：当迁移成功时，返回 1；当迁移失败时，返回 0。

【例 4.57】Move 命令使用实例。

```
r>HSet H10 name  "Cat1 "          //建立一个新的散列对象
1
r>Select 0                        //确认是本机 0 号数据库，即 Redis 的默认数据库
OK
r>Move H10 1                      //把 H10 移动到本机 1 号数据库
1
r>Select 1                        //切换到 1 号数据库
OK
r>Exists H10
1                                 //1 表示 H10 已经成功迁移到了 1 号数据库
r>HGet H10 name
Cat1
```

说明：

如果当前数据库和指定数据库中有相同名字的键，或者键不存在于当前数据库中，那么执行 Move 命令后没有任何效果。

7. Object 命令

作用：以内部调试方式给出键的内部对象信息。

语法：Object subcommand [arguments [arguments ...]]

参数说明：subcommand 包括 RefCount、Encoding、IdleTime 三个子命令。

（1）Object RefCount key 命令主要用于技术人员内部调试，它能够返回指定 key 对应的 value 被引用的次数。

（2）Object Encoding key 命令返回指定 key 对应的 value 所使用的内部压缩方式。

（3）Object IdleTime key 命令返回指定 key 对应的 value 自被存储之后空闲的时间（单位为秒）。

子命令里的 key 为指定的 Redis 数据库里的数据存储对象，如字符串、列表、集合、散列、有序集合等。

返回值：在 RefCount 和 IdleTime 方式下，返回数字；在 Encoding 方式下，返回相应的压缩编码方式。

该命令对应的压缩编码方式为：

- 字符串，被编码为 raw（字符串或长数字）或 int（短数字）。
- 列表，被编码为 ziplist 或 linkedlist。
- 集合，被编码为 intset 或 hashtable。
- 散列表，被编码为 zipmap 或 hashtable。
- 有序集合，被编码为 ziplist 或 skiplist。

【例 4.58】Object 命令使用实例。

```
r>Set testset1  "This is a bag! "
OK
r>Object Refcount testset1
1                                        //只有一个引用数
r>Object IdleTime testset1               //稍等片刻，然后执行 Get 命令
23
r>Get testset1                           //得到 testset1 值，上面的 IdleTime 不空转了
This is a bag!
r>Object IdleTime testset1
12                                       //不空转了
r>Object Encoding testset1
 embstr                                  //编码方式为 embstr
r>Set myage 30
OK
r>Object Encoding myage
 int                                     //短数字的编码方式为 int
```

8. RandomKey 命令

作用：从当前数据库返回一个随机的键。

语法：RandomKey

参数说明：无。

返回值：如果数据库没有任何键，返回 nil；否则返回一个随机的键。

【例 4.59】RandomKey 命令使用实例。

```
r>FlushDB                                //删除当前数据库的所有数据
OK
r>Mset first  "I " second  " am " third  " a " fourth  " boy! "    //设置 4 个键及值
OK
r>RandomKey
third                                    //随机返回第三个键
```

9. Rename 命令

作用：将指定的键重新命名（允许新键已经存在）。

语法：Rename key newkey

参数说明：key 为指定的 Redis 数据库里的数据存储对象，如字符串、列表、集合、散列、有序集合等；newkey 为 key 指定的新的名称。如果 key 与 newkey 相同，则返回错误提示信息；如果 newkey 已经存在，则值将被覆盖。

返回值：如果重命名成功，则返回 OK；如果 key 名和 newkey 一样，则返回错误提示信息。

【例 4.60】Rename 命令使用实例。

```
r>Set rNameKey  "TomCat "
OK
r>Rename rNameKey NameKey
```

```
OK
r>Get NameKey
"TomCat "
```

10. RenameNX 命令

作用：将指定的键重新命名为不存在的键。

语法：RenameNX key newkey

参数说明：key 为指定的 Redis 数据库里的数据存储对象，如字符串、列表、集合、散列、有序集合等；newkey 为 key 指定的新的名称。RenameNX 命令与 Rename 命令的主要区别在于，如果执行 RenameNX 命令，只有当指定的 newkey 不存在时，才能修改 key 的名称；如果执行 Rename 命令，无论 newkey 存在与否，都可以修改 key 的名称。

返回值：当修改成功时，返回 1；当 newkey 已经存在时，返回 0；当 key 不存在时，返回错误提示信息。

【例 4.61】RenameNX 命令使用实例。

```
r>Set NameKey2  "OK! "
OK
r>RenameNX NameKey NameKey2 //在例 4.60 的基础上进行，要确保 NameKey 已经存在
0                           //NameKey2 已经存在
r>Del NameKey2
1
r>RenameNX NameKey NameKey2
1                           //修改成功
```

11. Restore 命令

作用：反序列化指定键。

语法：Restore key TTL serialized-value [Replace]

参数说明：key 为指定的 Redis 数据库里的数据存储对象，如字符串、列表、集合、散列、有序集合等；TTL 为 key 指定的过期时间（单位为毫秒），TTL=0 为不设置过期时间；serialized-value 为序列化值（详情见 Dump 命令），这里通过 serialized-value 进行反序列化操作，把获取的对象存储到 key。如果该命令指定的 key 已经存在，将返回“目标 Key 名称 正在忙”错误，除非使用 Replace 修饰符（Redis 3.0.0 或更高版本）。

返回值：如果反序列化成功，则返回 OK；否则返回错误提示信息。

Restore 命令在执行反序列化之前会先对序列化值的 RDB 版本和数据校验和进行检查，如果 RDB 版本不相同或者数据不完整，那么 Restore 命令会拒绝进行反序列化，并返回错误提示信息。

【例 4.62】Restore 命令使用实例。

```
r>Set gg "hello, dumping world!"
OK
r>Dump gg
"\x00\x15hello, dumping world!\x06\x00E\xa0Z\x82\xd8r\xc1\xde"
r>Restore ggg 0 "\x00\x15hello, dumping world!\x06\x00E\xa0Z\x82\xd8r\xc1\xde"
OK
```

```
r>Get ggg
"hello, dumping world!"
r>Restore Err 0 "Error\xx2\xxx"   //使用错误的值进行反序列化
(error) ERR DUMP payload version or checksum are wrong
```

12. Scan 命令

作用：增量迭代式返回当前数据库中的键的数组列表。

语法：Scan cursor [MATCH pattern] [COUNT count]

参数说明：cursor 为返回给客户端的键读取游标，这意味着命令每次被调用都需要使用上一次调用返回的游标作为该次调用的游标参数，以此来延续之前的迭代过程；MATCH 类似于 Keys 命令里的对应参数，增量迭代式命令通过给定 MATCH 参数的方式实现了通过提供一个 glob 风格的模式参数，让命令只返回与给定模式相匹配的元素。当 Scan 命令的游标参数被设置为 0 时，服务器将开始一次新的迭代，而当服务器向用户返回值为 0 的游标时，表示迭代已结束。通过指定 COUNT 选项值来指定每次迭代所获取的最大数量。Scan 命令与 Keys 命令相比，Scan 命令不会导致服务器性能降低，Keys 命令在大数据量读取的情况下会导致服务器性能降低。

返回值：一个包含两个元素的数组，第一个数组元素是用于进行下一次迭代的新游标；第二个数组元素则是一个数组，这个数组中包含了所有被迭代的元素。

【例 4.63】Scan 命令使用实例。

```
r>Scan 0
...                                //请读者自行在测试计算机上执行
```

13. Sort 命令

作用：对指定键对象进行排序并返回或保存到目标键。

语法：Sort key [By pattern] [Limit offset count] [Get pattern] [ASC|DESC] [Alpha] Store destination

参数说明：key 为需要排序的列表、集合或有序集合对象名。该命令默认为以从小到大的顺序排序（ASC），也可以通过 DESC 选项对 key 进行倒序排序。By pattern 为匹配的其他对象名，然后根据其他对象值的顺序排序来重新对 key 进行排序。排序之后返回元素的数量可以通过 Limit 修饰符进行限制，修饰符接收 offset 和 count 两个参数，offset 指定要跳过的元素数量，count 指定跳过 offset 个指定的元素之后要返回多少个对象。Get pattern 可以根据 key 排序结果取出对应的另外一个对象的值。该命令默认都是根据对象数值进行排序的，如果对象里存在字符串，则指定 Alpha 选项，实现二进制值比较排序（对照 ASCII 码表）。如果指定 Store destination 选项，把排序结果保存到该选项的 destination 对象上（如果被指定的 key 已存在，那么原有的值将被排序结果覆盖）；如果没有指定，则返回排序结果给客户端。

Sort 命令可以实现一个键对象或两个键对象之间的排序操作。

返回值：如果没有指定 Store，则返回列表形式的排序结果；如果指定 Store 参数，则返回排序结果的元素数量。

【例 4.64】Sort 命令使用实例。

```
r>LPush BookPrice 34 21 55 48.3
4
```

```
r>Sort BookPrice                  //列表值默认顺序排序
21
34
48.3
55
r>Sort BookPrice DESC             //列表值倒序排序
55
48.3
34
21
r>MSet BookID_21 10010 BookID_34 10012 BookID_48.3 10011 BookID_55 10013
OK                                //建立 4 个具有一定格式的字符串值，BookID_*
r>Sort BookPrice by BookID_*      //根据 4 个字符串值顺序排序，BookID_*与 BookPrice 值
                                  //一一对应，如 BookID_34 字符串对应 BookPrice 的 34
21                                //10010 对应 21
48.3                              //10011 对应 48.3
34                                //10012 对应 34
55                                //10013 对应 55
r>Sort BookPrice Get BookID_*     //先按照 BookPrice 值顺序排序，再得到对应的字符串值
10010                             //对应 21
10012                             //对应 34
10011                             //对应 48.3
10013                             //对应 55
```

14．Type 命令

作用：返回键指定的数据结构类型。

语法：Type key

参数说明：如果 key 为指定的 Redis 数据库里的数据存储对象，如字符串、列表、集合、散列、有序集合。

返回值：key 存在，则返回对应的数据结构类型（string、list、set、hash 或 zset）；反之返回 none。

【例 4.65】Type 命令使用实例。

```
r>LPush PType1  "I "  "like "  "TomCat! "
3
r>Type PType1
list
```

15．Wait 命令

作用：阻塞当前客户端到指定从属服务器端的写操作。

语法：Wait numslaves timeout

参数说明：numslaves 为需要阻塞的从属服务器号；timeout 为过期时间（单位为毫秒）。

返回值：返回已经写入从属服务器的个数。

此命令阻塞当前客户端，直到所有执行该命令之前的写操作命令都成功地传输到了指定的从属服务器端。

【例 4.66】Wait 命令使用实例。

```
r>Set String1  "OK "
OK
r>Wait 1 1000
0
```

说明：

如果 timeout 为 0，则永久阻塞客户端操作命令。如果该命令当作事务的一部分发送，该命令不阻塞，只是尽快返回先前写命令的从属服务器个数。

4.4 HyperLogLog 操作命令

HyperLogLog 是一种概率数据结构，被用于统计唯一事物——数学集合论里被称为集合的基数。例如，集合{书包,铅笔,书包,橡皮,纸}的基数是 4。采用该结构的目的是减少数据结构在内存中的存储量，并提高统计唯一事物的速度。在 Redis 数据库里，每个 HyperLogLog 对象只需要占用 12KB 内存，就可以计算接近 2^{64} 个不同元素的基数。这与普通集合（Set）的元素越多耗费内存越多的情况形成鲜明对比。但是，HyperLogLog 只能根据输入元素来计算基数，而不能存储输入元素本身，所以 HyperLogLog 不能像集合那样返回输入的各个元素。基数统计是网站上的常用功能，如用于统计每天访问人数（Unique Visitor，UV），HyperLogLog 尤其适合超大数量情况下的近似基数统计（注意：该方面的命令存在可容忍范围内的一定的偏差）。Redis 数据库为 HyperLogLog 提供的操作命令见表 4.7。

表 4.7　HpyerLogLog 操作命令

序号	命令名称	命令功能描述	执行时间复杂度
1	PFAdd	将指定元素添加到 HyperLogLog	$O(1)$
2	PFCount	返回指定键的近似基数	$O(1)$~$O(n)$
3	PFMerge	将多个 HyperLogLog 合并为一个 HyperLogLog	$O(n)$

1. PFAdd 命令

作用：将指定元素添加到 HyperLogLog。

语法：PFAdd key element [element ...]

参数说明：key 为指定的 HyperLogLog 对象名，element 为需要增加的元素，允许指定多个。如果指定的 key 不存在，则这个命令会自动创建一个空的 HyperLogLog 结构。

返回值：如果 key 对象的内部存储被更新，则返回 1；否则返回 0。

【例 4.67】PFAdd 命令使用实例。

```
r>PFAdd Visitor  "192.168.0.1:3828 "  "192.168.0.2:3821 "  "192.168.0.3:3822 "
1
```

2. PFCount 命令

作用：返回指定键的近似基数。

语法：PFCount key [key ...]

参数说明：key 为指定的 HyperLogLog 对象名（由 PFAdd 命令生成），允许指定多个。

返回值：当只有一个 key 时，返回近似基数；当有多个 key 时，返回这些 key 指定的 HyperLogLog 结构元素进行并（AND）运算后的近似基数；当 key 不存在时，返回 0。

【例 4.68】PFCount 命令使用实例。

在例 4.67 的基础上继续执行下述代码：

```
r>PFAdd Visitor  "192.168.0.1:3828 "  "192.168.0.2:3821 "  "192.168.0.4:3811 "
1
r>PFCount Visitor
3                                    //Visitor 的基数为 3，代表 3 个不同的 IP:Port
```

说明：

（1）该命令返回的基数不是精确值，而是一个带有 0.81%标准错误的近似值。这允许在超大基数的情况下统计某些应用场景。

（2）该命令的一个副作用是可能会导致 HyperLogLog 内部被更改，出于缓存的目的，它会用 8 字节的内存空间来记录最近一次计算得到的基数，所以 PFCount 命令在技术上是个写命令。

3. PFMerge 命令

作用：将多个 HyperLogLog 合并为一个 HyperLogLog。

语法：PFMerge destkey sourcekey [sourcekey ...]

参数说明：destKey 为存储合并后的 HyperLogLog 对象；sourcekey 为进行合并前的指定的 HyperLogLog 对象，允许指定多个 sourcekey 对象（合并时进行的是并运算）。

返回值：总是返回 OK。

【例 4.69】PFMerge 命令使用实例。

```
r>PFAdd hyll1 1 2 3 4
1
r>PFAdd hyll2 1 2 5 6
1
r>PFMerge hyll hyll1 hyll2
 OK
r>PFCount hyll
6
```

4.5 地理空间命令

网站经常需要用到地理空间数据（地图），如旅游网想给旅客提供出行时的最佳路径选择，外卖网想给食客提供指定范围内的合适的餐饮地址，等等。地理空间数据的特点是数据量大、更新相对不频繁、计算速度慢，而用户在操作地图时，希望响应速度快，于是提高在线运算及响应速度非常关键。Redis 数据库基于内存的快速处理数据的特点，为地图数据的处理提供了支持。

4.5.1 基本操作命令

表 4.8 所列为 Redis 数据库提供的地理空间基本操作命令。

表 4.8 地理空间基本操作命令

序号	命令名称	命令功能描述	执行时间复杂度
1	GEOAdd	将指定的空间元素添加到指定的键中	$O(\log(n))$
2	GEODist	返回指定位置之间的距离	$O(\log(n))$
3	GEOHash	返回一个标准的地理空间的 GEOHash 字符串	$O(\log(n))$
4	GEOPos	返回地理空间的经纬度	$O(\log(n))$

1. GEOAdd 命令

作用：将指定的空间元素添加到指定的键中。

语法：GEOAdd key longitude latitude member [longitude latitude member ...]

参数说明：key 为地理空间数据对象名（一个有序集合，存储了地理空间位置内容，如经度、纬度、名称），longitude 为指定的经度值，latitude 为指定的纬度值，member 为地理位置名称，允许多 longitude、latitude、member 指定。

返回值：返回新添加的元素个数，不包括更新的元素个数。

【例 4.70】GEOAdd 命令使用实例。

```
r>GEOAdd Address 121.47 31.23 "上海" 116.23 39.54 "北京"  //必须经度在前，纬度在后
2
```

2. GEODist 命令

作用：返回指定位置之间的距离。

语法：GEODist key member1 member2 [unit]

参数说明：key 为地理空间数据对象名（由 GEOAdd 命令生成），member1 member2 为 key 中已经存在的地理位置名称，unit 为返回位置之间距离的单位，可以是 m（米）、km（千米）、mi（英里）、ft（英尺），默认为 m。

返回值：计算得到的距离会以双精度浮点数的形式被返回，如果指定的位置元素不存在，则会返回空值。

【例 4.71】GEODist 命令使用实例。

```
r>GEODist Address "上海" "北京" km    //在例 4.70 的基础上进行
1038.7720
```

3. GEOHash 命令

作用：返回一个标准的地理空间的 GEOHash 字符串。

语法：GEOHash key member [member ...]

参数说明：key 为地理空间数据对象名（由 GEOAdd 命令生成），member 为 key 中已经存在的

地理位置名称，允许指定多个。

返回值：一个数组，数组中的每个项都是一个 GEOHash；返回的 GEOHash 的位置与用户给定的位置元素的位置一一对应。

【例 4.72】GEOHash 命令使用实例。

```
r>GEOHash Address "上海" "北京"   //在例 4.71 的基础上进行
wtw3sj5zbj0
wx48uyh15q0
```

4. GEOPos 命令

作用：返回地理空间的经纬度。

语法：GEOPos key member [member ...]

参数说明：key 为地理空间数据对象名（由 GEOAdd 命令生成），member 为 key 中已经存在的地理位置名称，允许指定多个。

返回值：一个数组，数组中的每个项都由两个元素组成，第一个元素为指定位置元素的经度，第二个元素则为指定位置元素的纬度。当指定的位置元素不存在时，对应的数组项为空值。

【例 4.73】GEOPos 命令使用实例。

```
r>GEOPos Address  "上海"  "天津"        //在例 4.72 的基础上进行
121.47000163793563843
31.22999903975783553
116.23000055551528931
39.54000124957348561
```

4.5.2 半径、搜索操作命令

表 4.9 所列为地理空间半径、搜索相关操作命令。

表 4.9　地理空间半径、搜索相关操作命令

序号	命令名称	命令功能描述	执行时间复杂度
1	GEORadius	查询指定半径内所有的地理空间元素的集合	$O(n+\log(m))$
2	GEORadiusByMember	查询指定半径内匹配到的最大距离的地理空间元素	$O(n+\log(m))$
3	GEOSearch	在指定区域内搜索已排序的地理空间元素	$O(n+\log(m))$
4	GEOSearchStore	在指定区域内搜索已排序的地理空间元素并存储	

说明：

GEOSearch、GEOSearchStore 命令为 Redis 6.2.0 版本新增命令。

1. GEORadius 命令

作用：查询指定半径内所有的地理空间元素的集合。

语法：GEORadius key longitude latitude radius m|km|ft|mi [WITHCOORD] [WITHDIST] [WITHHASH] [COUNT count]

参数说明：key 为地理空间数据对象名（由 GEOAdd 命令生成）；longitude 为指定的经度值；latitude 为指定的纬度值；radius 为指定的半径距离，距离的单位可以是 m（米）、km（千米）、mi（英里）、ft（英尺），默认为 m；可选项 WITHCOORD 将位置元素的经度和纬度也一并返回；可选项 WITHDIST 在返回位置元素的同时，将位置元素与中心之间的距离也一并返回；可选项 WITHHASH 以 52 位有符号整数的形式返回位置元素经过原始 GEOHash 编码的有序集合分值，此选项主要用于底层应用或者调试；COUNT 选项返回所有匹配位置的前 count 个元素。

返回值：在默认情况下，返回所有匹配的位置名称列表；在有可选项的情况下，返回一个两层嵌套数组，内层的每个子数组表示一个元素。

【例 4.74】GEORadius 命令使用实例。

```
r>GEORadius Address 121 31 1200 km WITHDIST  //在例 4.73 的基础上进行
上海
51.5509
北京
1043.5427
```

2．GEORadiusByMember 命令

作用：查询指定半径内匹配到的最大距离的地理空间元素。

语法：GEORadiusByMember key member radius m|km|ft|mi [WITHCOORD] [WITHDIST] [WITHHASH] [COUNT count]

参数说明：主要参数的使用方法同 GEORadius 命令。该命令与 GEORadius 命令的唯一区别是，该命令的中心点坐标位置是由指定的 member 决定的。

返回值：在默认情况下，返回所有匹配的位置名称列表；在有可选项的情况下，返回一个两层嵌套数组，内层的每个子数组表示一个元素。

【例 4.75】GEORadiusByMember 命令使用实例。

```
r>GEORadiusByMember Address  "上海" 100 km    //在例 4.74 的基础上进行
上海
```

3．GEOSearch 命令

作用：在指定区域内搜索已排序的地理空间元素。

语法：GEOSearch key [FromMember member] [FromLonlat longitude latitude] [ByRadius radius m|km|ft|mi] [ByBox width height m|km|ft|mi] [ASC|DESC] [COUNT count [ANY]] [WITHCOORD] [WITHDIST] [WITHHASH]

参数说明：key 为地理空间数据对象名（由 GEOAdd 命令生成）。

（1）该命令搜索中心由以下两项参数之一确定。

- FromMember 参数，通过指定地理空间有序集合里已经存在的集合键 Member 的位置作为指定的搜索中心。
- FromLonlat 参数，通过给定经度、纬度坐标值作为指定的搜索中心。

（2）该命令搜索区域形状由以下两项参数之一确定。

- ByRadius 参数，通过指定 radius 为指定的半径距离数，实现在指定的圆形区域内搜索。

- ByBox 参数，通过指定 width、height 距离值，实现在指定的轴对齐的矩形区域内搜索。

上述距离值单位可以是 m（米）、km（千米）、mi（英里）、ft（英尺），默认为 m。

（3）该命令其他可选项参数如下：

- ASC，相对于搜索中心点，从近到远对返回的值进行排序。
- DESC，相对于搜索中心点，从远到近对返回的值进行排序。
- COUNT，默认情况下将返回所有搜索到的对象。若想返回前 *n* 个匹配项，可以使用 COUNT count 选项；当使用 ANY 选项时，只要找到足够的匹配项，该命令就会返回搜索结果。
- WITHCOORD，附加返回搜索到的对象的经度、纬度。
- WITHDIST，附加返回搜索到的对象到指定搜索中心点的距离。
- WITHHASH，附加返回 52 位无符号整数形式的 GEOHash 编码有序集合分值（仅对黑客或程序员调试有用）。

返回值：如果没有指定任何可选项参数，则返回类似于["北京","天津","雄安","廊坊"]的线性数组；如果指定了可选项参数，则返回一个数组型数组，其中每个子数组代表一个需要在地图上搜索的选项对象。

【例 4.76】GEOSearch 命令使用实例。

搜索以上海为中心、100km 范围内的城市名称，在例 4.75 的基础上执行如下代码：

```
r>GEOSearch address FromMember "上海" ByRadius 100 km
上海
```

搜索以经度 116.23、纬度 39.54 为中心，指定半径为 1200km 的圆形区域内由近到远排序的城市名称，在上述代码的基础上执行如下代码：

```
r>GEOSearch address FromLonlat 116.23 39.54 ByRadius 1200 km ASC
北京
上海
```

搜索以经度 116.23、纬度 39.54 为中心，长度为 1200km，宽度为 1100km 矩形区域内的城市名称，并返回城市到搜索中心的距离。在上述代码的基础上执行如下代码：

```
r>GEOSearch address FromLonlat 116.23 39.54 ByBox 1200 1100 km WITHDIST
北京
0.0001
```

4．GEOSearchStore 命令

作用：在指定区域内搜索已排序的地理空间元素并存储。

语法：GEOSearchStore destination key [FromMember member] [FromLonlat longitude latitude] [ByRadius radius m|km|ft|mi] [ByBox width height m|km|ft|mi] [ASC|DESC] [COUNT count [ANY]] [WITHCOORD] [WITHDIST] [WITHHASH]

参数说明：此命令的主要参数的使用方法同 GEOSearch 命令，主要区别是此命令把搜索结果存储到了 destination 键名里。

返回值：返回搜索结果集的元素个数。

【例 4.77】GEOSearchStore 命令使用实例。

在例 4.76 的基础上执行如下代码：

```
r>GEOSearchStore d1 address FromLonlat 116.23 39.54 ByRadius 1200 km ASC
2
r>ZRange d1 0 -1
上海
北京
```

4.6 配置文件及参数命令

Redis 数据库安装后可以直接使用，但是这种使用方式只适合读者学习、程序员开发及测试使用。在生产环境下，必须通过配置文件进行参数配置，才能更好地满足实际运行需要。

4.6.1 配置文件

在 Redis 数据库中，存在配置文件参数配置要求，通过统一文件配置，可以保证 Redis 数据库更好地支持各项命令的执行，这个文件通常叫作 redis.conf，存放于 Redis 数据库系统的安装目录下。在 Linux 环境下一般安装在类似于/etc/redis/redis.conf 的路径里，可以用 Vim 或 Vi 编辑器打开。

redis.conf 文件里的参数以"参数名+参数值"的形式出现，允许出现多参数值，中间用空格隔开。如果指定的参数值中包含空格，可以用双引号括起来，如"Master 1"。

当 Redis 数据库系统刚刚安装完成并启动数据库服务时，在操作系统环境下必须采用如下格式才能生成 redis.conf 文件，否则，Redis 数据库会启动内存自带的配置文件（在硬盘安装路径下无法找到）。

```
$ ./redis-server redis.conf
```

设置 redis.conf 文件参数有以下几种形式。

1．启动 Redis 数据库服务器，带参数配置

该方法适用于技术人员的测试使用。

```
$ ./redis-server --slaveof 127.0.0.1 8000    //通过该方式传递参数，必须在参数前加--
r>
```

该执行方式直接影响内存中的配置文件项，如果 Redis 数据库开启了持久化功能，在有一定的时间间隔的情况下，会自动刷新到磁盘 redis.conf 文件中。所以，在刷新前，若节点出现停电等问题，将导致新增配置内容丢失。

2．在 Redis 数据库服务器运行期间，通过配置命令更改参数设置

Redis 数据库允许在运行期间更改服务器配置参数，如 Cluster Meet、Cluster FailOver 等命令的执行，附带影响相关参数设置值；也可以通过 Config Set 和 Config Get 命令来实现（部分参数不支持它们，详见 4.2.2 小节）。

```
r>Config Get *                    //获取当前节点的 redis.conf 信息
//下面是 redis.conf 文件的详细内容，在 Linux 环境下可以用 Vi 编辑器打开
# Redis configuration file example

# Note on units: when memory size is needed, it is possible to specify
# it in the usual form of 1k 5GB 4M and so forth:
#
# 1k => 1000 bytes
# 1kb => 1024 bytes
# 1m => 1000000 bytes
# 1mb => 1024*1024 bytes
# 1g => 1000000000 bytes
# 1gb => 1024*1024*1024 bytes
#

# units are case insensitive so 1GB 1Gb 1gB are all the same.

########################## GENERAL ##################################

# By default Redis does not run as a daemon. Use 'yes' if you need it.
# Note that Redis will write a pid file in /var/run/redis.pid when daemonized.
daemonize                      //是否启动守护进程，默认为 no，设置为 yes，启动守护进程

# When running daemonized, Redis writes a pid file in /var/run/redis.pid by
# default. You can specify a custom pid file location here.
pidfile /var/run/redis.pid     //在启动守护进程后，可以在这里设置 redis.pid 文件的另存路径

# Accept connections on the specified port, default is 6379.
# If port 0 is specified Redis will not listen on a TCP socket.
port 6379                      //Redis 数据库服务器端口号
...                            //显示全部配置内容将达到 600 余条，在此省略，读者可以自行测试
```

说明：

（1）在登录 Linux 后，可以使用以下命令打开 redis.conf 文件。

```
# cd /etc
# vi redis.conf
```

（2）在 Windows 下，可以直接在安装路径下找到 redis.windows-service.conf 文件。

这里可以通过以下命令修改端口号。

```
r>Config Set port 8000
OK
```

配置文件中的主要参数包括 General（常用）、SnapShotting（快照）、Replication（主从复制）、Keys Tracking（键跟踪）、Security（安全）、ACL Log（ACL 日志）、Clients（客户端）、Memory Management（内存管理）、Lazy Freeing（阻塞与非阻塞）、Threaded I/O（线程 I/O）、Append Only Mode（AOF 持

久化）、Lua Scripting（Lua 脚本运行最大时限）、Redis Cluster（Redis 集群）、Slow Log（慢命令记录日志）、Latency Monitor（延迟监控）、Event Notification（数据集事件通知）、Advanced Config（高级配置）等。

3．把 Redis 配置成一个缓存

如果在实际的业务应用中只把 Redis 数据库当作缓存使用（不产生磁盘持久化功能），则需要对所有键对象配置指定过期时间（通过 Expire 命令）。这里可以采用如下方式一次性完成。

```
r>Config Set maxmemory 2mb        //假设最大内存使用量为 2MB
OK
r>Congfig Set maxmemory-policy allkeys-lru
OK
```

执行上述代码后，当 Redis 数据库使用的空间达到最大值时，自动使用 LRU[①]算法删除某些不常用的键对象。

4.6.2 参数设置

redis.conf 文件中的主要参数如下（Redis 6.2.6 版本）。

1．常用配置参数

（1）daemonize yes。守护进程，在 Redis 3.2.0 版本以前默认值为 no，在 Redis 3.2.0 版本以后默认值为 yes。如果 Redis 数据库没有配置访问密码但绑定了 IP 地址，在 yes 情况下，只能进行本地访问，拒绝外部访问；如果配置了访问密码并绑定了 IP 地址，则可以设置为 yes。该参数为加强访问安全，在调试模式下，可以设置为 no。

（2）pidfile /var/run/redis.pid。在 daemonize yes 的情况可以为生成的 redis.pid 文件指定其他路径，默认值为/var/run/redis.pid。

（3）bind 127.0.0.1。bind 用于绑定安装 Redis 数据库的服务器 IP 地址，默认值为 127.0.0.1。

（4）port 6379。Redis 数据库监听端口，默认值为 6379，允许一台服务器安装多个 Redis 数据库，在此情况下，必须用不同端口区分数据库实例。

（5）timeout 300。timeout 参数用于设置客户端空闲时间超过时限，当超过指定时限时，连接的服务器将断开，默认值为 300s；若其值设置为 0，服务器就不会主动与客户端断开连接。

（6）tcp-keepalive 0。该参数默认值为 0，当设置为 SO_KEEPALIVE 值时，可以检测挂掉的客户端。在 Linux 内核中，当设置为 SO_KEEPALIVE 值时，Redis 数据库会定时给客户端发送 ACK 消息。此选项的合理值为 60s。

（7）tcp-backlog 511。指定用于侦听传入连接的 UNIX 套接字的路径。没有默认值，因此 Redis 数据库在未指定时不会侦听 UNIX 套接字。在 UNIX、LINUX 环境下设置有用。

（8）loglevel notice。指定 Redis 数据库日志的级别。

- debug：日志可以记录很多信息，方便开发、测试。

① 《将 Redis 当做使用 LRU 算法的缓存来使用》，http://www.redis.cn/topics/lru-cache.html。

- verbose：默认值，记录的信息不如 debug 级别多。
- notice：适合生产环境。
- warn：日志只记录非常重要的信息。

（9）logfile /var/log/redis.log。指定 Redis 数据库日志文件名及存放路径；如果指定内容为空字符串，Redis 数据库就会把日志输出到标准输出设备。

（10）databases 16。在一个 Redis 数据库系统实例中，可以建立的数据库数量，默认为 16 个。可以通过 Select 命令切换选择一个数据库。数据库个数的使用范围为 0 到数量-1。例如，在设置为 16 个的情况下，数据库使用范围为 0～15。0 为 0 号数据库，1 为 1 号数据库，依次类推。

（11）supervised no。在 Linux 环境下，指定是否以 upstart 服务或 systemd 服务启动 Redis 数据库。如果配置了 daemonize=yes 且没有配置 supervised，则以守护进程的方式启动 Redis 数据库。

2．快照配置参数

（1）save。Redis 数据库默认配置为基于内存的数据存储和处理，一旦发生停电等故障，则内存里的数据将会全部丢失。为了持久化存储数据，可以开启以下参数，把内存里的数据同步存储到硬盘上。

- save 900 1：900s 内至少有 1 个 key 被改变，把数据持久化到磁盘上。
- save 300 10：300s 内至少有 300 个 key 被改变，把数据持久化到磁盘上。
- save 60 10000：60s 内至少有 10000 个 key 被改变，把数据持久化到磁盘上。

如果使用“#”注释符号注释掉 save，则内存里的数据就不能持久化到磁盘上了。

说明：

在实质上启动持久化功能后，一旦断电，依然存在最后一部分未持久化数据丢失的可能，只不过能保证已持久化数据的安全。

（2）stop-writes-on-bgsave-error yes。确定当采用 RDB 方式持久化出现错误后是否继续进行持久化工作，默认设置为 yes。如果数据库技术人员已经设置对 Redis 数据库系统的正确监视和持久化，则应该设置 no，以保证当磁盘出问题时，能继续正常工作。

（3）rdbcompression yes。当存储至磁盘上时是否压缩数据 RDB，默认设置为 yes（开启方式），开启时会额外增加 CPU 计算资源的消耗。

（4）rdbchecksum yes。当保存 RDB 文件时，进行持久化数据的错误检查校验。

（5）dbfilename dump.rdb。存储到本地磁盘上的数据库文件名，默认值为 dump.rdb。

（6）dir /var/lib/redis。指定的数据库存放路径，默认值为./。

3．复制配置参数

（1）replicaof 10.0.0.12 6379。当本机为从节点（Slave）时，设置主节点（Matser）的 IP 地址及端口号。该参数早期版本为 slaveof。

（2）replica-serve-stale-data yes。副本集下命令的使用范围管理，默认情况下可以导出所有命令。可以使用 rename-command 隐藏所有管理、危险操作相关命令来提高只读副本的安全性。

（3）replica-read-only yes。在副本集环境下，控制 Slave 是提供读写操作，还是提供读操作。不建议 Slave 提供写操作。

（4）repl-diskless-sync no。当主节点启用无磁盘文件复制时，可以配置延迟服务器等待，以便生成通过套接字将 RDB 传输到副本的子进程。因为一旦开始复制，节点就不会再接收新 Slave 的复制请求，直到下一个 RDB 传输。所以最好等待一段时间，等更多的 Slave 连接。默认值为 no，不启用无磁盘文件复制。

（5）repl-disable-tcp-nodelay no。在 Slave 和 Master 同步后（发送 psync/sync），要考虑后续的同步是否设置 tcp_nodelay。如果设置成 yes，则 Redis 数据库会合并小的 TCP 包从而节省带宽，但会增加同步延迟（40ms），造成 Master 与 Slave 数据不一致；如果设置成 no，则 Master 会立即发送同步数据，没有延迟。

（6）replica-priority 100。这是集群节点通过 Info 复制给出的信息，默认值为 100。当 Master 无法正常工作时，Redis 数据库 Sentinel（哨兵）通过这个值来决定将哪个集群节点提升为 Master。这个数值越小表示越优先进行提升。例如，有三个集群节点，其 priority 分别为 10、100、25，Sentinel 会选择 priority 为 10 的节点进行提升。这个值为 0 表示集群节点永远不能被提升为 Master 节点。

（7）masterauth <master-password>。如果 Master 数据库通过 requirepass 参数设置了访问密码，那么 Slave 在连接对应的 Master 前，必须用该参数设置与 Master 对应的密码，才能访问 Master。在不使用该参数的情况下，默认用“#”注释掉该参数。

（8）slave-serve-stale-data yes。当 Slave 与 Master 的连接断掉或正在进行主从数据复制时，Slave 有两种运行方式：当该参数设置为 yes 时，Slave 会继续响应客户端的请求；当该参数设置为 no 时，Slave 除了可以执行 Info 和 Slaveof 命令外，其他请求都会返回错误提示信息 SYNC with master in progress。

（9）slave-read-only yes。在生产环境下，当该参数设置为 yes（默认值）时，保证 Slave 只允许客户端读取数据，提高了使用环境的安全性；当该参数设置为 no 时，则允许往 Slave 写入数据，一般不建议这么做。

（10）repl-diskless-sync no。在生产环境下，当 Slave 重新连接 Master 数据库时，存在 Master 与 Slave 数据不同步的问题，需要从 Master 复制数据到 Slave，以保证主从节点数据的一致性。目前，Redis 数据库支持两种复制方式：socket 和 disk。当该参数设置为 no（默认值）时，执行 socket 方式；当该参数设置为 yes 时，执行 disk 方式。其中，socket 方式为 Master 直接把数据传递给 Slave，一个 Slave 传输完毕，再传其他节点；disk 方式为 Master 先在本地生成 RDB 文件，然后再发给各个 Slave。

（11）repl-diskless-sync-delay 5。在以 socket 方式启动主从复制时，可以通过该参数配置执行延迟时间，默认为 5s，这样可以让更多的 Slave 加入复制连接状态，实现一次有多个 Slave 复制数据的过程。因为一旦启动复制状态，没有请求的其他 Slave 不能在复制期间提交复制数据请求，也就是复制具有独占性。如果要禁用该参数，则应把其值设置为 0。

（12）repl-disable-tcp-nodelay no。该参数用于控制 Master 往 Slave 复制数据时的数据量大小。当设置为 no（默认值）时，数据在传输时带 tcp nodelay 参数，数据延迟现象减少；当设置为 yes 时，数据在传输时不带 tcp nodelay 参数，数据包变小，但是更容易出现数据传输延迟现象；在数据传输量很大的情况下，建议设置为 yes。

（13）slave-priority 100。当一个 Master 不可用时，Redis 数据库会根据 Sentinel 监管方式优先选择一个优先级最低的 Slave 作为新的 Master。例如，有三个 Slave，它们的优先级分别为 10、20、

50，那么优先级最低的那个 Slave 将被选举为新的 Master。该参数默认为 100，当一个 Slave 中该参数设置为 0 时，将不会被选举为 Master。

（14）min-replicas-to-write。在 Master 配置文件里设置该参数，表示 Slave 少于多少时，Master 不再向 Slave 复制数据。min-replicas-to-write 的默认值为 0。

（15）min-replicas-max-log。在 Master 配置文件里设置该参数，默认值为 10s。当所有 Slave 通过 Info Replication 命令发现与 Master 通信检查命令 Replconf ACK 发送周期超过了 10s（称为 Lag 标志值，一般该值在 0～1s 之间跳动），Master 就不再向 Slave 写数据。

4．安全配置参数

（1）requirepass foobared。该参数默认被“#”注释（不启用），如果希望 Redis 数据库节点数据使用密码才能访问，则可以通过启用该参数强制要求客户端在访问节点时提供 Auth 命令来认证密码。

（2）rename-command CONFIG b840fc02d524045429941cc15f59e41cb7be6c52。该参数默认被“#”注释，为了防止 Redis 数据库一些危险的命令被客户端调用，可以通过 rename-command 命令实现对危险 Redis 数据库命令的重新命名。这样，客户端就无法使用对应的命令了，而内部工具还能接着使用。这里 rename-command 把 CONFIG 命令重新命名为 b840fc02d524045429941cc15f59e41cb7be6c52。可以采用该方式禁止一个命令，如 rename-command CONFIG ""。

5．限制配置参数

（1）maxclients 10000。Redis 数据库节点最大客户端同时连接数，默认值是 10000 个，建议最小设置为 32 个，如果超过该最大连接限制数，Redis 数据库将给新的连接发送 max number of clients reached，并关闭连接。该参数默认被“#”注释，意味着不限制客户端的连接数。在实际生产环境下，建议设置限制，防止 Redis 数据库访问出现异常。

（2）maxmemory <bytes>。设置 Redis 数据库节点运行的最大内存数值。在达到最大内存设置后，Redis 数据库将依据驱逐策略（见 maxmemory-policy），先尝试清除已到期或即将到期的 key；当 Redis 数据库无法删除 key 或驱逐策略设置为 noeviction 时，将对写命令回复出错信息，并只允许节点执行只读命令。如果在 Slave 设置该参数，则需要考虑预留给输出缓冲区的大小，设置该参数时应该减去输出缓冲区的大小（如果驱逐策略为 noeviction，则不需要）。如果 Redis 数据库只用作缓存，则可以设置该参数。默认被“#”注释（不启用）。例如，maxmemory 1GB。

（3）maxmemory-policy noeviction。当使用内存超过 maxmemory 设置值后，可以采用 6 种处理方式：

①volatile-lru，使用 LRU 算法删除带有过期（Expire）设置的 key 对象。

②allkeys-lru，根据 LRU 算法删除任意 key 对象。

③volatile-random，根据随机函数删除带有过期设置的 key 对象。

④allkeys-random，根据随机函数删除任意被确定的 key 对象。

⑤volatile-ttl，根据最近过期时间（次要 TTL）删除 key 对象。

⑥noeviction，所有内存 key 对象不过期，只是在超出内存最大限制范围后，返回出错信息给写操作对象。默认被“#”注释（不启用）。

6. AOF 持久化配置参数

（1）appendonly no。默认情况下，Redis 数据库采用异步方式把数据刷新到磁盘上进行数据持久化，但是当服务器产生停电等问题时，可能会导致这几分钟写入的数据丢失（结合 save 参数指定的时间间隔刷新数据保存），该数据持久方式叫作 RDB 方式；启用该参数，则提供了另外一种叫作 AOF 的数据持久方式，可以提供更好的数据保存安全特性，每次当节点写入数据时，将数据同步写入 appendonly.aof 文件，在停电等情况发生后，重启 Redis 数据库，可以通过该文件恢复数据。设置该参数的值为 yes，代表开启 AOF 持久化，默认值为 no。

（2）appendfilename appendonly.aof。AOF 更新日志文件名，默认值为 appendonly.aof（被“#”注释）。

（3）appendfsync everysec。AOF 持久化策略配置，该参数有三种设置值：

①no，表示不执行 fsync，由操作系统保证数据同步到磁盘，速度最快。

②always，表示每次写入都执行 fsync，以保证数据同步到磁盘。

③everysec，默认设置值，表示每秒执行一次 fsync，可能会导致丢失这 1s 内写入的数据。

（4）no-appendfsync-on-rewrite no。在 AOF 执行过程中会产生大量 I/O（输入/输出）流，如果 AOF 持久化策略采用的是 everysec 和 always，执行 fsync 会造成阻塞过长时间。如果是对延时很敏感的业务系统，则应该设置该参数为 yes，但是这将导致特定情况下丢失 30s 以内发生的写数据。当设置为 no（默认值）时，持久化数据更安全。

（5）auto-aof-rewrite-percentage 100。在 AOF 持久化方式下，appendonly.aof 文件不能无限增大。在一定大小时（数据已经刷新到磁盘上），应该考虑重写该文件。这个大小限制数由该参数指定。值为 AOF 文件大小的百分之多少，触发 bgrewriteaof 命令实现对 AOF 文件的重写。这里默认值为 100%，也就是当指定 AOF 文件达到其两倍大小时，自动启动重写命令。

（6）auto-aof-rewrite-min-size 64mb。设置允许重写的 AOF 文件大小的最小值，默认值为 64MB。

（7）aof-load-truncated yes。在 Redis 数据库重新处理 AOF 文件时，发现该文件尾部不完整（出现 AOF 文件被破坏问题），在这样的情况下，Redis 数据库系统可能会发生崩溃问题，该参数就是用来解决该问题的。参数值如果设置为 yes（默认值），则 Redis 数据库启动时将会发出出错日志以通知用户；如果设置为 no，则服务器将终止 Redis 数据库系统的启动，并给出出错信息。技术人员可以使用 redis-check-aof 实用程序来修复 AOF 文件，然后重启 Redis 数据库。

7. Lua 脚本配置参数

lua-time-limit 5000。设置 Lua 脚本的最大执行时间（单位为毫秒），5000ms 为默认时间；当值设为 0 时，将无限时地执行 Lua 脚本。当 Lua 脚本执行时间超过该参数的设置时限后，脚本继续执行，Redis 数据库将记录脚本的相关信息，并且 Redis 数据库只有 SCRIPT KILL 和 SHUTDOWN NOSAVE 可用。

8. 集群配置参数

（1）cluster-enabled yes。集群启动开关，默认所安装的 Redis 数据库节点不是集群模式。去掉注释符号“#”，并且在参数值为 yes 的情况下，启动节点为集群模式。

（2）cluster-config-file nodes-6379.conf。集群配置文件的名称，每个节点都有一个集群相关的配置文件，持久化保存集群的信息。它不需要手动配置，由 Redis 数据库节点生成并更新，每个 Redis 数据库集群节点需要一个单独的配置文件，请确保与实例运行的系统中的配置文件名称不冲突。把节点集群配置文件命名为 nodes-端口号——这是个好习惯。

（3）cluster-node-timeout 15000。集群节点互连超时设置，默认值为 15000ms。

（4）cluster-slave-validity-factor 10。从节点故障转移有效因子。在 Master 出现故障后，备用的所有 Slave 都会申请升级为 Master，但是有些 Slave 由于与 Master 断开的时间比较长，导致数据比较陈旧，这样的节点不应该被升级为 Master。该参数用来判断 Slave 断开时间是否过长。该参数仅用于 Slave 设置。

（5）cluster-migration-barrier 1。该参数在 Master 上设置，用于当迁移 Slave 时，优先保证自己的 Slave 个数。例如，该 Master 实际连接着两个 Slave，并且它们都正常工作。当该参数值设置为 1 时，可以把其中一个 Slave 迁移到另一个 Master。1 为默认值，代表该 Master 下必须保留一个有效的 Slave。若要禁用迁移，可以把该参数值设置为较大值。也可以设置为 0，但是这样的设置只用于内部测试，在生产环境下使用比较危险。

（6）cluster-require-full-coverage yes。默认情况下（设置为 yes），Redis 数据库集群检测到有哈希插槽没有被节点使用，就会停止接收查询，然后会导致整个集群不可用。如果将该参数设置为 no，则允许在哈希插槽没有被全部分配到节点的情况下使用集群，但是这样可能会造成数据不一致的问题，所以一般不建议启用 no 值。

9．慢命令记录日志配置参数

（1）slowlog-log-slower-than 10000。Slow Log 是用来记录 Redis 数据库命令执行超过规定时限的命令相关信息。该参数就是用来设置命令执行时限的一个阈值。10000μs（10ms）是默认值，当设置为负数时会禁用慢命令记录日志；当设置为 0 时会强制记录所有命令。

（2）slowlog-max-len 128。设置慢命令记录日志的长度，默认值为 128。只要有足够的内存，这个长度便没有限制。用 SLOWLOG RESET 命令可以释放日志使用的内存空间。

10．延迟监控配置参数

latency-monitor-threshold 0。监控超过设置值的延迟操作命令，如 100ms，默认值为 0（ms），代表关闭该监控功能。

10．数据集事件通知配置参数

notify-keyspace-events ""。以订阅方式接收哪些命令改动了数据集合内容的事件，因为开启该方式会消耗一些 CPU，所以默认配置下不使用该参数。

11．高级配置参数

详见 Redis 数据库提供的官网文档。

4.7　练习及实验

1．填空题

（1）使用 Auth 命令登录验证身份的密码在______文件里设置。

（2）______命令用于选择 Redis 的不同数据库。

（3）______命令用于获得客户端连接信息及数量列表。

（4）______命令用于设置键的过期时间。

（5）______命令是一种概率数据结构，被用于统计唯一事物。

2．判断题

（1）Config Get 命令只能修改硬盘上配置文件里的参数值。（　　）

（2）在 Redis 数据库实例运行时，不能修改内存里的配置参数。（　　）

（3）Exists 命令用于判断键对象是否在内存里存在。（　　）

（4）HyperLogLog 命令统计结果是精确的。（　　）

（5）Redis 数据库的地理空间操作命令为基于地图的快速计算提供了操作功能。（　　）

3．实验题

从网上获取上海、杭州、南京、苏州、宁波、合肥的经纬度坐标，并以矩形区域、圆形区域方式获得指定中心的三座城市的信息。

（1）从网上获取 6 座城市的经纬度坐标，并在 Redis 数据库里建立地理坐标对象。

（2）以某一座城市的坐标为中心，搜索附近三座城市的信息。

（3）以某一座城市的名称为搜索条件，搜索附近三座城市的信息。

（4）上述过程，必须各将矩形区域、圆形区域作为搜索约束条件一次。

2

第 2 部分

提高篇

第 2 部分相对第 1 部分来说，所讲解的技术更加高级、综合，其主要章节安排如下：

第 5 章　磁盘持久化。

第 6 章　主从复制及分布式集群。

第 7 章　事务与 Lua 脚本。

第 8 章　缓存。

第 9 章　发布/订阅。

第 10 章　Redis Stream 消息队列。

第 11 章　I/O 线程。

第 12 章　安全。

第 5 章

磁盘持久化

在大多数情况下，我们不希望丢失数据，因此，Redis 数据库需要采用持久化策略，把内存中的数据写到硬盘上。Redis 数据库在默认配置情况下（见 4.6.2 小节）是使用 RDB（Redis Database）方式持久化的，另一种方式是 AOF（Append Only File）持久化。

扫一扫，看视频

5.1 RDB 持久化

RDB 持久化又叫快照（SnapShotting）持久化，通过 fork 命令建立一个子进程，以一定时间间隔对内存数据进行快照操作，临时保存在磁盘 dump.rdb 上的二进制文件中，最后通过原子性 rename 命令将临时文件重命名为 RDB 正式文件（见图 5.1）。

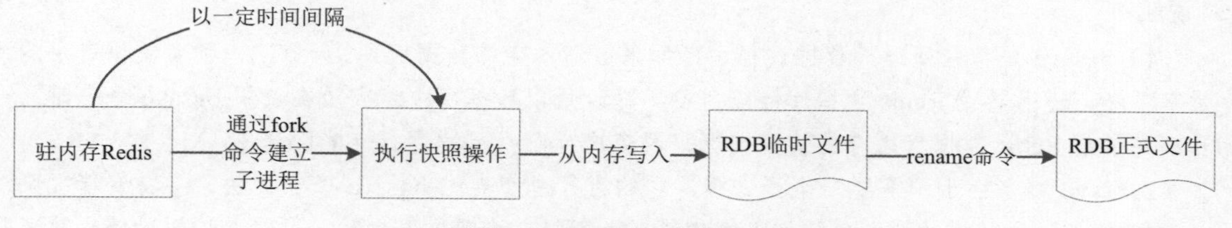

图 5.1　RDB 间隔持久化过程

RDB 持久化可以通过配置文件参数设置实现，也可以通过命令控制实现。

说明：

RDB 持久化的特点为，通过 fork 命令执行时会把整个 Redis 数据库中的内存数据一次性复制到磁盘上，最终产生一个 RDB 文件。

1．参数设置实现

RDB 持久化参数配置的详细要求见 4.6.2 小节的“快照配置参数”部分，该部分的核心参数是 save。

（1）save 900 1 代表如果 900s（15min）内至少有 1 个 key 被改变，则把数据持久化到磁盘上。

（2）save 300 10 代表如果 300s（5min）内至少有 10 个 key 被改变，则把数据持久化到磁盘上。

（3）save 60 10000 代表如果 60s（1min）内至少有 10000 个 key 被改变，则把数据持久化到磁盘上。

上述都是 Redis 数据库的系统配置提供的默认设置值，在具体的生产环境下，技术人员应该根据实际需要，尤其是容忍数据丢失的程度来合理设置 save 的间隔时间和间隔时间内发生改变的数据数量。这个参数中的时间如果设置得太小，容易频繁引起进程操作开销，影响数据库系统的运行性能；如果设置得太大，则会有丢失更多数据的可能，如突然停电、服务器硬件损坏、Redis 数据库系统崩溃、操作系统崩溃等。

当不需要进行 RDB 持久化时，可以设置为 save ""，或用“#”注释掉该参数。

2．命令控制实现

业务系统程序员也可以直接在客户端代码上附加 bgsave 或 save 命令来主动触发一个持久化动作。对于调用 bgsave 命令，在执行时 Redis 数据库系统会调用 fork 命令建立一个子进程，独立快照处理数据持久化到硬盘过程，而父进程可以同步继续处理其他命令请求（见图 5.2）。

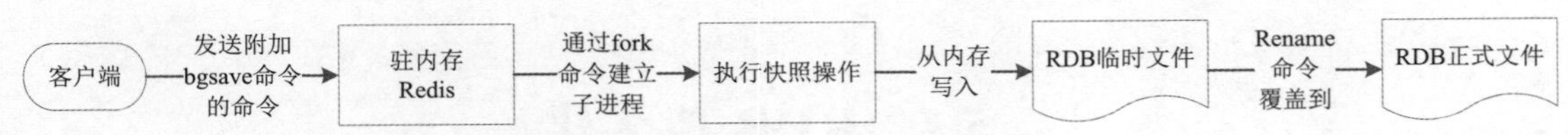

图 5.2　RDB 命令主动持久化过程

save 命令在调用后，Redis 数据库系统主进程不再响应其他命令的请求，并采用堵塞的方式独占处理快照，直至持久化结束。这在生产环境下很影响业务系统的使用，因此一般不建议使用该命令方式。除非出现内存不足、无法执行 bgsave 命令的情况，可以强制使用 save 命令进行一次持久化操作。

说明：

（1）bgsave 命令在处理大数据过程中，如果占用内存的数据达到几十 GB，则会使该命令的执行效率下降，进而导致 Redis 数据库性能急剧下降。所以数据库技术人员在使用 bgsave 命令时，一定要事先预估 Redis 数据库内存的使用情况，避免产生不必要的运行性能问题。

（2）save 命令由于不需要产生子进程，它的执行速度会比 bgsave 命令更快，在特定情况下，可以考虑用 save 命令执行持久化操作。例如，当半夜用户访问量很少时，可以通过暂时停止对客户端的任意服务，快速进行持久化操作。

（3）客户端执行 ShutDown、FlushAll 命令也会触发 save 命令，并进行数据 RDB 持久化操作。

（4）RDB 持久化产生的文件是一个紧凑单一文件，可以很容易地被异地备份到其他数据中心。

5.2　AOF 持久化

与 RDB 相比，AOF 更接近于实时备份，它通过 fsync 策略每秒往 AOF 文件写入内存操作数据。这意味着在发生停电等问题的情况下，最多丢失 1s 内在内存中新变化的数据。另外，它以追加的方式进行持久化操作，发送一条命令，就同步写新的数据到 AOF 记录文件末尾。因此在写入过程中即使出现宕机现象，也不会破坏日志文件中已经存在的内容（见图 5.3）。

图 5.3　AOF 持久化过程

1. AOF 持久化配置

AOF 持久化通过配置系统配置文件来实现，详细配置见 4.6.2 小节“AOF 持久化配置参数”部分。主要配置参数是 appendonly，把 appendonly no 改为 appendonly yes，便正式启动 AOF 持久化。

AOF 持久化配置有三种，通过 appendfsync everysec 进行设置。

（1）no，表示不执行 fsync，由操作系统保证数据同步到磁盘，速度最快。

（2）always，表示每次写入都执行 fsync，以保证数据同步到磁盘。

（3）everysec，默认设置值，表示每秒执行一次 fsync，可能会导致丢失这 1s 内的写入数据。

Redis 数据库在每一次接收到数据修改的命令之后，都会将其追加到 AOF 文件中。在 Redis 数据库下一次重新启动时，需要加载 AOF 文件中的信息将最新的数据构建到内存中。

2. AOF 文件修复

在 Redis 数据库采用 AOF 方式往文件里追加备份的过程中，若发生服务器停机等意外事件，将导致 AOF 文件出错。在 Redis 数据库重启时，对于出错的 AOF 文件，将被拒绝载入，从而确保内存里运行的数据的一致性不被破坏。当发生 AOF 文件受损问题时，可以用以下方式修复出错文件。

（1）将现有已经损坏的 AOF 文件单独复制一份进行备份。

（2）使用 Redis 数据库附带的 redis-check-aof 程序对原来的 AOF 文件进行修复。

（3）修复 AOF 文件后，重新启动 Redis 数据库服务器。

说明：

（1）Redis 数据库允许 RDB 和 AOF 同时启用，在这种情况下，当 Redis 数据库重启时会优先载入 AOF 文件来恢复原始的数据。因为在通常情况下 AOF 文件保存的数据集要比 RDB 文件保存的数据集完整。一般来说，如果想达到足以媲美 PostgreSQL 数据库系统的数据安全性，就应该同时使用两种持久化功能。

（2）如果可以承受数分钟以内的数据丢失，那么可以只使用 RDB 持久化，因为定时生成 RDB 快照非常便于进行数据库备份，并且 RDB 恢复数据集的速度比 AOF 恢复的速度要快。

（3）Redis 数据库官网不鼓励只使用 AOF 持久化模式。

（4）在持久化操作过程中，最多需要使用原先内存两倍的空间，因此，在系统设计之初必须充分估计内存使用空间，实际使用时建议最多用到可使用内存空间的一半。

（5）AOF 持久化过程由于采用非阻塞方式，所以不会影响客户端的使用性能问题。

（6）Redis 数据库支持同时使用 RDB、AOF 两种持久化方式。

5.3 容灾备份

虽然 Redis 数据库提供了很好的持久化功能，使该数据库具备了磁盘保存数据的功能。但是，随着数据量的增大，这些数据越来越重要，就需要考虑数据备份的问题。

1. 实时备份

Redis 数据库提供的主从复制方式本身具备不同物理设备的数据备份能力。假设一台主服务器出现了故障，从服务器就可以自动切换升级为主服务器，实现业务数据持续使用的要求。如果利用城域网、广域网把从服务器放到异地，则实现了异地实时备份的效果。要做的主要工作是规划好网络路由及 IP 地址等。

2. 定期备份数据文件

对于不具备实时异地备份条件的（机房设备、网络通信等投资成本会明显上升），可以考虑定期备份数据文件的方法，实现数据异地容灾备份。最简单的方法是利用 Linux 的 scp 命令（SSH 的组件），实现本地 RDB 文件和 AOF 文件的异地备份。scp 命令的具体语法如下：

```
$ scp /home/rdb/dump.rdb root@202.11.2.1:/home/root  //202.11.2.1 为远程服务器
```

该方法的缺点是需要人工定期复制备份文件，而且需要事先通过电信运营商购买 VPS（Virtual Private Server，虚拟服务器）服务。

5.4 练习及实验

1．填空题

（1）Redis 数据库数据磁盘持久化分______和______两种。

（2）RDB 持久化数据又称______。

（3）AOF 持久化过程由于采用______方式，所以不会影响客户端的使用性能问题。

（4）当进行数据恢复时，______文件的数据恢复快，______文件的数据恢复慢。

（5）对于重要数据，应该考虑本地 RDB 文件和 AOF 文件的______备份要求。

2．判断题

（1）Redis 数据库不进行数据持久化，当发生故障时，将丢失数据。（　　）

（2）RDB 持久化就是在设定时间周期内把数据一次性保存到磁盘上。（　　）

（3）AOF 持久化通过追加方式把内存中新变化的数据存储到 AOF 文件里。（　　）

（4）RDB 持久化不会影响 Redis 数据库服务器服务客户端的响应性能。（　　）

（5）AOF 持久化在发生故障时，不会丢失数据。（　　）

3．实验题

分别把 Redis 数据库设置为 RDB 持久化、AOF 持久化和缓存方式，实验操作要求如下：

（1）用两种方式查看 redis.conf 参数内容，并说明所查看内容的区别（至少说明两点区别）。

（2）进入配置文件分别设置上述三种方式。

（3）设置完成后，需要让配置文件生效。

第 6 章

主从复制及分布式集群

当 Redis 数据库面对的数据需要进行安全备份、分担读写压力时，需要采用主从复制（Master-Slave Replication）方案加以解决；当 Redis 数据库面对的数据存储量超过一台物理计算机的最大内存存储支持，或需要读写分离时，需要采用分布式集群方案来解决。

扫一扫，看视频

6.1 主从复制原理

主从复制指将一台服务器里的 Redis 数据库实例数据复制到另一台或多台服务器的 Redis 数据库实例里，前者称为主节点（Master），后者称为从节点（Slave）。

Redis 数据库的主从复制是一种简单的多节点集群，主要用于数据热备、故障冗余、读写分离。

6.1.1 复制原理

图 6.1 所示是一种简单的一主二从三个节点的 Redis 数据库主从复制实现示意图，三个节点在生产环境下由三台服务器组成，每台服务器里安装并执行一个 Redis 实例。Master 是主节点，用户产生的数据写入主节点，主节点也可以承担用户读取数据的任务；Slave 是从节点，可以有多个，甚至每个从节点可以继续连接子从节点，主要从主节点复制数据到子节点本地，并且可以供用户读取。

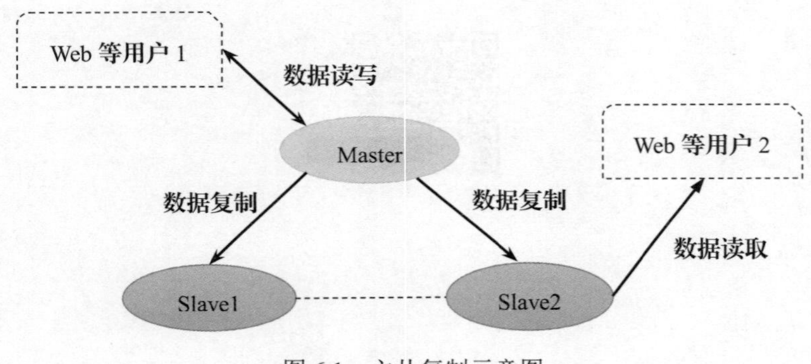

图 6.1 主从复制示意图

说明：

一主二从主从复制部署模式是 Redis 数据库官网默认的推荐模式。

1．复制版本控制

主节点与从节点之间的数据复制是通过对主节点、从节点记录的复制版本信息的对比进行的。

主节点会产生一个随机的 Replication ID，用于标识在主节点产生的给定的数据集，并根据该数据集数据量的变化，对应设置一个偏移量 offset；主节点根据偏移量记录的数据变化情况，向从节点发送变化的字节数据，由此保持主从节点数据的一致性。同时，从节点也记录对应的复制版本，并以每秒一次的频率向主节点发送 Replconf Ack<Replication_offset>命令，检测网络连接状态、与主节点进行数据复制对比。

Redis 数据库默认的主从数据复制是异步复制，其特点是低延迟和高性能。由于进程之间采用异步操作，在复制数据过程中并没有阻止从节点读取进程，存在主节点读取的数据与从节点读取的数据不一致的可能。该特点需要引起应用程序开发者的注意。

2. 主从复制的三种运行机制

（1）主节点主动复制数据给从节点。在主节点、从节点正常运行的情况下，主节点从用户那里接收插入数据后，对插入数据的偏移量进行标记更新，并把新变化数据复制更新到从节点，完成增量异步更新操作过程。

（2）断网后的从节点部分数据同步尝试。当从节点与主节点网络断开，又重新连接时，从节点会尝试部分数据重新同步复制请求。从节点主要通过自身复制版本记录与主节点的复制版本记录的对比进行断网后数据的补充恢复。

（3）从节点申请全量同步数据复制。当断网重新恢复申请部分数据同步失败后，从节点会请求主节点全量同步数据复制。该方式下，主节点开启一个后台保存进程，先对内存里的数据进行快照处理，把数据存储到磁盘上进行持久化处理，然后再把 RDB 文件转发给各个从节点。

该处理方式会导致 Redis 数据库服务器端产生进程独占问题，Redis 数据库优先把内存数据快照到磁盘上，对 Redis 数据库服务器的用户读写无法操作，会影响用户的使用体验；同时，该方式把大量数据一次性发送给各个从节点，也会产生从节点进程阻塞，影响对用户提供服务问题。

显然，从磁盘加载 RDB 文件，再把文件发给从节点，会受磁盘读写性能的影响。从 Redis 2.8.18 版本开始支持无磁盘复制的功能，直接从缓存把 RDB 文件发送给从节点，大幅提高了数据传输性能。

3. 主从复制的主要作用

（1）数据热备。对于主节点的数据，同步备份到从节点。保证了数据实时备份效果，提高了数据使用安全性。

（2）故障冗余。由于主从节点进行了数据同步热备。一旦主节点出现故障，从节点就通过选举自动升级为主节点。

这里的选举指在多个从节点存在的情况下，从节点之间通过哨兵（Sentinel）进行投票，选举一个节点升级为主节点。

（3）读写分离。在主从复制默认模式下，主节点主要承担数据写入任务；从节点默认承担对外提供数据只读服务。实现了当出现高并发现象时，读写分离、不同节点合理分担服务压力问题的解决。读写分离权限设置可以通过每个节点 Redis 数据库实例的配置文件的设置实现，详见 4.6.2 小节复制配置参数部分。

6.1.2 复制部署

如图 6.1 所示，实现一主二从三个节点的主从复制部署，其部署清单见表 6.1。

表 6.1　一主二从主从复制部署清单

序号	IP 地址:端口号	节点类型
1	127.0.0.1:6379	Master
2	127.0.0.1:6380	Slave1
3	127.0.0.1:6381	Slave2

（1）建立安装路径。建立三个子文件目录，包括一个主服务器目录和两个从服务器目录，分别用明显易懂的名称命名，命令如下：

```
$mkdir redis-6.2.6.master redis-6.2.6.slave-1 redis-6.2.6.slave-2 //建立三个子文件目录
```

（2）下载 Redis 安装包。在 Linux 环境下执行如下下载命令：

```
#wget http://download.redis.io/releases/redis-6.2.6.tar.gz
```

①解压缩安装包，命令如下：

```
#tar zxvf redis-6.2.6.tar.gz
#mv redis-6.2.6 redis-6.2.6.master
#tar zxvf redis-6.2.6.tar.gz
#mv redis-6.2.6 redis-6.2.6.slave-1
#tar zxvf redis-6.2.6.tar.gz
#mv redis-6.2.6 redis-6.2.6.slave-2
```

②执行 make 和 make test 命令。分别进入三个节点的 src 路径下，进行解压文件的编译，命令如下：

```
#cd redis-6.2.6.master/src
#make                                    //编译为可执行文件
#make test
```

③修改每个节点的配置文件。用 Vi 编辑器打开主节点的 redis.conf 文件，修改其配置参数，命令如下：

```
port 6379
pidfile /var/run/redis_6379.pid            //pid 文件存放路径，Windows 不支持该参数
#replicaof <masterip> <masterport>         //主节点无须设置该参数
logfile "/data/logs/redis.master.log"      //指定日志文件名及存放路径
daemonize yes                              //默认支持使用守护进程
```

在 Linux 环境下，Redis 最新版本默认支持守护进程（daemonize yes），所以需要提供守护进程相对应的 pid 文件支持，默认由 pidfile 参数进行设置。

- 用 Vi 编辑器打开从节点 Slave1 的 redis.conf，修改其配置参数，命令如下：

```
port 6380
pidfile /var/run/redis_6380.pid
replicaof 127.0.0.1 6379                   //设置数据复制主节点 IP 及端口号
logfile "/data/logs/redis.slave1.log"
daemonize yes
```

- 用 Vi 编辑器打开从节点 Slave2 的 redis.conf，修改其配置参数，命令如下：

```
port 6381
pidfile /var/run/redis_6381.pid
replicaof 127.0.0.1 6379              //设置数据复制主节点 IP 及端口号
logfile "/data/logs/redis.slave-6381.log"
daemonize yes
```

④启动主节点、从节点。进入主节点路径下，执行如下命令，启动主节点。

```
#./src/redis-server redis-6.2.6.master /redis.conf
#./src/redis-server redis-6.2.6.slave-1 /redis.conf
#./src/redis-server redis-6.2.6.slave-2 /redis.conf
```

然后，依次进入两个从节点路径下，执行上述类似命令，启动从节点。

⑤客户端连接测试。主从节点都启动成功后，用 Redis-cli 工具访问主节点。

```
#redis-cli -h 127.0.0.1 -p 6379
```

- 进入 Redis 数据库客户端界面后，测试主从复制部署情况，命令如下：

```
r>set r1 OK1
OK
```

- 打开另一个 Redis-cli 客户端，进入 Slave1 的从节点，命令如下：

```
#redis-cli -h 127.0.0.1 -p 6380
r>get r1
OK1
```

6.1.3 复制故障预防

在实际生产环境中，项目开发团队或系统运维团队必须考虑 Redis 数据库在运行过程中会产生的各种故障问题，并且在发生故障时能够提前做好预防措施，避免出现数据丢失等重大灾难问题。

1. 内存空间不足丢失数据

在生产环境中，由于内存空间不足，在 Redis 数据库支持持久化的前提下，Redis 数据库实例在运行过程中仍然存在数据持久化失败的可能。这时可以对 Linux 的/etc/sysctl.conf 配置文件进行设置，命令如下：

```
vm.overcommit_memory=1                //当内存不足时，仍然可以保证正常保存数据
```

⚠ 注意：

通过 Vi 编辑器设置 vm.overcommit_memory=1，保存并退出 Vi 编辑器后，需要在 Linux 系统中执行如下命令，使配置文件生效。

```
#sysctl -p
```

2. 防止全量数据丢失

主节点关闭持久化设置，并设置自动重启主节点是危险的，容易导致全量数据丢失。

例如，主节点 A 和从节点 B、从节点 C 建立了主从复制关系，当主节点 A 发生故障重启时，由于没有持久化文件为其提供数据恢复支持，导致重启后主节点 A 内的数据集是空的；当从节点 B、从节点 C 与主节点 A 恢复主从连接关系后，则会根据主节点 A 的复制版本重新更新从节点 B、从节点 C 的数据，导致从节点 B、从节点 C 的数据也跟着丢失。这样的结果在实际工作中是灾难性的，需要避免它。

预防措施一：不要重启主节点 A，或者在重启前手动执行 bgsave（或 save）命令，并把 RDB 文件复制到其他磁盘区域进行备份处理。

预防措施二：启动持久化功能，并在 sysctl.conf 配置文件中设置 vm.overcommit_memory=1。

说明：

Redis 4.0.0 版本开始推荐 RDB、AOF 都启用的混合持久化方式。

3. 优化“脑裂”问题[①]的产生

由于网络堵塞、主节点响应缓慢等特殊原因，在哨兵监控的情况下，有时哨兵会误判主节点失效，于是选举新的从节点为主节点，并对其他从节点进行数据同步复制（包括误判节点）操作。导致主从复制管理混乱，从而丢失数据，该现象称为“脑裂”问题。

要防止“脑裂”问题的发生，需要通过在主节点的配置文件中对如下两个参数进行优化设置（默认配置参数值见 4.6.2 小节）。

```
min-slaves-to-write 1
min-slaves-max-lag 10
```

当少于一个从节点或所有从节点的延迟（Lag）时间大于 10s 时，主节点将拒绝写入数据给从节点，并拒绝用户数据的写入。这里的延迟值指 Info Replication 命令（详见 4.2.3 小节）的 Lag 值。

4. 避免主节点只读问题

当主节点只有一个从节点，并且需要对从节点进行断网维护时，需要先在主节点中进行如下设置：

```
r>config set min-slaves-to-write 0
```

再进行从节点维护工作，否则主节点会进入只读状态，影响用户写入数据。

6.2 分布式集群原理

Redis 数据库设计之初是基于一台服务器的内存进行高速数据处理的，显然这个初始的设计目的限制了该数据库最大可处理数据量——最大的数据处理量不能超过一台服务器的可利用内存空间。例如，一台内存容量为 500GB 的服务器，操作系统、Redis、其他辅助进程占用了该内存 20%的容

① 朝歌（博客名），https://www.cnblogs.com/notably/p/11162253.html。

量，那么 Redis 数据库处理数据理论最大可用实际内存为 400GB，这在大数据（TB 级别及以上的）访问情况下，显然是个问题。另外，当一台 Redis 数据库服务器出现故障时，将引起单点故障[①]，这在生产环境下是不被允许的，希望业务系统存在可持续运行下的平滑故障处理。此外，分布式数据存放可以提供读写分离功能支持，这将进一步提高客户端的操作响应性能（详见 6.4 节），于是从 Redis 3.0.0 版本开始，引入了分布式集群（Cluster）处理技术。

6.2.1 Redis 数据库的集群概念

集群指多服务器的物理部署，也指配套的 Redis 数据库的软件分布式部署及运行功能。

（1）在生产环境下，物理部署必须遵循主从复制部署原理要求，也必须遵循分片存储原理要求。

（2）在 Redis 数据库软件功能上，主要实现以下技术功能。

①单服务器的内存容量受限，在 Redis 数据库中对应的解决技术方案为数据分片（分区）技术，把分片后的数据存储到不同的节点上。

②单服务器的单点故障解决方案主要为主从复制技术、哨兵技术。

③单服务器超负荷访问问题的解决方案是分布式读写分离技术。

说明：

（1）在实际生产环境下，数据库技术人员必须重视对业务数据量发展趋势的跟踪和预测，在数据访问量达到一定极限之前，要决定是否采用 Redis 数据库分布式技术。

（2）Redis 数据库集群不支持处理多 Key 对象的命令，如 MSet。因为不同 Key 的对象可能存放在不同的服务器上，这给数据一致性带来了问题，在高负荷情况下会导致不可预料的错误。

（3）Redis 数据库支持主从复制模型，这样在至少有一个 Master 和一个 Slave 的情况下，一台服务器出现故障，另外一台可以很快替代。

（4）Redis 数据库不能保证数据的强一致性，这意味着集群在特殊情况下可能会丢失数据。这也是该数据库系统在现有阶段，不建议用于高价值业务数据写处理的原因之一。

（5）Redis 数据库集群支持事务操作，集群只有 0 号数据库，不支持 Select 命令。

（6）Redis 数据库横向服务器扩展最多可以支持 1000 个。

图 6.2 所示为 Redis 数据库集群分布式处理示意图，带一主一从复制模式，并体现了分布式读写分离的特点（客户端 1、客户端 2、客户端 3 用于写入数据，客户端 4 用于读取数据）。

① 百度百科，单点故障，http://baike.baidu.com/item/单点故障?sefr=enterbtn。

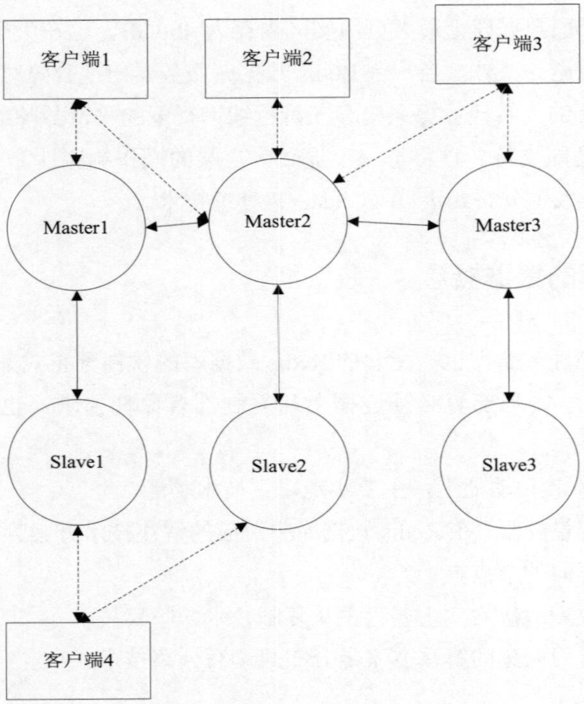

图 6.2 Redis 数据库集群分布式处理示意图

6.2.2 集群命令相关的术语

1. Hash Slot（哈希插槽）

通过 Hash 算法，可以解决 Redis 数据库分布式数据存储指定问题（Redis 数据分片）。当多台服务器组成了 Redis 数据库集群后，如何有序地把 Redis 数据库数据存储到指定的服务器的内存上是必须考虑的问题。Redis 数据库采用的是哈希插槽方法，如图 6.3 所示。Redis 数据库为集群提供了 16384 个哈希插槽，每个 Key（这里指 Redis 数据库数据存储对象，包括字符串、列表、集合、散列、有序集合）通过 CRC16 算法[①]校对后，通过取余数确定 16384 范围内的指定插槽（Slot＝CRC16(key) mod 16384)，然后把 Key 对象存放到对应范围的 Redis 数据库服务器上。在操作数据前，必须进行各个服务器节点上的 Redis 配置，确保指定插槽范围。

2. 节点（Node）

这里的节点是指服务器上运行的一个 Redis 数据库实例，Redis 数据库允许在一台计算机上运行多个数据库实例，但是在生产环境下一般是一台计算机运行一个 Redis 数据库实例。具体表示时一个节点用 IP:Port 表示，IP 指具体的服务器地址，Port 为指定的 Redis 数据库安装端口号。

① CRC 算法，http://www.redis.cn/topics/cluster-spec.html。

3. Gossip

Gossip 是 Redis 数据库的节点之间的通信协议。Redis 数据库为集群操作的消息通信单独开辟了一个 TCP 通道，用于交换二进制消息。

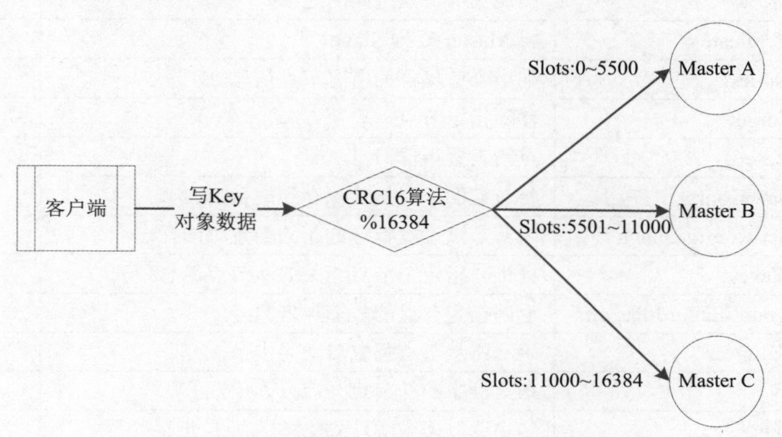

图 6.3　Redis 数据库中的哈希插槽方法示意图

（1）Ping/Pong：Redis 数据库集群的心跳，每个节点每秒随机 Ping 几个节点。节点的选择方法是，超过 cluster-node-timeout（节点互联超时参数，存放于节点服务器数据库的 node.conf 文件中，默认值为 15000ms）一半的时间还未 Ping 过或未收到 Pong 的节点，所以这个参数会影响集群内部的消息通信量。心跳除了包含节点自己的数据外，还包含一些其他节点（集群规模的 1/10）的数据，这也是“Gossip 流言”的含义。

（2）Meet/Pong：只有 Meet（详见 6.3 节 Cluster Meet 命令介绍）后的受信节点才能加入到上面的 Ping/Pong 通信中。

集群节点间相互通信使用了 Gossip 协议的 Push/Pull 方式，Ping 和 Pong 消息节点会把自己的详细信息和已经与自己完成握手的三个节点地址发送给对方，详细信息包括消息类型、集群当前的 Epoch（阶段，集群 Gossip 通信消息最新时钟状态版本号）、节点自己的 Epoch、节点复制偏移量、节点名称、节点数据分布表、节点 Master 的名称、节点地址、节点 Flag（节点所处的集群状态）。节点根据自己的 Epoch 和对方的 Epoch 来决定哪些数据需要更新，哪些数据需要告诉对方更新，然后根据对方发送的其他地址信息发现新节点的加入，从而和新节点完成握手。[①]

6.3　集群操作命令

Redis 数据库集群操作命令见表 6.2。

①Jack2013tong，《redis3.0 cluster 功能介绍》，http://blog.csdn.net/huwei2003/article/details/50973893。

表 6.2　集群操作命令

序号	命令名称	命令功能描述	执行时间复杂度
1	Cluster Info	获取 Redis 数据库集群相关的所有命令信息	$O(1)$
2	Cluster Meet	实现集群节点之间的通信	$O(1)$
3	Cluster Replicate	将 Master 改为 Slave	$O(1)$
4	Cluster Nodes	列出当前集群的所有节点信息	$O(n)$
5	Cluster Forget	移除指定节点	$O(1)$
6	Cluster Reset	重新设置集群节点	$O(n)$
7	Cluster SaveConfig	将节点的配置文件保存到磁盘上	$O(1)$
8	Cluster Set-Config-Epoch	为新节点设置特定的新的配置时间标志	$O(1)$
9	Cluster Slaves	提供与指定主节点相关的从节点信息列表	$O(1)$
10	Cluster Count-Failure-Reports	返回指定节点的故障报告数	$O(n)$
11	Cluster FailOver	手动将从节点强制启动为主节点	$O(1)$
12	ReadOnly	在集群中的从节点开启只读模式	$O(1)$
13	ReadWrite	禁止读取请求跳转到集群的从节点上	$O(1)$
14	Cluster AddSlots	把 Hash 插槽分配给接收命令的服务器节点	$O(n)$
15	Cluster SetSlot	设置指定节点的插槽信息	$O(1)$
16	Cluster GetKeysSinSlot	返回连接节点指定的 Hash Slot 中的 Key	$O(\log(n))$
17	Cluster DelSlots	删除当前节点的指定插槽	$O(n)$
18	Cluster Slots	返回插槽相关的节点信息	$O(n)$
19	Cluster KeySlot	计算 Key 应该被放置在哪个插槽中	$O(n)$
20	Cluster CountKeySinSlot	返回当前节点指定插槽中键的数量	$O(\log(n))$

1. Cluster Info 命令

作用：获取 Redis 数据库集群相关的所有命令信息。

语法：Cluster Info

参数说明：无。

返回值：以键值对形式返回集群相关的所有命令信息。

【例 6.1】Cluster Info 命令使用实例。

```
r>Cluster Info                       //前提是要安装集群运行环境，详见 6.4.1 小节
                                     //该命令在 127.0.0.1:8000 上操作
cluster_state:ok
cluster_slots_assigned:16384         //集群支持的最大插槽数
cluster_slots_ok:16384
cluster_slots_pfail:0
cluster_slots_fail:0
cluster_known_nodes:6                //6 个主从节点
cluster_size:3
cluster_current_epoch:8
```

```
cluster_my_epoch:4
cluster_stats_messages_sent:82753
cluster_stats_messages_received:82754
```

2．Cluster Meet 命令

作用：实现集群节点之间的通信。

语法：Cluster Meet ip port

参数说明：ip 为需要握手的目标服务器的 IP 地址，port 为目标服务器上的 Redis 数据库端口号（通过数据库配置文件进行配置）。

返回值：如果命令执行成功，返回 OK；如果参数设置无效，返回错误提示信息。

各台服务器上安装完 Redis 数据库，并且设置完每台服务器的配置文件后，各个节点之间还没有建立通信联系，需要通过 Cluster Meet 握手建立联系。这里假设刚刚安装并配置完 127.0.0.1:8000（Master 服务器）和 127.0.0.11:8010（Slave 服务器），它们之间需要建立通信联系，采用如下命令实现。

【例 6.2】Cluster Meet 命令使用实例。

```
Redis127.0.0.1:8000> Cluster Meet 127.0.0.11:8010
OK
```

在客户端 127.0.0.1:8000 上执行 Cluster Meet 命令连接目标 Redis 数据库 127.0.0.11:8010，连接成功后，这两个数据库节点便具备了互相通信能力。

3．Cluster Replicate 命令

使用：将 Master 改为 Slave。

语法：Cluster Replicate node-id

参数说明：node-id 指定需要修改角色的节点 ID，该 ID 可以通过 Cluster Nodes 命令预先获得。Redis 数据库集群服务器的角色要么为 Master（主服务器），要么为 Slave（从服务器），该命令实现把 Master 修改为 Slave。

返回值：如果角色修改成功，返回 OK；其他情况则返回错误提示信息。

【例 6.3】Cluster Replicate 命令使用实例。

假设 127.0.0.1:8000（默认安装为 Master 服务器）和 127.0.0.11:8010（默认安装为 Master 服务器）刚刚通过 Cluster Meet 命令建立了握手动作，这里需要把 127.0.0.11:8010 设置为从服务器，由下面命令来实现。

```
redis127.0.0.1:8000> Cluster Replicate 45baa2cb45435398ba5d559cdb574cfae4083893
OK
```

该序列号为节点 ID，可以通过 Cluster Nodes 获取

说明：

（1）该命令必须在指定的主节点客户端上执行，如果执行成功，该主节点就与其他从节点建立了主从关系。同时，该新增的从节点自动与该集群里的其他成员建立了关系。

例如，A 是主节点，B、C、D 都规划为 A 的从节点，那么 A 与 B、C、D 分别建立了主从角色关系后，B、C、D 之间就自动建立了关系（通过集群心跳功能）。

（2）该命令的设置结果保存于 Redis 数据库配置文件内。

4．Cluster Nodes 命令

作用：列出当前集群的所有节点信息。

语法：Cluster Nodes

参数说明：无。

返回值：返回集群配置节点详细信息。

【例 6.4】Cluster Nodes 命令使用实例。

```
//主节点信息
63162ed000db9d5309e622ec319a1dcb29a3304e 127.0.0.1:8000 master - 0
1442466371262 1 connected     //前面为主节点 ID，IP:port 后面为连接节点序列号
                              //从节点信息
45baa2cb45435398ba5d559cdb574cfae4083893 127.0.0.1:8010 Slave
63162ed000db9d5309e622ec319a1dcb29a3304e 0 1442466371262 1 connected
                              //前面为从节点 ID，IP:port 后面为主节点 ID 和连接节点序列号
```

5．Cluster Forget 命令

作用：移除指定节点。

语法：Cluster Forget node-id

参数说明：无。

返回值：如果节点移除成功，则返回 OK；其他情况则返回错误提示信息。

【例 6.5】Cluster Forget 命令使用实例。

```
r>Cluster Forget 5d9f14cec1f731b6477c1e1055cecd6eff3812d4 //这里假设 127.0.0.13:8012
OK
```

用该命令移除指定节点，实质上是在节点自带的节点列表（Node table）上禁用移除的节点。要移除指定节点，需满足以下条件：

（1）将指定节点（如 127.0.0.13:8012）的插槽转移，要确保指定移除的节点是空节点。

（2）在与该节点产生关系的其他节点执行 Cluster Forget 命令。

（3）若一个集群有 6 个节点，那么还需要通过 Cluster Forget 命令移除其他节点上的 Nodes table 中的信息，这要求在相关的其他节点上都执行一下上述代码（有点麻烦，要求一个一个地移除）。

为了在该命令执行期间防止要移除的节点被其他节点使用，每个节点执行完该命令后，在禁止列表中自动设置 1min 的到期时间，这样操作人员有足够的时间在 1min 内在所有相关节点上执行一下该命令。

（4）不能在自己的节点上执行移除自己的操作。

6．Cluster Reset 命令

作用：重新设置集群节点。

语法：Cluster Reset [Hard|Soft]

参数说明：Hard 选项表示强制重新设置节点的 ID，并设置配置文件中的 currentEpoch=0、configEpoch=0、lastVoteEpoch=0，也就是对 Redis 数据库保存到磁盘上的配置文件内容进行持久化

的更新；Soft 表示不更新磁盘上的上述内容，是该命令的默认选项。该命令除了重新配置节点集群设置外，还被广泛用于技术人员的集群设置测试。

返回值：如果集群重新设置成功，则返回 OK；反之返回错误提示信息。

【例 6.6】Cluster Reset 命令使用实例。

```
r>Cluster Reset Soft
OK
```

说明：

（1）如果被重置的节点上有数据对象（Key），则该命令不起作用，可以用 FlushAll 命令先把数据对象清除。

（2）如果执行该命令的节点是从节点，而且是空节点的情况，执行该命令后，该节点将变成为一个空的主节点。

7．Cluster SaveConfig 命令

作用：将节点的配置文件保存到磁盘上。

语法：Cluster SaveConfig

参数说明：无。

返回值：将运行在内存中的节点配置信息强制保存到磁盘上的 node.conf 中，操作成功，返回 OK；操作失败，返回错误提示信息。

该命令主要用于在 node.conf 文件因某些原因丢失或被删除的情况下重新生成配置信息。在执行本章的一些集群配置命令后，如果要持久保存到磁盘配置文件中，最好也要用该命令刷新一下（Redis 数据库另外提供了集群配置命令执行后的自动刷新机制）。

【例 6.7】Cluster SaveConfig 命令使用实例。

```
r>Cluster SaveConfig
OK
```

8．Cluster Set-Config-Epoch 命令

作用：为新节点设置特定的新的配置时间标志。

语法：Cluster Set-Config-Epoch config-epoch

参数说明：config-epoch 为当前节点指定的最新配置时间标志（整数），不同节点的配置时间标志不同。

返回值：设置成功，返回 OK；否则返回错误提示信息。

该命令只适用于以下情况：

（1）节点的节点列表为空，也就是刚刚安装了 Redis 数据库系统，还没有进行相关配置状态。

（2）当前节点配置时限为 0。

为节点设置配置时限主要是为每个节点数据库设置插槽范围，提供可操作时间。设置结果保存到 node.conf 文件中。

【例 6.8】Cluster Set-Config-Epoch 命令使用实例。

```
r>Cluster Set-Config-Epoch 1    //为当前节点设置最新配置时间标志，每个节点值必须唯一
OK
```

9. Cluster Slaves 命令

作用：提供与指定主节点相关的从节点信息列表。

语法：Cluster Slaves node-id

参数说明：node-id 为指定的主节点 ID。

返回值：如果该命令执行成功，返回指定主节点的从节点列表信息（返回内容的格式同 Cluster Nodes 命令的返回结果）；如果指定的 node-id 不是主节点或不是节点对象 ID，返回错误提示信息。

要执行该命令，必须保证 ID 是正确的，并且是 Master 数据库。这里选择了 127.0.0.1:8000 master 数据库（见 Cluster Nodes 命令的执行结果）。

【例 6.9】Cluster Slaves 命令使用实例。

```
r>Cluster Slaves 63162ed000db9d5309e622ec319a1dcb29a3304e
...
```

10. Cluster Count-Failure-Reports 命令

作用：返回指定节点的故障报告数。

语法：Cluster Count-Failure-Reports node-id

参数说明：node-id 为指定节点的 ID。

返回值：返回指定节点的故障报告数。该命令主要用于技术人员内部调试。

【例 6.10】Cluster Count-Failure-Reports 命令使用实例。

```
r>Cluster Count-Failure-Reports 63162ed000db9d5309e622ec319a1dcb29a3304e
(integer) 0
```


11. Cluster FailOver 命令

作用：手动将从节点强制启动为主节点。

语法：Cluster FailOver [Force|TakeOver]

参数说明：可选项 Force 如果被使用，从节点（从服务器数据库）不会与对应的主节点执行任何握手，这可能导致从节点无法访问对应的主节点（这在主节点无法使用时，比较有用）；可选项 TakeOver 实现了当进行从节点故障转移操作时，不与其他节点进行联系，该方式只适用于特定场景（在不同数据中心之间提供新的节点），平时慎用。

返回值：如果手动使故障转移成功，返回 OK；操作失败，返回错误提示信息。

该命令只能在从服务器数据库中执行。主要用于在一台主服务器出现故障后，把对应的一台从服务器升级为主服务器，并能保证数据的安全性和一致性。手动进行故障转移，更多的是技术人员实现对无故障的主服务器进行 Redis 数据库系统版本升级工作等采取的办法。

该命令在没有可选项的情况下，先要求对应的主服务器停止处理来自客户端的查询命令；然后，主服务器数据库把偏移量部分的数据复制到该从服务器（确保从服务器数据库数据与对应的主服务器数据库数据一致）；接着在从服务器数据库等复制行为结束后启动故障切换，把自己升级为主服务器，并获得新的配置时限，把执行结果广播给其他节点；最后旧主服务器数据库取消对客户端访问

限制，并把客户端访问重新定向到新的主服务器上。

【例 6.11】Cluster FailOver 命令使用实例。

```
r>Cluster FailOver                    //对当前的从数据库手动进行故障转移
OK
```

在 Redis 数据库服务器集群中，技术人员必须考虑主节点出故障的问题。当一台主节点服务器出故障时，希望从服务器马上能升级为对应的主服务器，履行主服务器的责任，而不对业务系统的使用产生影响。

Failover 由失败判定和 Leader 选举两部分组成，Redis 数据库服务器集群采用去中心化（Gossip 通信协议）的设计，每个节点通过发送 Ping（包括 Gossip 信息）/Pong 心跳的方式来探测对方节点的存活状态。如果心跳超时，则标记对方节点（假设为 B 节点）的状态为 PFail，即该节点认为对方节点可能失败了，有可能是网络闪断或者分区等其他原因导致通信失败。

但是要真正确定 B 节点是否出了故障，则需要集群中一半以上的 Master 认为 B 节点处于 PFail 状态，才正式将 B 节点标记为 Fail。这里由 Gossip 负责统计各个节点发过来的失败报告列表信息，当失败报告数量超过 Master 的一半以上时，就立即把 B 节点标记为 Fail，并通过消息广播给整个集群节点。

为了避免误报，在每个节点提交失败报告列表时，会加一个有效期（又叫时间窗口，默认为 30s，见 node.conf 文件中的 cluster-node-timeout 参数），用来保证在一定时限内，失败报告数量超过半数时，才可以标记为 Fail。Leader 选举用于当一台主服务器出故障时，通过其他 Master 的投票，自动决定将一台从服务器升级为新的主服务器，此处省略详细过程。从这里可知，Redis 数据库的故障转移可以分自动故障转移和手动故障转移两种方法。

12. ReadOnly 命令

作用：在集群中的从节点开启只读模式。

语法：ReadOnly

参数说明：无。

返回值：如果命令执行成功，返回 OK；否则返回错误提示信息。

在 Redis 数据库默认集群环境下，Slave 服务器不为客户端提供读服务，可以通过设置 ReadOnly 命令允许客户端直接读取指定 Slave 服务器数据库的读服务。该命令必须在指定 Slave 的客户端上执行。

【例 6.12】ReadOnly 命令使用实例。

```
Redis 127.0.0.1:8012>Readonly          //对指定的 IP:port 的从服务器设置只读命令
OK
```

13. ReadWrite 命令

作用：禁止读取请求跳转到集群的从节点上。

语法：ReadWrite

参数说明：无。

返回值：如果执行成功，返回 OK；其他情况则返回错误提示信息。

【例 6.13】ReadWrite 命令使用实例。

```
Redis 127.0.0.1:8012>ReadWrite        //取消 ReadOnly 设置，恢复 Slave 服务器默认状态
OK
```

14．Cluster AddSlots 命令

作用：把 Hash 插槽分配给接收命令的服务器节点。

语法：Cluster AddSlots slot [slot ...]

参数说明：slot 为需要新增加的插槽序号。

返回值：如果命令执行成功，返回 OK；否则返回错误提示信息。

在特殊情况下，需要为某节点数据库新增插槽，这时就要用到该命令。

【例 6.14】Cluster AddSlots 命令使用实例。

```
r>Cluster AddSlots 1 2 3              //1、2、3 都是新增的插槽序号，不能被其他节点使用
OK
```

说明：

（1）该命令只在当前的主节点上增加新的插槽序号，所以必须在指定节点上执行该命令。

（2）新增加的插槽序号必须在该集群范围内没有被任何节点使用过，否则该命令拒绝执行。

（3）同一个插槽序号不能被反复添加。

（4）该命令在执行时会产生附带问题，如果某节点的配置文件中已经存在 Importing 配置值，则该命令执行成功，并将该配置值清除。

15．Cluster SetSlot 命令

作用：设置指定节点的插槽信息。

语法：Cluster SetSlot slot Importing|Migrating|Stable|Node [node-id]

参数说明：slot 为指定的插槽序号，node-id 为目标节点 ID。该命令通过三种子命令的不同组合方式，实现插槽在不同节点（必须为 Master）之间的迁移。

（1）Importing 表示从 node-id 指定的节点中导入插槽到当前节点，并把当前节点配置文件中的插槽参数设置为导入状态。

（2）Migrating 表示将本节点的插槽迁移到 node-id 指定的节点中，并把当前节点设置为迁移状态。

（3）Stable 表示取消当前节点对插槽的导入或迁移状态设置。

（4）Node 表示将插槽迁移到 node_id 指定的节点，如果该插槽已经迁移到另一个节点，那么先让另一个节点删除该插槽，然后再进行迁移。

返回值：如果取消成功，则返回 OK；否则返回错误提示信息。

【例 6.15】Cluster SetSlot 命令使用实例。

该序列号为节点 ID，可以通过 Cluster Nodes 获取

```
r>Cluster SetSlot 1 Migrating 0d1f9c979684e0bffc8230c7bb6c7c0d37d8a5a9
OK
```

这里假设该命令是在 127.0.0.1:8000 上执行的，命令后的 node-id 为 127.0.0.1:8001（要求该节点为主节点）。执行成功，将 8000 节点上的插槽 1 迁移到了 8001 的节点上。

```
r>Cluster SetSlot 1 Importing 0d1f9c979684e0bffc8230c7bb6c7c0d37d8a5a9
OK                  //将节点 8001 的插槽 1 迁移回节点 8000
```

显然，Migrating 是移出插槽，Importing 是移入插槽，上述两个子命令执行完成后，状态将被自动清除，并把迁移结果信息广播给整个集群。但是需要注意的是，该命令仅迁移插槽序号，不迁移数据（迁移数据详见 6.4 节）。

```
r>Cluster SetSlot 1 Stable
OK                         //将节点 8000 的配置文件里的插槽迁移/导入状态进行清除
```

Stable 子命令主要用于当 Master 迁移/导入状态出现混乱时进行技术处理。

```
r>Cluster SetSlot 1 Node 8c8c363fed795d56b319640ca696e74fbbbd3c
OK
```

⚠ **注意：**

该命令不太适合单独执行，容易引起集群混乱，可以通过 Redis 数据库提供的集群配置工具来执行。

16．Cluster GetKeysSinSlot 命令

作用：返回连接节点指定的 Hash Slot 中的 Key。

语法：Cluster GetKeysSinSlot slot count

参数说明：slot 为当前主节点的指定插槽序号，count 为将要返回的插槽中的 Key 对象的列表。

返回值：返回指定插槽中的 Key 对象的列表；如果没有 Key 对象，则返回空列表。

【例 6.16】Cluster GetKeysSinSlot 命令使用实例。

```
r>Cluster GetKeysSinSlot 2 10              //假设在 8000 端口节点上有插槽 2
(nil)
```

17．Cluster DelSlots 命令

作用：删除当前节点的指定插槽。

语法：Cluster DelSlots slot [slot ...]

参数说明：slot 为当前主节点上的指定的插槽序号，允许多插槽指定。

返回值：如果指定插槽删除成功，则返回 OK；其他情况则返回错误提示信息。

【例 6.17】Cluster DelSlots 命令使用实例。

```
r>Cluster DelSlots 2 3                     //假设在 8000 端口节点上有插槽 2 和插槽 3
OK
```

⚠ **注意：**

（1）指定的插槽序号必须在当前节点上，否则会出错；一旦该命令执行成功，在删除对应的插槽的同时，也会删除插槽指向的 Key 对象，这在实际生产环境下非常危险，慎用。

（2）该命令执行后，可能会产生一些相关问题。例如，在特殊情况下，被删除插槽的节点会处于关闭状态，导致整个集群不可用。

（3）该命令主要用于技术测试。

18．Cluster Slots 命令

作用：返回插槽相关的节点信息。

语法：Cluster Slots

参数说明：无。

返回值：如果执行成功，则返回带 Ip/Port 映射的插槽范围列表。

【例 6.18】Cluster Slots 命令使用实例。

```
r>Cluster Slots                                 //在任何一台 Master 客户端执行
1)1) (Integer)0                                 //8000 节点开始插槽序号
  2)(Integer)5460                               //8000 节点结束插槽序号
   3)1) "127.0.0.1 "                            //Master IP
     2) (Integer)8000                           //Master Port 号
   4)1) "127.0.0.1 "                            //Slave IP
     2) (Integer)8010                           //Slave Port 号
2)1) (Integer)5461                              //第二个主节点相关列表信息开始，具体内容略
     ...
```

19．Cluster KeySlot 命令

作用：计算 Key 应该被放置在哪个插槽中。

语法：Cluster KeySlot key

参数说明：key 为指定的 Redis 数据库数据对象名，在当前节点必须存在。

返回值：返回指定 key 产生的哈希插槽序号（整数）。

该命令主要用于技术人员内部测试，直接业务系统代码调用慎用。

【例 6.19】Cluster KeySlot 命令使用实例。

```
r>Cluster KeySlot MyfirstSet {hash_tag}  //要确保 MyfirstSet 集群已经存在
(Integer)2100                            //产生一个插槽序号
```

20．Cluster CountKeySinSlot 命令

作用：返回当前节点指定插槽中键的数量。

语法：Cluster CountKeySinSlot slot

参数说明：slot 为当前节点指定插槽的序号。

返回值：返回指定插槽中的键的数量；如果插槽序号不合法，则返回错误提示信息。

【例 6.20】Cluster CountKeySinSlot 命令使用实例。

```
r>Cluster CountKeySinSlot 1
(integer)0                               //0 表示没有键对象，说明该插槽是空的
```

6.4 分布式集群环境的搭建和应用

在 6.3 节中，已经讲解了 Redis 数据库集群操作命令，并初步讲解了一些集群的概念。本节主要讲解如何一步一步地实现分布式集群环境的搭建和实际操作使用。

6.4.1 集群安装

如果读者面对的是高并发访问量的大网站（如天猫、京东、淘宝、亚马逊、易趣、当当、腾讯拍拍等[①]），可以考虑对 Redis 数据库进行集群分布式处理，目的很明确，通过更多的服务器加 Redis 数据库集群功能实现更好的高并发数据的处理和服务。这一节将实现模拟三个主节点、三个从节点的 Redis 数据库集群安装。

1. 准备工作

节点安装清单见表 6.3（为了方便读者测试，这里采用单机模拟。在实际生产环境中，修改 IP 地址即可）。

表 6.3　节点安装清单

节点类型	IP 地址:端口号	用　　途
Master1	127.0.0.1:8000	主节点 1，指定 IP:Port
Slave1	127.0.0.11:8010	从节点 1，指定 IP:Port
Master2	127.0.0.2:8001	主节点 2，指定 IP:Port
Slave2	127.0.0.12:8011	从节点 2，指定 IP:Port
Master3	127.0.0.3:8002	主节点 3，指定 IP:Port
Slave3	127.0.0.13:8012	从节点 3，指定 IP:Port

Redis 数据库官方网站建议构建 Redis 数据库集群的最小数量为 6 个节点，包括三个主节点和三个从节点。从节点用于复制备份主节点数据，当主节点出现故障时，从节点可以快速切换为主节点。另外，主从方式为读写分离式（见 6.1.2 小节读写分离）设计提供了技术支持。

2. 在 Linux 操作环境下安装集群

Redis 数据库提供了两种安装集群的方法：第一种是手动命令安装，第二种是采用集群安装工具（Redis-trib）进行安装。

手动安装过程的主要命令参考 6.3 节，安装过程参考 Redis 数据库官网提供的资料。由于手动安装比较烦琐，而且容易出错。这里采用集群安装工具方法来快速安装集群。

（1）下载、解压、编译、安装 Redis 数据库安装包，详细过程见 1.3.1 小节。

（2）将 redis-trib.rb 文件复制到/usr/local/bin/路径下，命令如下：

```
$cd src     //Redis 数据库安装路径，本书为/root/lamp/redis-6.2.6 下的子路径
$cp redis-trib.rb /usr/local/bin/
```

（3）在 Linux 操作系统中建立安装集群的子文件路径。

文件路径规划：在/root/software/下建立 redis_cluster 子路径，然后在该子路径下再建立 6 个节点安装路径，各个节点的子路径名用各自的端口号表示。

①/root/software/redis_cluster/8000：主节点 1 的安装路径。

②/root/software/redis_cluster/8001：主节点 2 的安装路径。

[①] 这些大网站平均每秒的访问量在几十人次到几千人次。

③/root/software/redis_cluster/8002：主节点 3 的安装路径。

④/root/software/redis_cluster/8010：从节点 1 的安装路径。

⑤/root/software/redis_cluster/8011：从节点 2 的安装路径。

⑥/root/software/redis_cluster/8012：从节点 3 的安装路径。

```
$cd /root/software/                   //切换到/root/software/路径
$mkdir redis_cluster                  //建立 redis_cluster 子路径
$cd redis_cluster
$mkdir 8000 8001 8002 8010 8011 8012 //建立 6 个子文件路径
```

（4）修改配置文件，并复制到指定的子路径下，命令如下：

```
$cd /usr/local/redis/etc/             //切换到 redis.conf 存放路径下
$vi redis.conf                        //要在 insert mode 下用 vi 命令修改
```

然后在 Vi 编辑器中修改如下配置文件：

```
port  8000                            //端口 8000、8001、8002、8010、8011、8012
bind 本机 ip                          //默认 IP 为 127.0.0.1，生产环境下必须改为实际服务器的 IP
daemonize    yes                      //启动 Redis 数据库后台守护进程
pidfile  /var/run/redis_8000.pid      //pidfile 文件对应 8000、8001、8002、8010、8011、8012
cluster-enabled  yes                  //开启集群，把注释“#”去掉
cluster-config-file nodes_8000.conf //集群节点的配置，配置文件首次启动自动生成 8000、8001、
                                      //8002、8010、8011、8012
cluster-node-timeout  15000           //集群节点互连超时设置，默认为 15s
appendonly  yes                       //开启 AOF 持久化
```

当上述文件修改完成后，一定要保存才能退出 Vi 编辑器，这样可以确保 redis.conf 参数被修改。然后把该文件复制到/root/software/redis_cluster/8000 路径下，命令如下：

```
$/usr/local/redis/etc/cp redis.conf/root/software/redis_cluster/8000
```

复制完成 8000 节点的配置文件后，继续用 Vi 编辑器修改 redis.conf 文件参数，然后再复制到下一个对应的节点文件路径下，直到 6 个节点的配置文件都复制完成。

（5）将 redis-server 可执行文件复制到 6 个节点的文件路径下，命令如下：

```
$/usr/local/redis/bin/cp redis-server/root/software/redis_cluster/8000
```

依次执行上述命令 6 次，确保已将 redis-server 都复制到了指定的节点文件路径下。

（6）启动所有节点，命令如下：

```
$cd /root/software/redis_cluster/8000
$redis-server ./redis.conf
$cd /root/software/redis_cluster/8001
$redis-server ./redis.conf
$cd /root/software/redis_cluster/8002
$redis-server ./redis.conf
$cd /root/software/redis_cluster/8010
$redis-server ./redis.conf
$cd /root/software/redis_cluster/8011
$redis-server ./redis.conf
```

```
$cd /root/software/redis_cluster/8012
$redis-server ./redis.conf
```

可以用 Linux 的 ps -ef|grep redis 命令查看 6 个节点是否启动成功。

（7）升级 ruby 并安装 gem。redis-trib.rb 工具是用 Ruby 语言开发完成的，所以要安装 Ruby 才能使用该工具。

从 Ruby 官方网站下载最新安装包 ruby-3.1.1.tar.gz（版本允许有差异），在 Linux 上进行解压、编译，然后执行如下安装命令：

```
$yum -y install ruby ruby-devel rubygems rpm-build
$gem install redis
```

（8）用 redis-trib.rb 命令创建集群，命令如下：

```
$redis-trib.rb create -replicas 1 127.0.0.1:8000 127.0.0.1:8001 127.0.0.1:8002
127.0.0.1:8010 127.0.0.1:8011 127.0.0.1:8012
                                   //replicas 1 表示一个主节点必须有一个从节点
```

redis-trib.rb 命令若执行成功，将会出现若干条提示信息，其中有一条是"Can I set the above configuration?(type 'Yes'to accept):"，输入 yes 即可。然后会显示一系列集群建立信息，其中关于自动生成的 Master 和 Slave 信息摘取如下：

```
M: 7556689b3dacc00ee31cb82bb4a3a0fcda39db75 127.0.0.1:8000
   slots:0-5460 (5461 slots) master
M: 29cc0b04ce1485f2d73d36c204530b38c69db463 127.0.0.1:8001
   slots:5461-10922 (5462 slots) master
M: 8c8c363fed795d56b319640ca696e74fbbbd3c77 127.0.0.1:8002
   slots:10923-16383 (5461 slots) master
S: 6ca5cc8273f06880f63ea8ef9ef0f26ee68677f8 127.0.0.1:8010
   replicates 7556689b3dacc00ee31cb82bb4a3a0fcda39db75
S: c47d9b24c51eea56723ebf40b5dd7bb627a0d92d 127.0.0.1:8011
   replicates 29cc0b04ce1485f2d73d36c204530b38c69db463
S: e16c5b58943ed11dda1a90e5cacb10f42f4fcc53 127.0.0.1:8012
   replicates 8c8c363fed795d56b319640ca696e74fbbbd3c77
```

上述信息包含了以下内容：

①M（Master）代表主节点。

②S（Slave）代表从节点。

③7556689b3dacc00ee31cb82bb4a3a0fcda39db 代表节点的唯一 ID。

④127.0.0.1:8000 代表节点指定的 IP、端口号。

⑤slots:0-5460 (5461 slots) master 代表指定主节点自动分配的插槽数及范围。

从节点 IP:Port 后面跟的是主节点 ID，这里一个从节点对应一个主节点。

显然，上述信息是通过 redis-trib.rb 命令自动生成的，避免了人工通过命令建立主从关系、分配插槽序号等操作。图 6.4 所示为已经建立完成的 6 个节点的 Redis 数据库集群连接示意图。

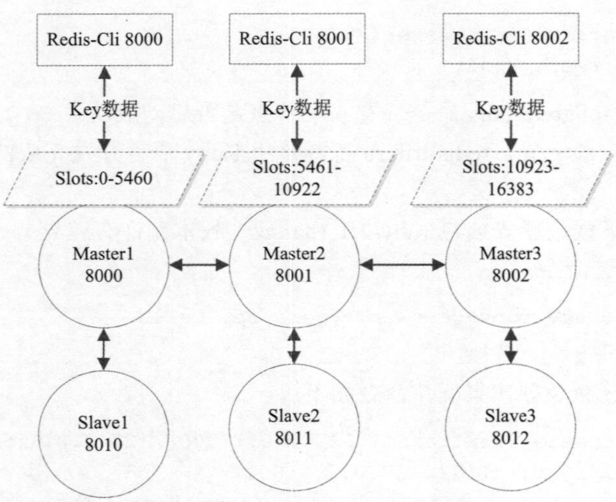

图 6.4　6 个节点的 Redis 数据库集群连接图

（9）测试集群。在集群安装完成后，就可以通过客户端来测试一下，看看集群是否可以正常使用，这里采用 Redis-cli 工具实现。

```
$ redis-cli -c -p 8000  //参数 c 为开启 redis cluster 模式，连接 redis cluster 节点时
                        //使用，在 Redis 集群中是必选项；p 参数为连接端口号
redis 127.0.0.1:8000> set BookName "《C 语言》"     //在节点 8000 上建立一个字符串
-> Redirected to slot [12182] located at 127.0.0.1:8001
OK                      //建立的 Key 对象通过插槽运算分配到节点 8001 的 12182 插槽中
redis 127.0.0.1:8001> set BookID 10010            //在节点 8001 上建立新的字符串对象
-> Redirected to slot [866] located at 127.0.0.1:8000
OK                      //通过插槽运算，保存到节点 8000  866 插槽指定的位置
redis 127.0.0.1:8000> get BookName          ,//在节点 8000 中查找 BookName 的值
-> Redirected to slot [12182] located at 127.0.0.1:8001
"《C 语言》"              //在节点 8001 的 12182 插槽中找到了 BookName 值
redis 127.0.0.1:8000> get BookID            //在节点 8000 中查找 BookID 的值
-> Redirected to slot [866] located at 127.0.0.1:8000
"10010"                 //在节点 8000 的 866 插槽中找到了 BookID 值
```

从上述的测试代码可以看出集群通过插槽实现了数据对象的合理分片存储，并在任何一个主节点都可以读取不同的已经存在的 Key 对象，初步验证了集群运行正常。

说明：

（1）每个 Redis 数据库集群节点需要打开两个 TCP 连接，一个通过配置文件设置，如 port=8000；另一个由 Redis 数据库集群内部总线（BUS）使用。在第一个端口基础上自动加 10000，如 18000，该端口技术人员不要去使用它，但要确保网络环境下这两类 TCP 端口都可用，这里需要考虑防火墙等对端口是否受限问题。

（2）集群安装的相关配置参数详见 4.6.2 小节的“集群配置参数”部分。

6.4.2 模拟节点故障

Redis 数据库集群建立起来后，在实际生产环境中就可以转入业务使用了。但是，对于数据库技术人员来说，避免不了的问题是，当集群运行过程发生节点故障时怎么处理？Redis 数据库自身将会产生哪些行为？及时发现故障，及时解决故障问题，对生产环境中的数据库使用非常重要。本小节通过模拟一个节点出现故障的情形来演示 Redis 数据库集群是如何反应的，以及技术人员应该如何处置。

（1）用 Linux 的 kill 命令强制终止节点 8002 运行，模拟该节点故障。

kill 命令在该处的使用格式为，kill -9 pid，pid 为要终止的进程 ID。需要先找出节点的进程 ID，命令如下：

```
$ ps -ef |grep redis //Linux 的 ps 命令为查看当前进程命令，通过 grep 命令过滤出 Redis 数据库进程
root      3521    1  0 21:41 ?        00:00:00 ../../src/redis-server *:8000[cluster]
root      3522    1  0 21:41 ?        00:00:00 ../../src/redis-server *:8001 [cluster]
root      3525    1  0 21:41 ?        00:00:00 ../../src/redis-server *:8002 [cluster]
root      3537    1  0 21:41 ?        00:00:00 ../../src/redis-server *:8010 [cluster]
root      3549    1  0 21:41 ?        00:00:00 ../../src/redis-server *:8011 [cluster]
root      3540    1  0 21:41 ?        00:00:00 ../../src/redis-server *:8012 [cluster]
$ kill -9 3525    // 3525 为节点 8002 的 Redis 数据库进程 ID
```

进程 ID

（2）用 Cluster Nodes 命令查看集群节点运行情况，命令如下：

```
$ redis-cli -c -p 8000
127.0.0.1:8000> Cluster Nodes
6ca5cc8273f06880f63ea8ef9ef0f26ee68677f8 127.0.0.1:8010@40004 slave
        7556689b3dacc00ee31cb82bb4a3a0fcda39db75 0 1473688179624 4 connected
c47d9b24c51eea56723ebf40b5dd7bb627a0d92d 127.0.0.1:8011@40005 slave
29cc0b04ce1485f2d73d36c204530b38c69db463 0 1473688179624 5 connected
8c8c363fed795d56b319640ca696e74fbbbd3c77 127.0.0.1:8002@40003 master,
                    fail - 1473688174327 1473688173499 3 disconnected
29cc0b04ce1485f2d73d36c204530b38c69db463 127.0.0.1:8001@40002 master - 0
                          1473688179624 2 connected 5461-10922
e16c5b58943ed11dda1a90e5cacb10f42f4fcc53 127.0.0.1:8012@40006 master - 0
                         1473688179624 7 connected 10923-16383
7556689b3dacc00ee31cb82bb4a3a0fcda39db75 127.0.0.1:8000@40001 myself,master - 0 0
                         1 connected 0-5460
```

8002 节点未启动，处于故障状态

8012 从节点自动升级为主节点

上述代码显示了在主节点 8002 出现故障的情况下，Redis 数据库集群自动通过选举产生了新的替代 8002 的新主节点 8012。而原先的节点 8012 是主节点 8002 的备份节点（从节点）。从这里可以看出集群的自我修复能力，以及对数据使用的可靠性、安全性的保障。故障节点自动切换后的集群连接图如图 6.5 所示。Redis 数据库集群可使用的最低要求为三个主节点，所以，本次故障自动切换后，集群整体仍旧可以用。

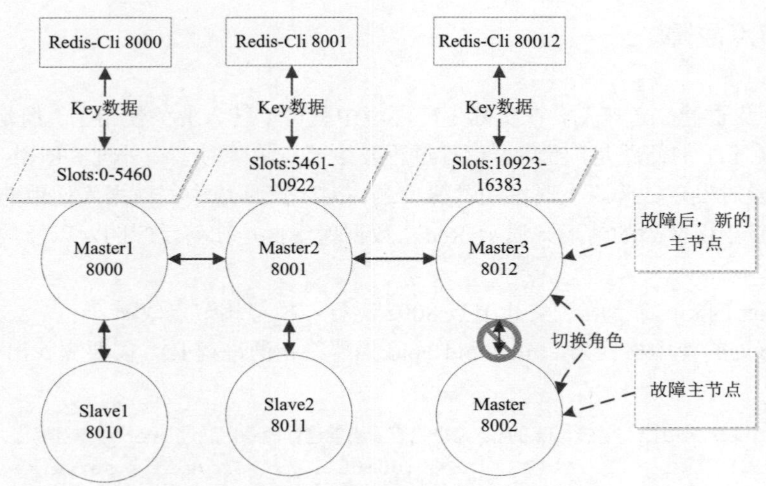

图 6.5 Redis 数据库集群故障自动切换后的连接图

Redis 数据库自动切换故障节点后，技术人员就可以对 8002 故障节点进行维修，这里出现故障的情况可能是服务器硬件损坏、网络线路断开、Redis 数据库崩溃等。

当技术人员完成故障排除，就可以恢复该节点了。当在实际生产环境中运行集群时，必须要考虑到在修复节点 8002 的过程中，节点 8012 已经接收了不少新的业务数据，在这样的情况下，把 8002 恢复为 8012 的从节点即可，命令如下：

```
$ ../../src/redis-server --port 8002 --cluster-enabled yes
--cluster-config-file nodes-8002.conf --cluster-node-timeout 15000 --appendonly yes
--appendfilename appendonly-8002.aof --dbfilename dump-8002.rdb
--logfile 8002.log --daemonize yes
```

这里可以用 Cluster Nodes 命令查看从节点 8002 是否自动分派到主节点 8012 中。如果没有启动自动分派从节点机制，可以手动为主节点 8012 指定一个从节点 8002，命令如下：

```
$ ./redis-trib.rb add-node --slave --master-id
e16c5b58943ed11dda1a90e5cacb10f42f4fcc53 127.0.0.1:8002
```

该 ID 为 8012 的 ID

6.4.3 加减节点

随着业务发展的需要，可能需要加减集群节点。本节在 6 个节点集群的基础上，演示增加一个主节点、一个从节点，再减少一个从节点的过程。

1. 增加一个主节点，端口号为 8003

按照 6.2.1 小节集群安装要求，先新建立一个节点 8003，并启动节点 8003 的数据库服务进程。然后用 redis-trib.rb 命令实现新主节点的添加，命令如下：

```
$ ./redis-trib.rb add-node 127.0.0.1:8003 127.0,0.0:8000
```

在 Redis-cli 环境下，用 Cluster Nodes 命令可以查找到节点 8003 已经被添加到集群之中，读者自行执行测试，其相关的显示内容如下：

```
f093c80dde814da99c5cf72a7dd01590792b783b :0 myself,master - 0 0 0 connected
```

通过显示内容，可以看出该新节点没有为其分配插槽范围，所以还是不能进行数据读写处理（该功能的实现详见下文的“迁移节点数据”）。另外，该新节点默认为主节点。

2．为主节点 8003 增加一个从节点

在增加主节点 8003 时，如果集群节点中有合适的从节点，集群会自动为该主节点分配一个从节点。但是，目前该集群中没有多余的从节点。因此先按照增加主节点 8003 的方式增加一个新从节点 8013，再启动该节点。然后，通过 redis-trib.rb 命令将从节点 8013 添加到主节点 8003 上。

```
$ ./redis-trib.rb add-node --slave --master-id
f093c80dde814da99c5cf72a7dd01590792b783b 127.0.0.1:8013 127.0.0.1:8000
```


然后通过 Cluster Nodes 命令可以查询到新增加的从节点信息。

3．移除一个节点

要移除集群中的一个节点，可以用 redis-trib.rb 相关命令实现。例如，要移除从节点 8013，命令如下：

```
$ ./redis-trib del-node 127.0.0.1:8000 3c3a0c74aae0b56170ccb03a76b60cfe7dc1912e
```


可以用 Cluster Nodes 命令检查执行结果，也可以用 redis-trib.rb 命令查看删除情况。

```
$./ redis-trib.rb info 127.0.0.1:8000  //可以在任意正常主节点上执行该命令
```

说明：

使用该命令也可以移除主节点，但是执行前要确保主节点为空节点，也就是所有的数据已被迁移，否则无法执行该命令。

4．迁移节点数据

用 redis-trib.rb 命令迁移数据的格式如下：

```
./redis-trib.rb reshard <host>:<port> --from <node-id> --to <node-id> --slots <arg>
--yes
```

参数说明：

（1）<host>:<port>表示集群任意一个主节点，格式为 IP:Port，用于获取集群信息。

（2）from <node-id>表示需要迁出数据（Slot 带数据）的主节点 ID，可以通过逗号分隔实现多主节点数据迁出。如果实现各个主节点数据均匀迁移到新节点，可以选用 from all 方式进行数据迁移（这样可以做到集群主节点之间 Slot 分布均匀）。

（3）to <node-id>表示需要迁入主节点的 ID。

（4）slots <arg>表示需要迁移的 Slot 数量，实际迁移前应该查看指定节点存在多少个插槽。可以用 redis-trib check <IP>:<Port>或 redis-trib info<IP>:<Port>命令查看。

（5）设置 yes 参数，可以在执行重分片（reshard）计划时，提示用户输入 yes 确认后再执行 reshard。

```
$./ redis-trib.rb reshard 127.0.0.1:8000 -from all to
        f093c80dde814da99c5cf72a7dd01590792b783b -slots 4000 --yes
```

上述命令实现了把三个主节点数据（4000 个 Slot 带数据）均匀迁移到了从节点 8003。

6.4.4 Redis 数据库读写分离

当一台 Redis 数据库服务器承受的读写能力访问达到极限时，就应该考虑建立 Redis 数据库分布式集群，让不同 Redis 数据库服务器承担读写操作，从而分流大访问量带来的负荷压力问题。

怎么判断一台 Redis 数据库读写访问已经达到极限了呢？在实际生产环境中，若发现业务系统响应迟缓，经过对单机的性能优化后，还没有解决问题，那就是读写访问的极限点出现了。另外，有预测性的监控及分析也非常重要，在高并发访问负载达到极限前，如果能提前预测出极限发展趋势，就可以提前计划 Redis 数据库集群读写分离的部署工作。

在 6.4.1 小节中已经建立了 6 个节点的 Redis 数据库集群（三个主节点和三个从节点），在此基础上通过简单配置及 IP 代理（Proxy），就可以实现真正意义上的读写分离。

1．主节点设置

Redis 数据库主节点默认是读写操作，要变为只写操作，需要在该节点的配置文件中设置如下参数（配置文件的配置方法见 4.6.1 小节）：

```
min-replicas-to-write 1 //在保证所有从节点（这里为1个）连接的情况下，主节点接收写请求，默认值为0
min-replicas-max-log 10 //从节点延迟时间，默认设置为10s
```

上述两个参数一起使用的意思为，当一个从节点连接并且延迟时间大于 10s 时，主节点不再接收外部的写请求，等待从节点数据主从同步。

⚠ 注意：

（1）在实际集群生产环境及读写分离的情况下，上述两个参数不能为 0，否则无法实现读写分离。

（2）为了进一步提高主节点的写性能，可以在配置文件中注销相关参数，关闭主节点的 RDB 和 AOF 持久化功能，在从节点开启持久化功能。

2．从节点设置

从节点默认提供只读操作，并在配置文件中开启持久化参数。

3．业务系统访问处理

在 Redis 数据库分布式读写分离的情况下，要保证客户端业务系统均衡访问不同的集群服务器，而且在某一台服务器停机的情况下，保证访问 IP 地址的自动切换，就会涉及 IP 访问代理问题。

说明：

（1）Redis 数据库集群更适合于高并发读访问，写操作远小于读的应用场景。

（2）关于 Redis 数据库的负载均衡 IP 代理，可以在网上查询 Nginx、HAProxy 等代理中间件的用法。

6.5 练习及实验

1. 填空题

（1）Redis 数据库的主从复制是一种简单的多节点集群，主要用于______、故障冗余、______。

（2）当需要存储的数据超过一台服务器内存最大可用空间时，应该选择______集群方式存储数据。

（3）Redis 数据库在分布式情况中通过______算法把数据分片到不同的主节点上。

（4）______表示 Redis 数据库集群的心跳，每个节点每秒随机 Ping 几个节点。

（5）为了均衡分布集群主节点的访问量，可以通过______IP 代理，实现为客户端软件的访问提供均衡支持。

2. 判断题

（1）Redis 数据库的主从复制可以是多个主节点对应多个从节点。（　）

（2）从节点默认为只读状态，可以通过配置文件设置成可以对外读写的状态。（　）

（3）配置了 RDB、AOF 混合持久化设置后，Redis 数据库就不会丢失数据了。（　）

（4）采用 Redis 数据库支持数据访问，主要利用其速度优势，由此可以用于大规模访问的财务数据的写处理。（　）

（5）分布式集群允许增减主节点、从节点。（　）

3. 实验题

根据 6.4.1 小节内容要求，自行实现三个主节点和三个从节点的分布式集群部署，并进行数据集测试，证明分布式集群部署成功。

（1）要写出部署过程。

（2）要给出测试成功界面。

（3）形成实验报告。

第7章

事务与 Lua 脚本

Reids 数据库有两种方式支持事务的功能，一种是自带的弱事务语句，一种是具有原子隔离的 Lua 脚本功能。

扫一扫，看视频

7.1 事　务

事务用于连续执行多条命令，从而实现同步执行的效果。

7.1.1 Redis 数据库事务特征

如果读者学过关系型数据库，那么会知道事务的 ACID 特性，简单介绍如下：

- A 代表原子性（atomicity），当多条命令一起执行时，将其看作一个整体，要么全部执行完成，要么全部不完成。
- C 代表数据操作的一致性（consistency），对于需要通过多条命令编辑的数据，在命令执行前、后，数据变化状态要符合实际要求。例如，销售产品，先需要在商品存货表里减掉 1 条记录，再在销售明细表里加上 1 条记录，这样保持前后数量的一致，而不能出现前面减了 1 条记录，后面没有加上 1 条记录的问题发生。
- I 代表隔离性（isolation），可以保证多条命令在处理指定数据时，不受其他命令的交叉执行干扰，保证数据执行结果的正确性。
- D 代表持久性（durability），事务执行结束后，对数据的修改进行永久性保存，即使系统发生故障也不会丢失。这里的永久性就是安全地存储于磁盘。

如果没有学过关系型数据库，那么对上述 ACID 事务特性的描述可能会一知半解。没关系，下面对 Redis 数据库事务所能达到的功能特征进行一下详细描述。

Redis 数据库所提供的事务只能实现以下两个重要保证。

（1）隔离性。事务中的所有命令都会序列化、按顺序排队执行；在执行过程中不会被其他客户端发过来的命令请求打断。

（2）原子性。所有被执行的命令要么都被执行，要么全部都不执行（而且是在执行命令没有错误的前提下；在执行过程中发生服务器故障，则不会取消全部动作，只能说提供了部分原子性）。

一致性、持久性则无法得到保证，这也是 Redis 数据库不能用于涉及资金处理数据应用的一个重要原因。

对于一致性，当 Redis 数据库事务里的多条命令陆续进入队列排队时，Redis 数据库会检查命令进入队列是否正确，若正确，则后续通过事务的执行命令正式执行；若在进入队列时报错，则终止所有命令的执行；若在正式执行命令过程中发生报错问题，则对的命令执行，错的命令给出出错提示，这意味着有些命令被执行，有些没有被执行，出现了不一致性问题。

对于持久性，Redis 数据库必须开启持久化功能才具备对事务持久性的支持。但是，Redis 数据库本身的持久化功能也存在数据丢失的问题。例如，AOF 在发生宕机等故障时，存在内存最后 10s（具体要根据更新频次的配置参数而定）的数据无法更新到磁盘文件里的问题，所以，Redis 数据库事务无法保证事务的持久性。

从上述描述可以知道，Redis 数据库事务是一种弱事务（BASE[①]），只能满足多条命令的部分执行功能要求；而 ACID 是强事务，要保证数据的绝对可靠、安全。

7.1.2　事务命令及执行流程

Redis 数据库的基本事务操作命令见表 7.1。

表 7.1　基本事务操作命令

序号	命令名称	命令功能描述	执行时间复杂度
1	Multi	标记一个事务块的开始	$O(1)$
2	Exec	执行所有事务块内的命令	事务块内所有命令的时间复杂度的总和
3	Discard	取消事务	$O(1)$
4	Watch	监视一个或多个 Key	$O(1)$
5	UnWatch	取消 Watch 命令对所有 Key 的监视	$O(1)$

Redis 数据库事务基本处理流程如图 7.1 所示。

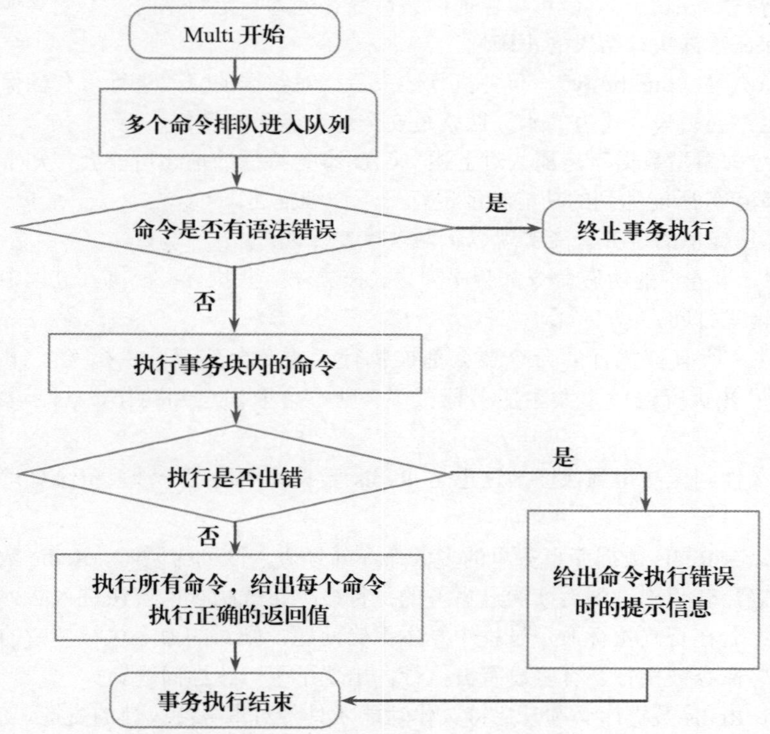

图 7.1　Redis 数据库事务基本处理流程

① BASE 是 basically available（基本可用）、soft state（软状态）和 eventually consistent（最终一致性）三个短语的缩写。

图 7.1 由 Multi 标记事务的开始，紧跟其后的是各种 Redis 数据库数据处理命令，数据处理命令进入有序排队状态，在排队过程中若没有语法、参数等错误，则返回 QUEUED，正式执行事务过程；若排队过程有语法、参数等错误，则所有的数据处理命令终止执行，给出错误提示信息，结束事务。

然后进入 Exec 命令执行过程，若在命令执行过程中没有发生网络、系统等故障，所有命令正常执行完成，给出命令正常执行的返回结果，事务执行结束；若执行过程发生故障，则仍旧执行所有命令，对于出错的命令给出错误提示信息，正常的命令给出正确执行结果，最后事务执行结束。

7.1.3 事务命令及实现

下面介绍 Redis 数据库事务命令的具体使用方法。

1. Multi 命令

作用：标记一个事务块的开始。

语法：Multi

参数说明：无。

返回值：总是返回 OK。

该命令必须与 Exec 命令配合使用，使用方法见例 7.1。

2. Exec 命令

作用：执行所有事务块内的命令。

语法：Exec

参数说明：无。

返回值：当事务块内所有的命令都被执行时，返回所有命令执行的返回值；若事务被中断，则返回 nil。

【例 7.1】(Multi) Exec 命令使用实例。

通过事务连续对 10 进行 3 次减 1 的操作。

```
r>Multi
OK
r>Set count 10
QUEUED
r>Decr count
QUEUED
r>Decr count
QUEUED
r>Decr count
QUEUED
r>Exec
OK
9
8
7
```

4 条命令连续有序排队

3．Discard 命令

作用：取消事务。

语法：Discard

参数说明：无。

返回值：总是返回 OK。

取消事务，放弃执行事务块内的所有命令。如果正在使用 Watch 命令监视某个（或某些）Key，那么取消所有监视，等同于执行命令 UnWatch。

【例 7.2】Discard 命令使用实例。

```
r>Discard
OK
```

4．Watch 命令

作用：监视一个或多个 Key。

语法：Watch key [key ...]

参数说明：监视一个（或多个）key，如果在事务执行之前，这个（或这些）key 被其他命令改动，那么事务将被打断。该命令配合 Multi、Exec 命令使用。

返回值：总是返回 OK。

【例 7.3】Watch 命令使用实例。

```
r>Watch w1 w2               //先启动监视
OK
r>Set w2 0
OK
r>Multi
OK
r>Set w1  "One "
QUEUED
r>Incr w2                   //在执行 Exec 前，假设 w1 的值被改变了
QUEUED
r>Exec
(nil)                       //Watch 命令会监测到 w1 被改变，然后终止该事务的执行，事务返回 nil
```

说明：

（1）Exec 命令执行后，Watch 命令的作用自动取消。

（2）通过 Watch 命令监视键是否被修改，保证在同一时刻只被同一个事务修改；避免多个客户同时访问同一个键的值而产生冲突的问题。这种排他性解决多客户竞争的方法称为乐观锁（check-and-set，CAS）。

5．UnWatch 命令

作用：取消 Watch 命令对所有 Key 的监视。

语法：UnWatch

参数说明：无。

返回值：总是返回 OK。

【例 7.4】UnWatch 命令使用实例。

```
r>Set w3  "Cat"
r>Watch w3
OK
r>UnWatch                    //取消对 w3 的监视
OK
```

说明：

Discard 在取消事务的同时，也会取消对 Key 的监视。

7.1.4 执行过程故障处理

Redis 数据库事务在执行过程中出现的故障分为 Exec 命令执行前和 Exec 命令执行后两个阶段。

【例 7.5】（Multi）Exec 执行前终止事务实例。

在执行 Exec 命令前发现进入队列的命令的语法出错，终止事务执行，命令如下：

```
r>Multi
OK
r>Set age 18
QUEUED
r>Appends age 20
ERR unknown command 'appends', with args beginning with: 'age', '20',
r>Exec
EXECABORT Transaction discarded because of previous errors.
```

注意：

若使用 Multi 开启事务状态，在后续没有用 Exec 或 Discard 命令结束事务的情况下，继续执行第二个 Multi，将给出错误提示信息：ERR MULTI calls can not be nested。

【例 7.6】（Multi）Exec 命令执行后出现故障实例。

在事务开始后，所有的命令都正常进入有序排队状态，当执行 Exec 命令后发生故障时的执行情况如下：

```
r>Multi
OK
r>Set num1 10          //创建一个字符串
QUEUED
r>SAdd num1 10         //用集合添加元素 10 到字符串 num1 对象上（执行时将出错）
QUEUED
r>Exec                 //Exec 命令执行
OK                     //创建字符串 num1 对象成功
WRONGTYPE Operation against a key holding the wrong kind of value  //SAdd 命令执行出错
```

7.2 Lua 脚本

Lua 是小巧的脚本语言，在安装 Redis 数据库时，已经内嵌其中，可以在 Redis 数据库客户端直接调用执行，主要利用其原子性快速执行相关数据的处理功能。

7.2.1 Lua 脚本概述

Redis 数据库自身没有类似于关系型数据库的存储过程功能，不过 Redis 数据库设计者很聪明，直接把世界上最优秀的嵌入式脚本语言 Lua 内嵌到了 Redis 数据库系统中，使 Redis 数据库具备了在数据库服务器端运行带逻辑运算代码的功能。这样做的优势很明显，下面进行具体讲解。

1. 减少网络开销

在交互模式下，相关代码从客户端传到服务器端执行命令，需要产生额外的通信带宽消耗，同时会产生通信时间延迟的问题，而把部分特殊代码直接放到服务器端执行，则可以解决因交互而产生的额外的网络开销问题。换句话说，可以大幅提高应用系统的响应性能，这在高并发的应用环境下，对用户来说是个好消息，因为他们可以更好地体验系统的优质服务。

2. 原子性操作

Lua 脚本在服务器端执行时，将采用排他性行为，也就是在脚本代码执行时，其他命令或脚本无法在同一个服务器端执行（除了极个别命令外）。同时，命令实现要么都被执行，要么都被放弃，具有完整的执行原子性。

⚠ **注意：**

Lua 脚本的原子性特点也会产生一些额外的问题，需要引起读者注意：

（1）不要把执行速度慢的代码纳入 Lua 脚本，否则将严重影响客户端的使用性能。

（2）要确保 Lua 脚本编写正确，尤其是不能出现无限循环这样的低级错误。

（3）建议不要滥用 Lua 脚本功能，把最需要的任务交给它来处理，如利用它的原子性特点来处理高价值的数据修改一致性，在游戏软件里利用该功能实现核心算法代码的灵活更新等。另外，Lua 脚本条数不应太多，应该是非常简单的、轻量级的代码内容。

3. 服务器端快速代码替换

对于一些经常需要变换业务规则或算法的代码而言，可以考虑放到服务器端交给 Lua 脚本来统一执行。

因为 Lua 脚本第一次被执行后，将一直保存在服务器端的脚本缓存中，可以供其他客户端持续调用，效率高，占用内存少。当需要改变 Lua 脚本时，只需要更新内存中的执行脚本内容，无须修改业务系统的原始代码。这样做的好处是，在代码更新过程中几乎不会对客户端产生操作影响，同时方便了技术人员对业务规则或算法的灵活更新。用过关系型数据库存储过程的技术人员应该能够迅速体会到这样做的好处。

Redis 数据库官网建议 Lua 脚本仅仅用于传递参数和对 Redis 数据库数据进行处理，不应该尝试访问外部系统或执行任何系统调用。

Lua 脚本的详细语法的用法可以参考官网相关内容，或者参考相关书籍。

最新的 Lua 命令见表 7.2。

表 7.2 Lua 命令

序号	命令名称	命令功能描述	执行时间复杂度
1	Eval	执行 Lua 脚本	略
2	Evalsha	根据缓存码执行 Lua 脚本	略
3	Script Debug	开启脚本调试模式	略
4	Script Exists	查看指定脚本是否已经被保存在脚本缓存中	略
5	Script Flush	从 Lua 脚本缓存中移除所有脚本	略
6	Script Kill	杀死当前正在运行的 Lua 脚本	略
7	Script Load	将 Lua 脚本添加到脚本缓存中，但并不立即执行该脚本	略

7.2.2 Eval 和 Evalsha 命令

Redis 数据库在安装时已经内嵌安装了 Lua 脚本解释器，可以直接在 Redis-cli 工具中执行脚本命令。

1. Eval 命令

作用：执行 Lua 脚本。

语法：Eval script numkeys key [key ...] arg [arg ...]

参数说明：script 表示 Lua 脚本语言程序，用双引号开始和结束；numkeys 表示键名（key）参数的个数；键名参数 key[key ...]可以把值通过脚本的全局数组 KEYS[1]、KEYS[2]依次传入脚本；附加参数 arg[arg ...]可以把值通过脚本的全局数组 ARGV[1]、ARGV[2]依次传入脚本。该命令的键名参数、附加参数可以实现 Redis 数据库变量值与 Lua 脚本之间的值传递，为脚本计算提供便利。

返回值：返回 Lua 数组。

【例 7.7】Eval 命令使用实例。

```
r>Eval "return {KEYS[1],KEYS[2],ARGV[1],ARGV[2]}" 2 name age  "TomCat" 18
name
age
TomCat
18
```

上述代码通过 Eval 命令执行了其后的带引号的 Lua 脚本，该脚本通过 KEYS[1]、KEYS[2]键名数组接收传递过来的 name、age 两个值，通过 ARGV[1]、ARGV[2]附加数组接收传递过来的 TomCat、18 两个值，最后通过 return 语句把 4 个数组值返回到 Redis 数据库调用客户端。

在 Lua 脚本中调用 Redis 数据库命令，可以通过 redis.call()或 redis.pcall()函数来实现。它们的唯一区别是，当返回错误提示信息时，redis.call()函数将返回给调用者一条详细的错误提示信息，而 redis.pcall()函数将返回 Lua 表形式的错误提示信息。

【例 7.8】在 Lua 脚本中调用 Redis 数据库命令使用实例。

```
r>Eval "return redis.call('set','f1','cat')" 0
OK
r>Get f1
cat
r>Eval "return redis.call('set','foo','bar','12')" 0 //Set 命令多了一个参数，将出错
ERR Error running script (call to f_02c0f2db55e81fd31f360045b34aca34cfaafdb5):
@user_script:1: ERR syntax error
r>Eval "return redis.pcall('set','foo','bar','12')" 0 //Set 命令多了一个参数，将出错
ERR syntax error
```

⚠ **注意：**

虽然例 7.8 中使用键的方式可以被执行，但是违反了 Eval 命令的语义约定要求，其要求在脚本中使用所有键，都需要通过 KEYS[]数组来传递。合规的命令如下：

```
r>Eval "return redis.call('set',KEYS[1],'cat')" 1 f1
```

2. Evalsha 命令

作用：根据缓存码执行 Lua 脚本。

语法：Eval sha1 numkeys key [key ...] arg [arg ...]

参数说明：sha1 是指根据 SHA1 算法生成的需要执行的脚本对应的缓存码，该命令主要通过缓存码指向需要执行的脚本代码，脚本代码的缓存码由 Script Load 命令生成，这是 Evalsha 命令与 Eval 命令的主要区别，其他使用方法一样。

返回值：返回 Lua 数组。

【例 7.9】Evalsha 命令使用实例。

```
r> Script Load "return 'I am a Cat!'"          //载入 Lua 脚本代码
3fd00d13b066417d644c81e68e2cc9928399179a
r>Evalsha 3fd00d13b066417d644c81e68e2cc9928399179a 0
I am a Cat!
```

在用 Eval 命令执行 Lua 脚本时，都会发送一次脚本代码（从 Web 调用开始到 Redis 数据库服务器之间的通信），这会导致增加网络流量带宽的开销，同时 Lua 明文脚本存在让黑客劫持的安全风险，为了减少这方面的问题，Redis 数据库推出了 Evalsha 命令。

说明：

（1）SHA1 算法是一种加密算法，根据明文内容生成一个 20 字节的双字节散列值，通过散列值在互联网上进行数据交互，避免数据传输过程被黑客攻击。2005 年，密码分析发现了对 SHA1 的有效攻击方法，说明该算法不够安全，不能继续使用了，目前建议用 SHA2、SHA3 来替代 SHA1。

（2）当缓存码指向的脚本不存在时，Evalsha 命令会给出错误提示信息“NOSCRIPT No matching script. Please use EVAL.”。

7.2.3 数据转换

当 Lua 脚本通过 redis.call()、redis.pcall()函数执行 Redis 数据库命令时，Redis 数据库命令的返回值会被转换为 Lua 数据结构；反之，当 Lua 脚本在 Redis 数据库内置解释器里运行时，Lua 脚本的返回值也会被转换成 Redis 数据库协议的格式，然后由 Eval 将值返回给客户端。

数据类型之间的转换遵循一一对应的转换关系。例如，将一个 Redis 值转换成 Lua 值，然后再将该 Lua 值转换回 Redis 值，最终的 Redis 值应该与最初的 Redis 值一样。具体数据转换关系见表 7.3。

表 7.3 Redis 值和 Lua 值之间的数据类型转换关系

转换方向	转换前数据类型	转换后数据类型
Redis 值转换到 Lua 值	Redis 整数	Lua 数字
	Redis 批量回复	Lua 字符串
	Redis 多批量回复	Lua 表，表内可以有其他 Redis 数据类型
	Redis 状态回复	Lua 表，表内的 OK 域包含了状态信息
	Redis 错误回复	Lua 表，表内的 err 域包含了错误信息
	Redis 的 nil 回复和 nil 多条回复	Lua 的布尔值 false
Lua 值转换到 Redis 值	Lua 数字	Redis 整数
	Lua 字符串	Redis 批量回复
	Lua 表	Redis 多批量回复
	Lua 带 OK 域的表	Redis 状态回复
	Lua 带 err 域的表	Redis 错误回复
	Lua 的布尔值 false	Redis 的 nil 批量回复

另外，Lua 的布尔值 true 会转换为 Redis 的回复值 1。

在 Lua 脚本中，整数和浮点数之间没有区别，如果需要把 Lua 的数字转换为浮点数，应该将它作为字符串进行使用，否则返回的只是整数部分。

【例 7.10】Lua 值与 Redis 值之间数据类型转换使用实例。

```
r>Eval "return 10" 0
10
r>Eval "return {'a',100,{'99.228',1.9}}" 0
a
100
99.228
1
```

7.2.4 脚本缓存

对于在内存中运行过的 Lua 脚本，Redis 数据库服务器端会把它长期保存在脚本缓存中（从内存中开辟出来的一个存储区域），这意味着在第一次用 Eval 命令执行一个脚本代码后，后续可以让

Evalsha 连续执行，以加快执行速度。Redis 数据库为脚本缓存提供了表 7.2 所列的命令（Script 开头），下面介绍其使用方法。

1．Script Load 命令

作用：将 Lua 脚本添加到脚本缓存中，但并不立即执行该脚本。

语法：Script Load script

参数说明：script 指需要添加到脚本缓存中的脚本代码。

返回值：返回给定脚本的 SHA1 校验缓存码。

【例 7.11】Script Load 命令使用实例。

```
r>Script Load "return redis.call('set','foo','bar','12')"
02c0f2db55e81fd31f360045b34aca34cfaafdb5
```

说明：

（1）Eval 命令也会将它添加到脚本缓存中，并立即执行脚本代码，这是与 Script Load 命令的主要区别。

（2）如果 Script Load 命令载入的脚本代码已经存在，并且没有变化，就不执行载入动作。

2．Script Exists 命令

作用：查看指定脚本是否已经被保存在脚本缓存中。

语法：Script Exists script [script ...]

参数说明：script [script ...]为指定需要检查的脚本 SHA1 缓存码，可以同时指定多个。

返回值：如果脚本存在，则返回 1；不存在则返回 0。检查多个脚本时返回多个检查结果。

【例 7.12】Script Exists 命令使用实例。

```
r>Script Load "return redis.call('set','foo','bar','12')"
02c0f2db55e81fd31f360045b34aca34cfaafdb5
r>Script Exists 02c0f2db55e81fd31f360045b34aca34cfaafdb5
1
```

3．Script Kill 命令

作用：杀死当前正在运行的 Lua 脚本，当且仅当这个脚本没有执行过任何写操作。

语法：Script Kill

参数说明：无。

返回值：如果杀死当前运行脚本成功，则返回 OK；如果当前没有运行脚本，则返回 NOTBUSY No scripts in execution right now.；如果当前脚本执行过写操作，则不执行该命令（这种情况下，若要停止当前脚本运行，只能使用 Shutdown NoSave 命令通过停止整个 Redis 数据库进程来停止脚本的执行）。

【例 7.13】Script Kill 命令使用实例。

```
r>Script Load "return redis.call('set','foo','bar')"
2fa2b029f72572e803ff55a09b1282699aecae6a
```

```
r>Script Exists 2fa2b029f72572e803ff55a09b1282699aecae6a
1
r>Script Kill
NOTBUSY No scripts in execution right now.
r>Evalsha 2fa2b029f72572e803ff55a09b1282699aecae6a 0
OK
r>Script Kill   //在上一条命令快速执行完脚本的情况下，当前没有正在执行的脚本
NOTBUSY No scripts in execution right now.
```

4．Script Flush 命令

作用：从 Lua 脚本缓存中移除所有脚本。

语法：Script Flush

参数说明：无。

返回值：返回 OK。

【例 7.14】Script Flush 命令使用实例。

```
r>Script Flush
OK
```

7.2.5 脚本最大执行时间

默认情况下，Lua 脚本在内存中的最大执行时间限制为 5s。一般情况下，正常运行的 Lua 脚本通常可以在零点几秒之内完成，无须花太多时间，这个最大执行时间限制主要是为了防止因编程错误而造成的无限循环而设置的。

脚本最大执行时间可以通过 redis.conf 文件中的 lua-time-limit 参数来设置（单位为毫秒）。该参数可以通过进入 redis.conf 文件进行修改（需要重启 Redis 服务器进程），也可以通过 Config Get 命令得到现有设置情况，用 Config Set 命令进行修改。

【例 7.15】脚本最大执行时间设置使用实例。

```
r>Config Get lua-time-limit
lua-time-limit
5000                                          //默认为5000ms=5s
r>Config Set lua-time-limit 6000              //设置为6000ms
OK
```

当一个脚本到达最大执行时间后，它并不会自动被 Redis 数据库进程结束，因为 Redis 数据库必须保证脚本执行的原子性，而中途强制停止脚本的运行可能会造成数据集中的数据不一致等问题的发生。

但是，脚本运行超时后，Redis 数据库进程会做以下两件事情。

（1）日志记录一个脚本正在超时运行。

（2）开始重新接收其他客户端的命令请求，但仅 Script Kill 和 Shutdown NoSave 两个命令会被处理。对于其他命令的请求，Redis 数据库服务器端仅返回 Busy 错误提示信息。

说明：

当写入 Redis 数据库中的数据量超过内存最大限制存储量时，会发生进程锁死，导致大量超时现象的发生。如果 Lua 脚本执行时间过长，会导致整个 Redis 数据库进程不可用。

7.2.6 使用脚本记录日志

在 Lua 脚本中，可以通过调用 redis.log 函数来记录 Redis 数据库的日志（log），其语法如下：

```
redis.log(loglevel,message)
```

参数说明：

（1）loglevel 参数值可以是以下 4 种之一。

①redis.LOG_DEBUG，记录很详细的信息，适合在开发和测试阶段使用。

②redis.LOG_VERBOSE，记录比 DEBUG 稍微精练一些的信息，在开发和测试阶段使用。

③redis.LOG_NOTICE，适用于实际生产模式使用。

④redis.LOG_WARNING，仅记录非常重要、非常关键的警告信息。

（2）message 值记录写入日志的内容，为字符串型。

【例 7.16】redis.log 函数使用实例。

```
r>Eval "return redis.log(redis.LOG_WARNING, 'Something is wrong with this script.')" 0
```

说明：

默认在安装了 Redis 数据库的情况下，在配置文件 redis.conf 中不会设置日志文件的存放地址，也就是不存在日志文件。如果要把日志信息记录到日志文件中，则需要在 redis.conf 中对 logfile 参数进行设置，如 logfile/usr/local/var/log/redis.log，还可以指定其他路径。

7.2.7 Lua 实现案例

Redis 数据库系统已经内嵌了 Lua 脚本运行环境，可以直接在客户端提交相关的 Lua 脚本命令。这里通过 Lua 脚本来实现指定客户端 IP 地址用户对两个字符串值的同步修改。

```
-- 体现 Lua 的原子性、快速性、代码可替换性
--
local key1= KEYS[1]                //字符串 1
local key2= KEYS[2]                //字符串 2
local Amount= tonumber(ARGV[1])

local is_exists1 = redis.call("EXISTS", key1)
local is_exists2 = redis.call("EXISTS", key2)

if is_exists1 == 1 and is_exists2== 1 then     //要确保传入的 key1、key2 对象都存在
    redis.call("DecrBy", key1, Amount)         //减指定数量
    redis.call("Set", key2, Amount)            //设置指定数量
```

在 Redis 数据库环境下，Lua 脚本不允许用全局变量，所以必须限制为 local 变量

Lua 脚本中使用 call 或 pcall 函数来调用 Redis 数据库命令

```
    return 0
else
    return 1
end
```

上述 Lua 脚本，在 Redis 数据库服务器的内存上要么执行成功，要么都不执行，体现了其原子性。该特性比 Redis 数据库本身提供的事务功能要可靠得多。执行上述 Lua 脚本的方式有两种：一种是直接在 Redis-cli 客户端上执行 Eval 命令；另一种是在 Java 代码中调用该脚本（事先在 Java 调用代码项目中将上述脚本存入 script.lua 文件中），命令如下：

```
 private boolean AtomicityOperator (String ip, int amount, Jedis connection)
throws IOException {
    jedis.set( "Key1 ",10);
    List<String> key1 = jedis.get( "Key1 ");
    List<String> key2 = jedis.set( "Key2 ",0);

    return 1 == (long) connection.eval(loadScriptString("script.lua"),2, key1,key2, argv);
 }

 private String loadScriptString(String fileName) throws IOException {
    Reader reader = new

InputStreamReader(Client.class.getClassLoader().getResourceAsStream(fileName));
    return CharStreams.toString(reader);
 }
```

用 Eval 调用 script.lua 脚本

7.2.8 Lua 脚本调试

Lua 本身是一种编程语言，在 Lua 脚本编写日趋复杂后，应该考虑专业调试功能。基于 Redis 数据库环境下的 Lua 脚本调试可以分为命令方式调试、可视化工具调试两种。

1. 命令方式调试

从 Redis 3.2.0 版本开始，其包含了一个完整的 Lua 调试器，用于复杂 Lua 脚本的调试，调试环境为 Redis-cli 工具。

【例 7.17】调试使用示例。

（1）在指定目录下建立测试用脚本，命令如下：

```
# vi /tmp/script.lua
```

在其内输入以下 Lua 脚本：

```
if redis.call('set', KEYS[1],ARGV[1],'nx','px',"+ EXPIRE +") then return 1 else
return 0 end
```

（2）启动测试环境，进入调试模式，命令如下：

```
# redis-cli --ldb --eval /tmp/script.lua
```

```
Lua debugging session started, please use:
quit    -- End the session.
Restart  -- Restart the script in debug mode again.
help    -- Show Lua script debugging commands.

* Stopped at 1, stop reason = step over
-> 1   if redis.call('set',KEYS[1],ARGV[1],'nx','px',"+ EXPIRE +") then return 1
else return 0 end
lua debugger>                         Lua 脚本调试提示符
```

上述提示信息内容的解释如下：

①输入 quit 命令后，会退出调试模式，并退出 Redis-cli 工具。

②输入 Restart 命令后，会重新加载调试脚本。

③help 用于显示 Lua 脚本调试命令信息。

```
lua debugger> help
Redis Lua debugger help:
[h]elp             Show this help.
[s]tep             Run current line and stop again.       //单步执行，运行当前行代码
[n]ext             Alias for step.                        //step 的别名命令，作用等价
[c]continue        Run till next breakpoint.              //运行到下一个代码断点处
[l]list            List source code around current line.//展示当前行的源代码
[l]list [line]     List source code around [line].        //展示指定行的源代码
                   line = 0 means: current position.      //line 用于指定行序号值
[l]list [line] [ctx] In this form [ctx] specifies how many lines   //展示指定范围行的源代码
                   to show before/after [line].
[w]hole            List all source code. Alias for 'list 1 1000000'.//展示所有源代码
[p]rint            Show all the local variables.               //输出所有变量值
[p]rint <var>      Show the value of the specified variable.//输出指定变量值
                   Can also show global vars KEYS and ARGV.
[b]reak            Show all breakpoints.                       //展示所有断点
[b]reak <line>     Add a breakpoint to the specified line.     //在指定行添加一个断点
[b]reak -<line>    Remove breakpoint from the specified line. //移除一个指定行的断点
[b]reak 0          Remove all breakpoints.                     //移除所有断点
[t]race            Show a backtrace.                           //查看当前执行栈
[e]eval <code>     Execute some Lua code (in a different callframe).   //独立栈中执行代码
[r]edis <cmd>      Execute a Redis command.                    //执行一条 Redis 命令
[m]axlen [len]     Trim logged Redis replies and Lua var dumps to len.  //设置日志记录长度
                   Specifying zero as <len> means unlimited.//设置为 0 则不限制
[a]bort            Stop the execution of the script. In sync//停止脚本执行
              mode dataset changes will be retained.       //在 sync 模式下写入的数据将被保留
```

（3）用 step 命令一步一步地执行脚本代码，查看是否有错误。用 restart 命令重新加载该 Lua 脚本，然后用 step 命令执行一次、运行一行进行测试，其执行一次的结果如下：

```
lua debugger> step
<error> Lua redis() command arguments must be strings or integers
```

```
 (error) ERR Error running script (call to
f_1081232a0b9a1f2c4f820b75338dd04cedf557bf): @user_script:1: @user_script: 1:
Lua redis() command arguments must be strings or integers

 (Lua debugging session ended -- dataset changes rolled back)
```

出错提示，用 Redis 数据库加载该脚本时未提供脚本配套参数值

最后一行提示告诉代码调试结束，如果碰到对数据集的数据有改动的情况，则全部回滚，恢复调试前的状态。

说明：

基于 Redis 数据库的 Lua 脚本调试工作建议在开发环境中进行，不建议在实际生产环境中测试，主要是为了避免测试所带来的不确定因素，影响生产环境中 Redis 数据库的正常运行。

2. 可视化工具调试

也可以考虑采用可视化工具进行调试。比较有名的 Lua 脚本调试工具 zbstudio 支持在 Windows、macOS、Linux 中的安装和使用。该工具简单易用、运行时占用的内存资源很小，支持游戏与手机端应用开发，支持在 OpenResty/Nginx、Redis、Torch7、Wireshark、GSL-shell、Adobe Lightroom、Lapis、Moonscript 等方面嵌入应用。

7.2.9 分布式锁

在 Redis 数据库采用分布式部署的情况下，在面对秒杀、积分扣除、抢红包、定时任务执行等应用场景时，必须考虑在某一时刻只能让一个进程或线程进行正确的数据读写操作，以便在高并发环境下保持数据操作的正确性。由于是分布式环境，单机本地锁无法使用，于是提出了分布式锁（Redlock）的功能概念。

1. 分布式锁设计要求

为了保证分布式锁的可用性，至少要同时满足以下要求。

（1）互斥性，在任何时刻，只有一个客户端持有分布式锁，对其他客户进程或线程采取排他性。

（2）死锁解决机制，当服务器出现宕机等特殊情况，导致分布式锁无法释放时，就会出现死锁问题，可以通过设置超时时间解决问题。

（3）保证加锁和解锁的一致性。

2. 利用 Lua 脚本和 Setnx 命令实现分布式锁功能

（1）加锁，使用 Setnx 命令，语法是 Setnx key value px，其中 key 参数表示锁 ID 标识，value 参数表示分布式环境下待处理的数据，px 参数表示超时时间（ms）。

（2）解锁，通过锁 ID 确认是当前锁持有者，才允许解锁。

通过 Lua 脚本保证 Get 命令、Del 命令执行的原子性操作。

①关于 Redis 下的加锁、解锁的实现思路的命令如下：

```
r>setex lockID 10 1000        //lockID 在没有其他客户创建的情况下，设置数量成功，加锁
```

```
OK
r>get lockID                  //当前客户获取 lockID 值成功，说明没有被其他客户覆盖
1000
r>del lockID                  //返回 1 代表能删除，即解锁成功
1
```

在上述命令的执行过程中，要求输入速度快，都需要在 10s 内完成，否则受 10s 超时限制，后续操作结果体现不出分布式锁要实现的效果。

②用 Lua 脚本实现分布式锁效果。

加锁命令（lock.lua 脚本文件）如下：

```
Local key=KEYS[1]
Local num=ARGV[1]
Local times=tonumber(ARGV[2])
Local lock=redis.call('setex',key,times,num)
If lock==1 then
redis.call("DecrBy", key,1)
redis.call('get',key)
Return lock
```

解锁命令（unlock.lua 脚本文件）如下：

```
if redis.call('get', KEYS[1]) == ARGV[1]
then
    return redis.call('del', KEYS[1])
else
    return 0
end
```

测试命令如下：

```
r>redis-cli eval lock.lua money1 10 100  //假设要求在 10s 内抢完 100 个红包
r>redis-cli eval unlock.lua money1 99    //99 个解锁
```

3．现有的开源分布式锁库

目前，第三方提供了大量的分布式锁库，如 Redlock-rb（Ruby 版）、Redlock-py（Python 版）、Aioredlock（Asyncio Python 版）、Redlock-php（PHP 版）、PHPRedisMutex（further PHP 版）、cheprasov/php-redis-lock（PHP library for locks）、Redsync.go（Go 版）、Redisson（Java 版）、Redis-DistLock（Perl 版）、Redlock-cpp（C++版）、Redlock-cs（C#/.NET 版）、RedLock.net（C#/.NET 版）、ScarletLock（C#/.NET 版 node-redlock（NodeJS 版），详见 http://www.redis.cn/topics/distlock.html。

7.3 管　道

为了提高客户端与服务器端之间的多命令的执行效率，Redis 数据库引入了管道（Pipelining）技术。通过管道技术原理的分析，读者可以体会到使用管道技术所带来的好处——命令执行效率大幅提升。最后通过一个代码实例，演示了管道技术的应用。

7.3.1 管道技术原理

Redis 数据库从客户端到服务器端传输命令，采用请求—响应的 TCP 通信协议。例如，一个命令从客户端发出查询请求，往往采用阻塞方式监听 Socket 接口，直到服务器端返回执行结果信号，一个命令的执行时间周期才结束，这个时间周期称为 RTT（Round Trip Time，往返时间），其实现原理如图 7.2 所示。

客户端在 t1 时刻通过 Socket 连接服务器端 Socket，并发送命令给服务器端，服务器端 Redis 数据库执行该命令，并把命令执行结果返回给客户端，最后在 t2 时刻关闭 Socket 连接。t2-t1 的时间差就是一条简单命令的 RTT。如果网络通道比较拥堵，或者命令在服务器端执行过程比较长，那么会拉长 RTT 的时间周期，加上该命令执行方式的阻塞效应，会影响客户端软件的响应效率，从而影响用户的使用体验。

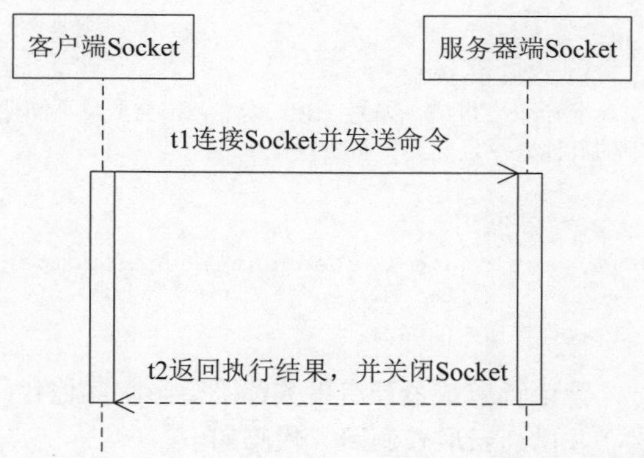

图 7.2　在 TCP 协议下一条简单命令的执行过程

例如，一条命令的 RTT 延长到 200ms，那么 10 条连续的命令将消耗 2000ms，这将制约客户端与服务器端的快速处理命令的条数，也会影响到用户的使用体验。于是出现了管道技术，其基本原理是，先批量发送命令，而不是一条一条地返回执行命令，等服务器端接收所有命令后，在服务器端一起执行，最后把执行结果一次性发送回客户端。这样可以减少命令的返回次数，并减少阻塞时间。管道技术被证明了可以大幅提高命令的执行效率。事实上该技术已经发明了几十年，并被广泛使用，Redis 数据库支持管道技术。

7.3.2 利用管道进行批量测试案例

本小节分别采用 Python、Ruby、Java 编程语言调用 Redis 数据库的管道命令，实现批量测试。

1. 基于 Python

在各种语言版本的 Redis 数据库中都有管道功能，这里以 Python 版作为示例，当使用 Python 给 Redis 数据库发送命令时会经历下面的步骤：首先客户端发送请求，获取 Socket，阻塞等待返回；其次服务器端执行命令并将结果返回给客户端。

当执行的命令较多时，这样一来一回的网络传输所消耗的时间为 RTT。显然，如果可以将这些命令作为一个请求一次性发送给服务器端，并一次性将结果返回客户端，会减少很多网络传输的消耗，可以大大提升响应时间。就像发快递一样，一次性将发往同一地址的多个快递放在一个大包裹中发出，可以大大节约时间。

管道的使用很简单。在管道中可以选择是否开启事务，默认是开启的，这里的事务与 Redis 数据库事务一样，都是弱事务性质，而不是真正的事务，Python 版代码如下：

```
import redis
con_pool=redis.ConnectionPool(host='threecoolcat',port=6379,password='666666',
decode_responses=True)
con= redis.Redis(connection_pool=con_pool)     #创建连接池并获取连接
pipe=con1.pipeline(transaction=True)           #创建管道，可以选择开启或关闭事务
#在管道中添加命令
pipe.set('id','1001')
pipe.set('name', 'zhangsan')
pipe.set('company', 'threecoolcat')
#pipe.get('addr')    #此命令会报错，因为 addr 为 Hash 类型，不能使用 get 命令，此时无论是开启
事务还是关闭事务，管道中的其他命令依然会正常执行

#也可以用下面的语法将多个命令拼接到一起
#pipe.set('id','1001').set('name','zhangsan').set('company','threecoolcat')

pipe.execute()        #执行管道中的脚本
```

当管道中有命令报错时，无论管道是否开启事务都不会影响其他代码的执行。在管道中可以一次性获取多条命令的返回值，并以列表形式返回，代码如下：

```
pipe.get('id').get('name').get('company')
res = pipe.execute()
print(res)
['1001', 'zhangsan', 'threecoolcat']
```

2. 基于 Ruby

在接下来的测试中，使用 Redis 数据库的 Ruby 客户端，Ruby 支持管道技术特性，下面将测试管道技术对速度的提升效果，代码如下：

```
require 'rubygems'
require 'redis'
def time_res(descr)                                  #定义 time_res 函数用于计算时间
start = Time.now                                     #程序运行到此处的时间节点
yield
puts "#{descr} #{Time.now-start} seconds"            #当前时间减去开始时间即为总时长
end
def without_pipeline                                 #定义未使用管道时 ping 的时长
r = Redis.new
10000.times {
    r.ping
```

```
}
end
def with_pipeline                          #定义使用管道时 ping 的时长
r = Redis.new
r.pipelined {
    10000.times {
        r.ping
    }
}
end
time_res("without pipeline") {            #输出未通过管道花费的时长
    without_pipeline
}
time_res("with pipeline") {               #输出通过管道花费的时长
    with_pipeline
}
```

通过处于局域网中执行这个简单脚本的数据表明，在开启了管道操作后，往返延时已经被改善得相当低了。

```
without pipelining 1.185238 seconds
with pipelining 0.250783 seconds
```

如上面的时间显示，开启管道后，速度提升了 5 倍。

3. 基于 Java

在接下来的测试中，使用 Redis 数据库的 Java 模式，下面将测试普通模式与管道模式的效率。测试方法是向 Redis 数据库中插入 10000 组数据，代码如下：

```
public static void PipeLineAndNormal_test(Jedis jedis)
            throws InterruptedException {
        Logger logger = Logger.getLogger("javasoft");
        long start = System.currentTimeMillis();
        for (int i = 0; i < 10000; i++) {
            jedis.set(String.valueOf(i), String.valueOf(i));
        }
        long end = System.currentTimeMillis();
        logger.info("the jedis total time is:" + (end - start));

        Pipeline pipe = jedis.pipelined();          //先创建一个 pipe 的链接对象
        long start_pipe = System.currentTimeMillis();
        for (int i = 0; i < 10000; i++) {
            pipe.set(String.valueOf(i), String.valueOf(i));
        }
        pipe.sync();                                // 获取所有的 response
        long end_pipe = System.currentTimeMillis();
        logger.info("the pipe total time is:" + (end_pipe - start_pipe));
    }
```

运行结果如下：

```
the jedis total time is:948
the pipe total time is:37
```

从上述代码以及运行结果中可以明显地看到管道技术在“批量处理”方面的优势。

7.4 练习及实验

1．填空题

（1）Redis 数据库有两种方式支持事务的功能：一种是自带的弱事务语句，另一种是具有原子隔离的______功能。

（2）Redis 数据库事务是一种弱事务______，只能满足多命令的部分执行功能要求，而______是强事务，要保证数据的绝对可靠、安全。

（3）Redis 数据库的弱事务命令______用于标记一个事务块的开始。

（4）Redis 数据库事务在 Exec 命令执行开始前，发现命令队列存在参数等语法错误，会______事务的执行。

（5）Lua 是小巧的脚本语言，在安装 Redis 数据库时已经内嵌其中，可以在 Redis 数据库客户端直接调用执行，主要利用其______快速执行相关数据的处理功能。

2．判断题

（1）对于银行日常支付操作，为了加快读写速度，可以利用 Redis 数据库的弱事务进行处理。（ ）

（2）对于短时秒杀、抢红包等业务可以通过 Lua+数据集操作命令进行解决。（ ）

（3）Redis 数据库事务在 Exec 命令执行开始时，不回滚命令。（ ）

（4）Lua 脚本在服务器端执行时，将采用排他性行为。（ ）

（5）在 Redis 数据库中增加对 Lua 脚本的最大执行时间限制，主要是为了防止因编程出错而造成的无限循环而设置的。（ ）

3．实验题

用 Lua 脚本编写一个分布式锁，要求加锁、解锁分开实现，并提供测试结果。

第 8 章 缓存

Redis 数据库可以持续地在内存中运行，并且运行速度、响应速度比一般基于磁盘存储的数据库系统快得多，这一特点对开发人员来说是一个极大的诱惑。开发人员将它作为临时数据缓存（Caching）使用，以提高数据读写速度。

扫一扫，看视频

8.1 缓存原理及基本应用

Redis 数据库设计之初，就是基于内存缓存数据的；然后发展了基于磁盘层的持久性功能。Redis 6.0.0 版本实现了客户端缓存的直接支持，从而使此模式更易实现、更易访问、更可靠、更高效。

8.1.1 缓存原理

缓存应用和内存数据库使用的区别：缓存应用不持久化数据，只是把部分基于磁盘访问的、客户端会高并发访问的数据从磁盘数据库（如 MySQL）读到 Redis 缓存数据库中，通过缓存数据库让用户快速访问。

用 Redis 数据库进行数据的缓存，有利于减少对基于硬盘的数据库的访问，提供更快的访问速度，其主要设计原理如图 8.1 所示。对于 Web 应用程序中需要高并发访问的热点数据，事先从磁盘数据库读入 Redis 数据库缓存，然后当用户访问 Web 时，Web 先从 Redis 数据库缓存读数据，读取成功后，通过 Web 高速返回给用户，实现了缓存支持高并发快速读取的设计目的。

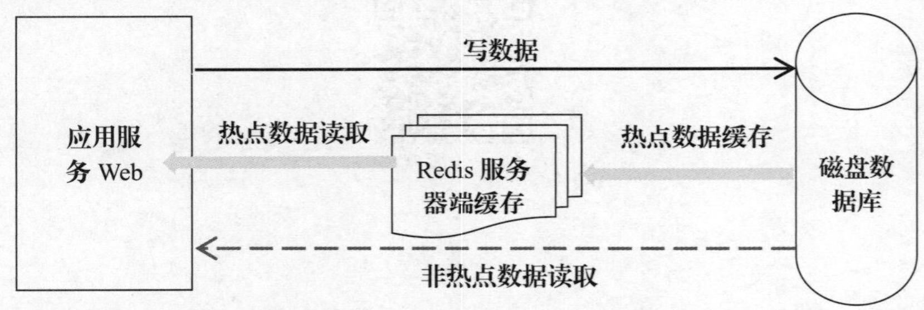

图 8.1 Redis 数据库缓存设计原理

对于 Web 新产生的数据，直接将其写入磁盘数据库系统，这需要考虑 Redis 数据库缓存数据同步刷新的问题。具体解决方法见 8.2.2 小节。

对于非热点数据，基于磁盘的数据库支持 Web 读能力。

对于更高并发读取访问应用场景需求，进一步提出了客户端缓存的实现方法。

8.1.2 客户端缓存原理

客户端缓存（Client Side Caching）是指在应用服务 Web 端开辟一级数据缓存，以在本地读取数据，从而进一步提升访问速度。在图 8.1 的基础上进行完善，如图 8.2 所示。应用服务 Web 内部开启进程缓存，接收二级缓存发送的数据，存储于本地，以进一步加快数据的访问速度。

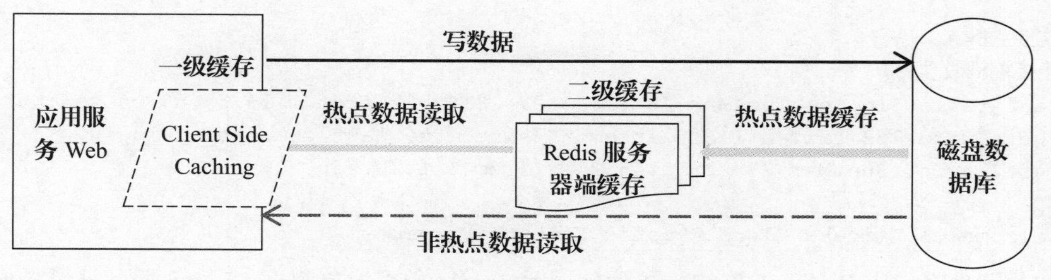

图 8.2　Redis 客户端缓存设计原理

当二级缓存数据内容发生变化或数据失效时，如何通知一级缓存是同步数据必须要考虑的问题。二级缓存刷新一级缓存数据的支持方式被称为跟踪（Tracking），跟踪方式的开启、关闭通过在客户端执行 client tracking on/off 命令来实现。跟踪模式分为默认模式和广播模式两种。

1．默认模式

默认模式同步数据过程：当二级缓存记录哪些客户端调用了 Key 数据，当二级缓存记录的 Key 数据发生改变时，二级缓存主动向所有使用该部分 Key 数据的一级缓存推送数据对象过期消息，使一级缓存数据失效。该模式可以减小一级缓存的压力，但所有的数据使用记录都存储于二级缓存，给二级缓存存储空间带来了压力。

2．广播模式

广播模式同步数据过程：一级缓存使用数据，并通过广播与二级缓存建立数据变化失效的沟通机制；二级缓存只记录 Key 数据的前缀信息，大幅减轻了存储空间的压力。当二级缓存发现有数据发生变化时，通过广播模式通知所有一级缓存数据对象过期消息。

说明：

默认模式和广播模式都建立在多客户端、多一级模式的基础上，也就是二级缓存需要分布式服务很多客户端的一级缓存。

为了顺利实现一级缓存与二级缓存之间的通信，从 Redis 6.0.0 版本开始，提供了 RESP 3.0 新的通信协议，从而支持客户端缓存功能的实现。

Redis 数据库默认支持 RESP 2.0 通信协议，在实际操作过程中，需要通过在客户端发送 hello 3 命令，表示使用 RESP 3.0 通信协议。

8.1.3　默认模式

默认模式是 Redis 6.0.0 版本开始默认的客户端缓存数据同步刷新的模式，可以通过以下步骤进行测试验证：

（1）远程登录 Linux 服务器。远程登录 Linux 服务器，本书用的是 FinalShell 远程访问工具进行演示，登录时显示如下登录连接信息，可以发现 Linux 服务器的 IP 地址。

```
连接主机...
连接主机成功
Last failed login: Tue Mar 29 22:36:07 CST 2022 from 1.15.35.53 on ssh:notty
There were 762 failed login attempts since the last successful login.
Last login: Sun Mar 27 22:51:45 2022 from 111.30.236.116

Welcome to Alibaba Cloud Elastic Compute Service !
```

（2）开启第一个 Redis-cli 客户端界面，设置 people 数据对象测试。Linux 服务器登录成功后，先用 Redis-cli 工具访问 Redis 数据库服务器。

```
#redis-cli --raw
r>set people 30
OK
```

（3）再远程连接同一个 Linux 服务器，开启 telnet 工具的测试环境。使用 FinalShell 远程访问工具再建立一个 Linux 连接（如图 8.3 所示的 2 redis 子界面页签——通过单击右边的“+”按钮增加页签），通过 telnet 工具进入模拟客户端测试环境，其命令执行过程如下：

```
# telnet 127.0.0.1 6379
Trying 127.0.0.1...
Connected to 127.0.0.1.
Escape character is '^]'.
hello 3                         //通过 hello 3 将通信协议设置为 RESP 3.0
%7
$6
server
$5
redis
$7
version
$5
6.2.6
$5
proto
:3
$2
id
:1046
$4
mode
$10
standalone
$4
role
$6
master
$7
```

```
modules
*0
```

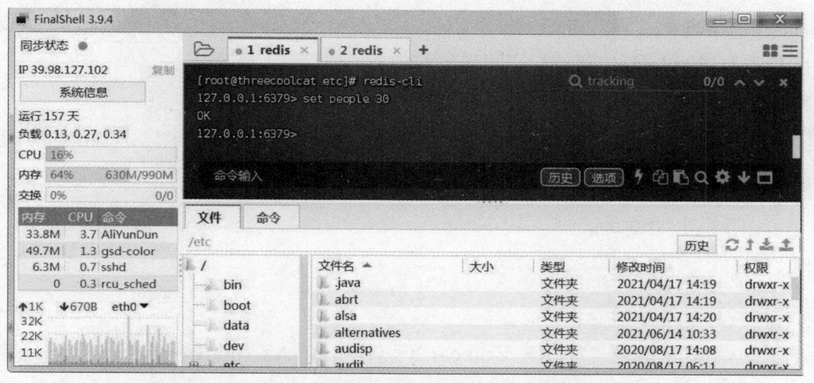

图 8.3　FinalShell 连续建立两个远程连接界面

用 telnet 工具建立模拟客户端连接，并开启 RESP 3.0 通信协议。telnet 工具打开的模拟客户端默认并不开启跟踪模式，需要用命令开启，命令如下：

```
client tracking on
+OK
```

为了让 Redis 数据库服务器端记录模拟用户调用 people 数据对象，需要先在模拟客户端调用一次 people 数据对象，命令如下：

```
get people
$2
30
```

调用后，服务器端记录了模拟客户端（2 redis）使用 people 数据对象的情况，一旦 Redis 数据库服务器端修改了 people 的值，服务器就会把修改结果通知给模拟客户端，people 对象作废。

（4）切换到 Redis-cli 客户端，修改 people 值。

①切换到 1 redis 子页签，修改 people 值，命令如下：

```
r>set people 50
OK
```

②切换到模拟客户端（2 redis），查看作废通知信息，命令如下：

```
>2
$10
invalidate
*1
$4
people
```

当模拟客户端 people 对象作废后，若在 Redis 数据库服务器端又发生了对 people 值的修改，模拟客户端就不会再收到 people 对象的作废信息，除非在模拟客户端再次调用 people 对象。

8.1.4 广播模式

当使用广播模式处理客户端缓存数据失效时，Redis 数据库服务器端不再消耗过多内存空间资源，但会将更多的 Key 数据对象失效信息发送给客户端。

继续在图 8.3 的基础上测试广播模式，其过程如下：

（1）在模拟客户端环境中设置广播模拟跟踪。先用 hello 3 开启 RESP 3.0 通信协议，已经开启的无须重复开启；再启动广播模式跟踪，命令如下：

```
client tracking on bcast
+OK
```

说明：

如果在启动广播模式时报错“-ERR You can't swtich BCAT mode on/off ...”，则在启动广播模式前需要先用 Client tracking off 命令关闭默认模式。

（2）在 Redis-cli 客户端新增一个 Key 对象，命令如下：

```
r>set Call 11111
OK
```

（3）查看模拟客户端广播模式通知信息。切换到模拟客户端，会发现如下广播信息：

```
>2
$10
invalidate
*1
$4
Call
```

该模拟客户端在没有调用 Call 数据对象的情况下，也能接收到 Redis 数据库服务器端数据对象变化时的客户端失效通知。

（4）客户端接收失效信息的限制。若模拟客户端不想接收所有失效通知，则可以在设置广播模式时，通过对 Key 数据对象进行前缀限制，限制为只发送相关通知。例如，在启动广播模式时，进行如下设置：

```
client tracking on bcast prefix text
```

后，只要在 Redis 服务器端有以 text 开头的数据对象发生了变化，都会以广播模式发送到模拟客户端；如果以非 text 开头的数据对象发生了变化，不发送到模拟客户端。

说明：

（1）在广播模式下，失效通知默认会发送给所有需要的 Redis 数据库客户端，但是有时发起数据更新的那个客户端不需要收到该失效信息，于是可以通过设置 Noloop 命令来实现。该选项在默认模式和广播模式下都适用。

（2）在实际工程环境下，用 Java、Go、Python 等语言启动客户端进程缓存，需要安装对应编程语言的 Resp 3 包。Go 语言示例详见 13.2 节。

8.2 缓存配置及策略

当 Redis 数据库作为缓存使用时，需要限制内存的最大值，并设置过期数据回收策略、缓存使用故障处理策略。

8.2.1 缓存配置及使用判断

当 Redis 数据库处于缓存状态时，能保证合理使用内存空间，可以通过 redis.conf 配置文件的 maxmemory 参数设置限制，或者通过 Config Set 命令进行运行时配置。

例如，在 Linux 环境下，用 Vi 编辑器打开 redis.conf 文件，把 maxmemory 参数设置成 100MB，则 Redis 数据库缓存最大数据存储空间为 100MB。对于安装 Redis 数据库的 64 位操作系统，maxmemory 的默认值为 0，代表没有内存限制；对于 32 位的操作系统，其默认内存限制为 3GB。

当将要突破指定的内存限制大小时，需要选择不同的行为，也就是策略。Redis 数据库可以仅仅对命令返回错误信息，这将使得内存被使用得更多，或者回收一些旧的数据来使得添加数据时可以避免内存限制。具体回收策略见 8.2.2 小节。

在判断是否需要用 Redis 数据库进行缓存时可以考虑以下三点：

（1）数据高并发使用频率高。如果某一类数据需要面临高频发访问，则其属于热点数据（如热搜排行榜等数据），就需要通过 Redis 数据库缓存替代 SQL 类型数据库的工作，以提升整个系统的并发服务能力。

（2）读写比例大。如果一类数据读的次数远远大于写的次数，那么将 Redis 数据库作为缓存，可以提高读取的服务响应速度。

（3）对数据一致性要求不高。由于 Redis 数据库分布式事务处理的特点会导致其存在小概率的数据不同步问题。官网建议慎用资金相关数据的处理。

8.2.2 缓存回收策略

如果不对 Redis 数据库缓存过期数据进行处理，内存空间很容易耗光，导致 Redis 数据库无法正常运行。对于这个问题，除了限制最大使用内存空间外，还需要设置过期数据淘汰策略，并理解回收进程的工作过程。

1．过期数据淘汰策略

Redis 数据库默认采用每隔 100ms 随机删除一些过期时间的 Key 对象，这样做存在一些漏删 Key 对象的问题。另外，可以通过应用程序进行系统 Key 对象过期检查，发现过期了就删除。但是在定时随机删除和删除特定应用程序时，如果删除不干净，或者根本没删除，那么就会产生 Redis 数据库内存快耗尽的问题。

为了避免上述问题的发生，Redis 数据库给出了内存淘汰策略。具体通过 redis.conf 配置文件中的 maxmemory-policy 参数设置予以解决，该参数的选项如下：

（1）noeviction：当内存达到限制并且客户端尝试执行会让更多内存被使用的命令时，只返回错误提示信息。该选项是默认值。

（2）allkeys-lru：在 Key 存储空间移除最近最少使用的 Key 对象，参数值由系统推荐。

（3）allkeys-random：在 Key 存储空间随机移除某个 Key 对象。

（4）volatile-lru：在过期 Key 存储空间移除最近最少使用的 Key 对象。

（5）volatile-random：在过期 Key 存储空间随机移除某个 Key 对象。

（6）volatile-ttl：在过期 Key 存储空间，过期越早的 Key 对象越优先移除。

选择正确的回收策略很重要，主要取决于应用的访问模式。一般的设置规则如下：

①如果部分 Key 子集比其他 Key 子集更频繁地受到访问，可以选择 allkeys-lru。

②如果是循环访问，且所有键被连续扫描，则可以选择 allkeys-random。

③如果在创建缓存时已经为 Key 对象设置了过期时间值，则可以选择 volatile-ttl。

2. 回收进程工作过程

在到达最大缓存设置极限后，Redis 数据库会根据设置的缓存策略处理不用或过期的 Key 对象，以释放更多的存储空间给新数据对象。所以，需要了解一下数据对象回收进程工作过程，具体如下：

（1）客户端运行了新的数据更新命令。

（2）Redis 数据库检查缓存空间使用情况，如果将要超过 maxmemory 的限制，则根据设定好的策略进行数据回收，接着存储空间就会被释放。

（3）新的数据更新命令被执行。

8.2.3 故障处理策略

当在实际生产环境中使用 Redis 数据库作为缓存时，在高并发访问环境下，必须考虑缓存穿透、缓存雪崩、缓存击穿等实际问题[①]，并考虑在问题发生后，如何安全恢复。

1. 缓存穿透

缓存穿透指客户端试图读取的数据对象根本不存在，导致客户端缓存、Redis 服务器端缓存甚至磁盘 DB 都找不到相关的数据，如图 8.4 所示。这种查询连续穿过了缓存层，最后进入了持久层，导致持久层访问压力陡增，失去了缓存层保护持久层的作用。

在高并发环境下，由于客户端缓存、Redis 服务器端缓存都穿透了，数据直接访问磁盘 DB，而很多磁盘 DB 不支持高并发性，导致磁盘 DB 访问压力大增，甚至可能造成磁盘 DB 宕机。

造成缓存穿透的主要原因有以下两个：

（1）代码本身有问题，如写入了一个没有的键名，在读取数据时发现是空值（nil），然后通过代码逻辑判断，读取最终转入了磁盘 DB。

（2）非正常网络访问，如恶意网络攻击、使用爬虫爬取数据等造成大量空命中率。

[①]骑驴的小牧童，https://blog.csdn.net/womenyiqilalala/article/details/105205532。

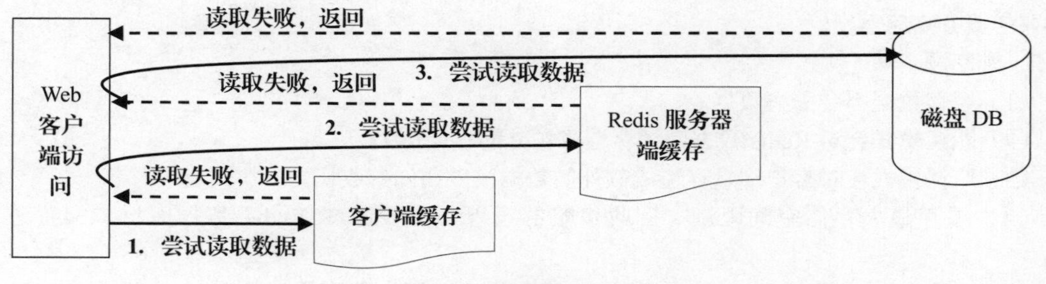

图 8.4　缓存穿透示意图

要解决上述问题，可以采用两种方法：第一种是在代码测试阶段严格把关，解决人为的代码缺陷；第二种是通过 Web 端代码统计同一个 Key 对象返回空值的次数，从而决定是否屏蔽异常访问对象对数据的访问。

2．缓存雪崩

缓存雪崩主要是指一级和二级缓存由于某些特殊原因失效（宕机、大量的缓存数据失效等），大量访问请求直接访问磁盘持久层，导致系统雪崩（无法使用）现象。

对于该问题，其解决方法是把缓存层、持久层设计成多节点分布式高可用性的部署方式，如采用分布式集群、Sentinel（见 15.2 小节）。在设计 Key 数据存储对象时，避免同时大批量地进行时间失效动作。

3．缓存击穿

缓存击穿指当碰到瞬间出现高并发访问或产生复杂计算过程时，Redis 数据库缓存有时会产生瞬间失效的现象。这时，会有大量进程来重建缓存，从磁盘 DB 加载数据到 Redis 数据库缓存上，导致磁盘 DB 加载压力大增，甚至导致整个系统崩溃。

解决这个问题的主要方法有两种：第一种是通过建立分布式锁，在同一时间只允许一个线程重建缓存，保证数据有序重载恢复；第二种是数据对象不直接设置过期时间，使数据本身持续可用。

8.3　练习及实验

1．填空题

（1）缓存应用和内存数据库使用的区别：缓存应用不______数据。

（2）用 Redis 数据库进行数据的缓存，有利于减少对基于硬盘的______的访问，提供更快的访问速度。

（3）客户端缓存跟踪模式分为默认模式和______模式两种。

（4）当 Redis 数据库作为缓存使用时，需要限制______使用大小，并设置过期数据回收策略、缓存使用故障处理策略。

（5）如果一类数据的读的次数远远大于______的次数，那么将 Redis 数据库作为缓存，可以提高读取的服务响应速度。

2．判断题

（1）缓存数据不会丢失数据。（　　）

（2）默认模式会对 Redis 数据库缓存造成额外的存储压力。（　　）

（3）广播模式会对客户端缓存造成额外的数据失效通知接收压力。（　　）

（4）缓存最大存储空间限制、回收策略的设置都需要通过 Redis 数据库日志配置进行。（　　）

（5）在使用客户端缓存、Redis 数据库缓存的情况下，不会再对磁盘 DB 造成访问冲击。（　　）

3．实验题

模拟测试客户端访问 Web 客户端缓存的默认模式和广播模式的功能，并给出测试过程。

第 9 章

发布/订阅

为了便于消息的发布或获取，Redis 数据库提供了发布（Pub）/订阅（Sub）[①]功能。

扫一扫，看视频

[①]Pub/Sub 的英文全称为 Publish/Subscribe，对应的中文意思为发布/订阅。

9.1 发布/订阅原理

为了灵活发布或获取消息，人们发明了发布/订阅模式来处理消息，其基本原理如图 9.1 所示。由发布者发布消息，存储到指定的频道上，然后订阅者根据自己订阅的频道接收消息。从图 9.1 中可以看出，发布者可以对一个频道发布消息，也可以对几个频道发布消息；订阅者可以接收一个频道的消息，也可以接收几个频道的消息，未指定的频道不接收消息。发布/订阅命令的应用场景为各种即时通信应用，如网络聊天室、实时广播、实时提醒等。例如，博客里的订阅消息，假设读者订阅了某作者的文章，那么当该作者发布新文章时，读者会及时收到新文章发布的消息。

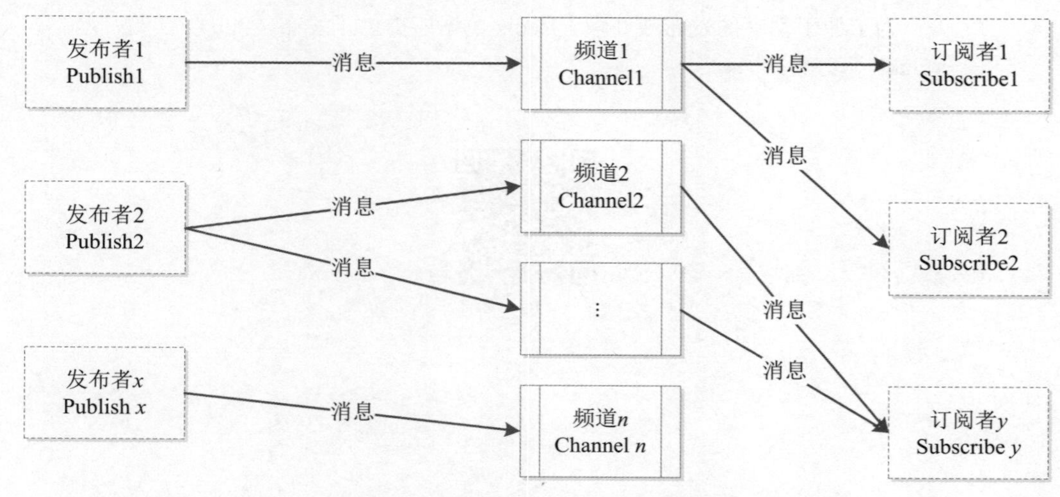

图 9.1 发布/订阅基本原理示意图

发布/订阅模式有以下特点。

（1）基于频道进行，发布者和订阅者可以灵活组合、不受强制制约，具有消息使用解耦性。

（2）发布的消息不会被持久性存储，只有先订阅，才能接收发布者推送的消息；无法收到订阅前发布的消息。如果需要持久性地存储消息，则需要通过第 10 章的知识来处理。

（3）当客户端执行订阅后，仅可以执行订阅（Subscribe、PSubscribe）、取消订阅（UnSubscribe、PUnsubscribe）、Ping、Quit 命令，并以阻塞方式等待，直到订阅通道发布的消息到来。

9.2 发布/订阅命令

Redis 数据库提供的发布/订阅命令见表 9.1。其中，SPublish、SSubscribe、SUnSubscribe 命令是从 Redis 7.0.0 版本才开始支持的，是基于分布式分片技术环境下的发布/订阅命令。

表 9.1　发布/订阅命令

序号	命令名称	命令功能描述	执行时间复杂度
1	Publish	发布消息到指定的频道	$O(n+m)$
2	Subscribe	订阅指定频道的消息	$O(n)$
3	PSubscribe	订阅指定模式的频道消息	$O(n)$
4	PUnSubscribe	退订指定模式的频道，并返回相关消息	$O(n+m)$
5	UnSubscribe	退订指定频道的消息	$O(n)$
6	PubSub	统计 Pub/Sub 子系统状态的数量	$O(n)$
7	SPublish	将消息发布到指定的分片频道里（Redis 7.0.0 版本开始支持）	$O(n)$
8	SSubscribe	客户端订阅指定的分片频道消息（Redis 7.0.0 版本开始支持）	$O(n)$
9	SUnSubscribe	退订指定分片频道的消息（Redis 7.0.0 版本开始支持）	$O(n)$

⚠ **注意：**

Publish 和 Subscribe 命令的缺点是，无法继续接收客户端一方下线后发布的消息。也就是说，会丢失一部分消息，因为这些命令都是基于内存运行的，并没有把消息先保存到磁盘上。

1. Publish 命令

作用：发布消息到指定的频道。

语法：Publish channel message

参数说明：channel 为建立的频道名，也可以把它看作键名；message 为需要发送的消息，也可以看作值，该值为字符串类型。在服务器端，频道内部自行产生存储频道名、消息及连接客户端地址的特定数据结构（也叫字典），应用程序开发员无须关心该数据结构的生成，Redis 数据库会自动生成。

返回值：收到消息的客户端数量。

【例 9.1】Publish 命令使用实例。

```
r>Publish ChatChannel1 "Who is there? "  //往指定的 ChatChannel1 频道发送一条消息
(integer) 0                              //假设没有订阅者订阅该频道
```

2. Subscribe 命令

作用：订阅指定频道的消息。

语法：Subscribe channel [channel ...]

参数说明：channel 为指定的获取消息的频道名，可以一次设置多个频道名。

返回值：读取指定频道的消息列表。

【例 9.2】Subscribe 命令使用实例。

```
r>Subscribe Cha1
Reading messages…(press Ctrl-C to quit)
subscribe                                //订阅标志
Cha1                                     //频道名称
1                                        //订阅成功 1 个频道
```

在交互命令环境下，可以通过按 Ctrl+C 组合键退出订阅模式。

然后在 Linux 客户端打开另外一个 Redis-cli --raw，输入如下内容：

```
r>Publish Cha1 "在家么？"
1
```

返回第一个 Redis-cli 界面，发现如下接收结果：

```
subscribe
Cha1
1
message
Cha1
在家么？
```

上述操作的发布/接收消息界面如图 9.2 所示。

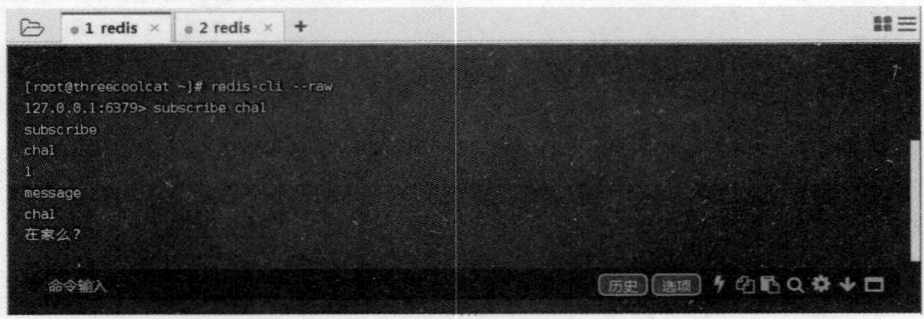

图 9.2　发布/接收消息界面

订阅命令返回的结果分为两部分：第一部分从 subscribe 开始，到 1 结束，是订阅设置的相关信息；第二部分从 message 开始，到“在家么？”结束，是订阅指定频道收到的消息。该命令可以实现多频道的消息接收，在多频道情况下，接收到多条消息，返回的第一部分包括了多频道的设置相关消息，第二部分为多频道发过来的消息相关内容。一旦客户端调用 Subscribe 命令，并进入订阅状态，客户端只能接收订阅相关的命令，其他命令被禁止执行。这里的订阅相关命令包括 Subscribe、PSubscribe、UnSubscribe、PUnSubscribe。另外，还可以执行 Ping、Quit 命令。

一次订阅多个频道。

```
r>subscribe H1 K2 M3
subscribe
H1
1
subscribe
K2
2
subscribe
M3
3
```

3. PSubscribe 命令

作用：订阅指定模式的频道消息。

语法：PSubscribe pattern [pattern ...]

参数说明：pattern 为指定的订阅频道模式，允许多模式指定多个频道。

这里的模式包括：

（1）“?”，如果设置 pattern 为 w?，则接收以 w 开头且由两个字符命名的频道所发送的消息。如果发布消息的频道名为 we、wo，则接收它们发布的消息。

（2）“*”，如果设置 pattern 为 w*，则接收以 w 开头，后跟多个字符的频道所发送的消息，如 wave、wall、where 等命名的频道消息。

（3）“[]”，如果设置 pattern 为 w[2e]are，则接收类似于 weare、w2are 的频道所发送的消息。也就是说，频道名称第一个字母必须为 w，第二个字母为“[]”里的任意一个。

返回值：返回指定模式的消息列表。

【例 9.3】PSubscribe 命令使用实例。

```
r>PSubscribe name*
PSubscribe
name*
1
//上述内容为PSubscribe name*的执行结果，表示订阅开始
pmessage
name*
name_OK
One,Two,Three,...
//上述内容为Publish name_OK "One,Two,Three,..."命令执行后接收到的消息
pmessage
name*
name
12233
//上述内容为Publish name12233 命令执行后接收到的消息
```

在交互命令环境下，可以通过按 Ctrl+C 组合键退出订阅模式。

4. PUnSubscribe 命令

作用：退订指定模式的频道，并返回相关消息。

语法：PUnSubscribe [pattern [pattern ...]]

参数说明：pattern 为指定的频道订阅模式，允许多模式指定。使用方法同 PSubscribe 命令对应的参数。如果执行该命令，则取消客户端用 PSubscribe 命令指定频道的订阅模式；如果没有在该命令中指定取消模式，则取消该客户端 PSubscribe 命令指定的所有频道的订阅模式（不会影响 Subscribe 订阅的频道），在这种情况下，将向客户端发送每个没有订阅模式的消息。

返回值：返回取消模式的消息列表。另外，存在其他返回情况。

【例 9.4】PUnSubscribe 命令使用实例。

```
r>PUnSubscribe w?
Reading message…(press Ctrl-C to quit)
PUnsubscribe
w?
1                                        //一个模式被取消
```

⚠ 注意：

在开发或测试环境下，使用 PSubscribe 命令建立订阅模式后，处于阻塞接听消息状态。由此，无法在 Redis-cli 环境中通过继续测试 PUnSubscribe 命令取消 PSubscribe 运行状态。但是，在实际软件项目中，如果用 Java 调用 PSubscribe 命令，订阅到相应消息后，希望马上取消订阅，这时再通过 Java 进程执行 PUnSubscribe 命令是可行的。

5. UnSubscribe 命令

作用：退订指定频道的消息。

语法：UnSubscribe [channel [channel ...]]

参数说明：channel 为指定需要退订的频道，允许多频道指定。当没有指定要取消的频道时，则取消所有订阅的频道，在这种情况下，每个未订阅频道的消息将发送给客户端。

返回值：当取消指定的频道后，将返回取消消息列表。另外，存在其他返回结果。

【例 9.5】UnSubscribe 命令使用实例。

```
r>UnSubscribe ChatChannel1   //在例 9.1 的基础上进行，要确保 ChatChannel1 已经存在
UnSubscribe
ChatChannel1
1                            //1 为退订成功，0 为退订失败
```

6. PubSub 命令

作用：统计 Pub/Sub 子系统状态的数量。

语法：PubSub subcommand [argument [argument ...]]

参数说明：subcommand 为子命令，这里包括 Channels、NumSub、NumPat，argument 为子命令对应的参数。

（1）PubSub Channels [pattern]表示列出当前活动的频道，活动频道指具有一个或多个订阅者的频道。如果没有 pattern，则列出所有频道；反之，列出与指定模式匹配的频道。

返回值：活动频道的列表及相关匹配模式。

（2）PubSub NumSub [channel_1 ... channel_N]表示返回指定频道的订阅者数量。返回的格式是频道名、计数，频道名、计数，频道名、计数……在没有指定频道的情况下，返回一个空列表。

（3）PubSub NumPat 表示返回指定模式的订阅数量（使用 PSubscribe 命令执行的结果）。这里是所有客户端订阅的模式总数。

返回值：略。

说明：

PubSub 为服务器端发布/订阅消息的统计命令。

9.3 构建一个高效聊天工具

用 Redis 数据库的发布/订阅命令可以很轻松地构建一个高效的聊天工具。接收订阅消息通过 Python 语言进行；发送消息通过 Redis-cli 进行。构建步骤如下：

（1）建立开发环境。安装 Redis 数据库、Python、Redis 中间件（用于 Python 与 Redis 数据库之间的连接等，安装命令为 pip3 install redis）。

（2）开发订阅接收端。用 Python 编辑器生成 Charts.py 代码文件，其主要代码如下：

```
import redis
getMessage=redis.Redis(host="127.0.0.1", port=6379, decode_responses=True)
getM=getMessage.pubsub()            #生成一个订阅者对象
getM.subscribe('Cha1')              #对频道 Cha1 启动订阅
while True:                         #通过循环读取频道里发送过来的消息
    msg=getM.parse_response()       #读取消息
    print('收到消息：',msg)          #输出读取消息
```

编写完成上述代码后，保存并执行。

（3）用 Redis-cli 工具连接 Redis 数据库，并连续发送消息，其命令的执行过程如下：

```
r>Publish Cha1 'Hello,TOM!'
1
r>Publish Cha1 'Hello,Alice!'
1
r>Publish Cha1 'I am very fine!'
1
```

以上命令连续发送了 3 条聊天消息。

（4）查看订阅接收端的执行结果，如下所示：

```
收到消息： ['subscribe', 'Cha1', 1]
收到消息： ['message', 'Cha1', 'Hello,TOM!']
收到消息： ['message', 'Cha1', 'Hello,Alice!']
收到消息： ['message', 'Cha1', 'I am very fine!']
```

一个简单、快速的聊天室就实现了。

感兴趣的读者可以继续用 Python 语言完成发送端的代码开发，可以参考如下代码：

```
>>> import redis
>>> r=redis.Redis(host='127.0.0.1',port=6379,decode_responses=True)
>>> r.publish('Cha1','Hello!TOM!')
```

9.4 练习及实验

1．填空题

（1）为了便于消息的发布或获取，Redis 数据库提供了______/______功能。

（2）发布/订阅模式基于频道进行，发布者和订阅者可以灵活组合、不受强制制约，具有消息使用______性。

（3）客户端执行订阅后，以______的形式等待消息。

（4）Publish 和 Subscribe 命令的缺点是，客户端一方下线后发布的消息无法继续______。

（5）从 Redis______版本开始，提供了分布式分片发布/订阅功能的支持。

2．判断题

（1）只有订阅频道消息，对应频道的消息才能到达发布客户端。（　　）

（2）一个发布者可以同时向不同频道发布消息。（　　）

（3）一个订阅者只能接收一个频道的消息。（　　）

（4）订阅/发布模式具有持久性保留消息的功能。（　　）

（5）Pubsub 是用于统计客户端消息的命令。（　　）

3．实验题

对 9.3 节中的聊天工具的功能进行完善，要求发布和订阅都采用同一种编程语言来实现，读者可以根据自己的喜好选择 Python、Go、Java、PHP 等。

提示：当用 Python 以外的编程语言连接中间件的安装时，可以参考第 14 章内容。

第 10 章

Redis Stream 消息队列

在物联网、边缘计算、大数据、人工智能等最新技术及电商、车路协同、城市数字大脑、交通数字大脑等各种复杂应用场景的助推下，不同设备终端、不同用户通过网络对数据进行快速传递和交流，产生了更大规模的需求。从 Redis 5.0.0 开始提供的基于流的消息队列（message queue，MQ）新功能为基于中间件的快速传递消息机制提供了优秀的选择方案。

扫一扫，看视频

10.1　Redis Stream 原理

Redis Stream 是 Redis 5.0.0 开始提供的功能强大的消息队列功能，弥补了发布/订阅模式的很多缺陷。

10.1.1　为什么要引入 Redis Stream

第 9 章介绍的发布/订阅模式可以实现消息的传递及广播，但是存在一些明显的缺陷，具体如下：

（1）消息不支持持久化，当发生宕机、系统故障等问题时，存在消息永久性丢失的风险。

（2）不记录客户端状态，客户端一旦下线，前面的消息都会丢失，并且下线期间接收不到新的消息，重新上线后也无法定位最后的消息的读取位置。

（3）消息无法分组，给分类带来了麻烦。

（4）ACK 机制缺失。

说明：

ACK 机制是用于在消息队列里确认消息是否发送成功的机制。如果确认发送失败，则重新发送消息，确保所有消息都被正确处理。

针对发布/订阅模式的上述缺陷，Redis 5.0.0 推出了全新的 Stream 消息队列功能，设计之初参考了 Kafka[①]的消息队列的相关概念，具有以下强大功能：

（1）提供消息的持久化及主从复制功能，保证消息不丢失。持久化过程中不但记录了消息本身，还记录了消费者读取消息的完整状态（读取到哪个数据点位置等）。

（2）可以让客户端随时访问任何时刻的消息，并记住每个客户端的消息访问位置。

（3）提供了消息分组功能。

（4）为客户端提供了三种消息服务模式：第一种是广播模式，可以理解为消息群发，所有的客户端都能接收消息；第二种模式用于根据时间序列查询消息；第三种模式用于分类查看到达的消息（如微信、QQ 等即时通信工具的聊天功能）。

10.1.2　Redis Stream 实现原理

Redis Stream 消息队列结构如图 10.1 所示。它的主体是一个消息队列链表，从左往右增加消息内容（message content），通过消息内容对应的 ID 与链表主体对应并排队，消息内容结构则记录发布的数据内容。对于消息订阅者，先根据消息 ID 建立消费组，然后根据订阅内容把不同的消费者纳入各自的消费组。

---

① Kafka 是一种开源的高吞吐量的分布式发布/订阅消息中间件。

消费者（consumer）结构里设置了等待状态变量（Pending_ids），用于记录当前消费者已经读取的消息内容的位置，以及消费者本身的唯一命名等。这为消费者掉线后，再上线恢复到原先的消费位置提供了方便。对于 Pending_ids 里的消息，如果客户端的 Ack 机制没有运行成功（读取成功确认），Pending_ids 变量里的消息将越来越多；如果 Ack 机制运行成功了，Pending_ids 变量里的等待消息将越来越少。Pending_ids 变量在 Redis 官网被称为 PEL（pending entries list，等待条目列表）。

消费者组（consumer group）结构里则设置了读取消息的游标（Last_delivered_id），同一组的消费者通过竞争方式读取消息内容，读一次游标往大于当前 ID 方向移动一位，以保证消费者不会读取到重复的消息。消费者组记录了其所属的所有消费者命名，对于掉线又上线的消费者通过唯一的命名继续建立唯一的服务关系。

当建立一个 Redis Stream 消息队列时，同步创建唯一的 Key 队列名，指向该消息队列。图 10.1 中的 ID1 为第一条消息内容对应的 ID，ID2 为第二条消息内容对应的 ID，以此类推，从左到右依次插入排队。

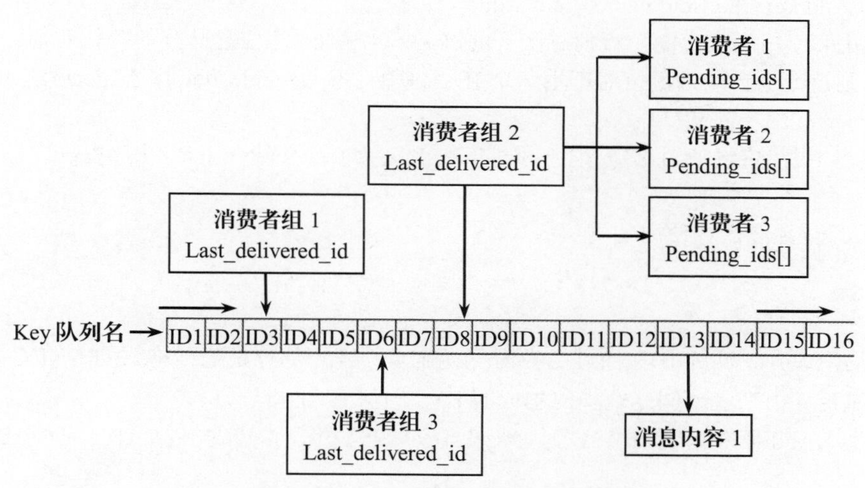

图 10.1　Redis Stream 消息队列结构

10.2　Redis Stream 命令

Redis Stream 命令包括消息队列基本命令和消费者组相关命令，通过这些命令的组合，实现流消息队列的消息发布和交流功能。

10.2.1　流消息队列基本命令

流消息队列的基本命令见表 10.1。

表 10.1 流消息队列的基本命令

序号	命令名称	命令功能描述	执行时间复杂度
1	XAdd	添加消息到队列末尾	$O(1)$
2	XRange	获取指定流的消息列表，会自动过滤已经删除的消息	$O(\log(n)+m)$
3	XLen	获取流消息队列包含的元素数量，即消息长度	$O(1)$
4	XDel	删除指定流消息队列中的元素	$O(\log(n))$
5	XTrim	对流消息队列进行修剪，限制长度	$O(1)$
6	XRevrange	反向获取消息列表，ID 从大到小	$O(\log(n)+m)$
7	XRead	以阻塞或非阻塞方式获取消息列表	$O(\log(n)+m)$

1．XAdd 命令

作用：添加消息到队列末尾（如果队列不存在，则新创建一个队列对象）。

语法：XAdd key *|id field value [field value]

参数说明：key 用于指定一个流消息队列的键名；id 为加入流消息队列的键值对显示的指定 ID，如果采用*，则该命令自动为键值对产生一个 ID；键值对参数 field value 用于记录消息内容，可以指定多个键值对一次性加入队列中。

返回值：如果指定键值对 ID，则返回对应的 ID；如果没有指定 ID（用*参数），则返回自动产生的 ID。

【例 10.1】XAdd 命令使用实例。

```
r> XAdd charts_1 * name "Tom" sex "male" age "19"
1643700169378-0
```

这个自动生成并返回的 ID，通过“-”分为两部分，第一部分是毫秒格式的 UNIX 时间，第二部分是一个顺序号，用来区分同一毫秒内生成的 ID，确保 ID 的唯一性。

当显式为 XAdd 命令指定一个 ID 时，最小值为 0-1，并且指定的 ID 要比现有的 ID 大，否则命令将执行失败。

说明：

如果遇到 WRONGTYPE Operation against a key holding the wrong kind of value 错误提示信息，说明存在同 Key 名的其他类型的数据对象。

Redis 6.2.0 后 XAdd 新增加的命令参数使用说明如下：

（1）maxlen 可选参数用来限制 Stream 消息队列中的最大元素个数。

```
r>XAdd test_char * content "你家孩子在么？" maxlen ~100
1649076574707-0
```

这里的~100 表示 test_char 流对象最多可以保留 100 多个流元素，而非精确的 100 个，这在对流元素个数进行截取时最为有效。也可以用“=”号进行精确限制。精确限制操作过程会比模糊操作效率低，所以一般情况下建议使用“~”。

（2）nomkstream 可选参数。当没有流对象时，可以使用 nomkstream 可选参数禁止新流对象的创建。

（3）<ms>-*可选参数。从 Redis 7.0.0 开始，增加了采用<ms>-*格式显式指定流 ID。

2．XRange 命令

作用：获取指定流的消息列表，会自动过滤已经删除的消息。

语法：XRange key start end [COUNT count]

参数说明：key 用于指定一个流消息队列的键名；start 用于指定消息键值对的开始 ID；end 用于指定消息键值对的结束 ID；start 和 end 用于获取指定 ID 范围的消息内容，特殊值“-”表示最小值，“+”表示最大值；COUNT count 用于指定需要返回的流队列消息个数。

返回值：返回指定 ID 范围的消息内容。

【例 10.2】XRANGE 命令使用实例。

```
r>XRange charts_1  - +                                    //在例 10.1 的基础上进行
1643700169378-0
name
Tom
sex
male
age
19
r>XAdd charts_1 * dog "2" cat "10" pig "20"               //加入第二条消息
1643711944846-0
r>XRange charts_1 - + COUNT 1                             //显示第一条消息
1643711207746-0
name
Tom
sex
male
age
19
```

3．XLen 命令

作用：获取流消息队列包含的元素数量，即消息长度。

语法：XLen key

参数说明：key 用于指定一个流消息队列的键名。

返回值：返回流消息队列包含的元素数量。

【例 10.3】XLen 命令使用实例。

```
r>XLen charts_1                    //在例 10.2 的基础上进行
2
```

4．XDel 命令

作用：删除指定流消息队列中的元素。

语法：XDel key ID [ID ...]

参数说明：key 用于指定一个流消息队列的键名，ID 为需要删除的元素 ID。

返回值：返回流消息队列中删除的元素个数。

【例 10.4】XDel 命令使用实例。

```
r>XDel charts_1 1643711944846-0
1
r>XRange charts_1 - +
1643711207746-0
name
Tom
sex
male
age
19
```

5. XTrim 命令

作用：对流消息队列进行修剪，限制长度。

语法：Xtrim key maxlen |minid [= | ~] threshold [limit count]

参数说明：key 用于指定一个流消息队列的键名。Maxlen 用于指定流消息队列最多能保留的元素个数，如果使用“~”符号，则保留大于 maxlen 数量值的模糊数量；如果用“=”符号（也可以用一个空格代替），则精确保留 maxlen 指定的数量值元素，如 maxlen = 100，则精确保留 100 个元素。minid 用于指定保留小于某 ID 值的元素，其他都截取掉，如 minid = 2-1 则为保留小于 2-1 序号的所有元素。threshold 用于设置整型数值的阈值，当 maxlen~theshold 配合使用时，则清除流长度超过阈值且较旧的元素；当 minid~theshold 配合使用时，则清除 ID 小于阈值的元素。limit count 是可选参数，指定截取掉的数量，配合 maxlen ~ threshold 使用，可以保留更加精确的数量。

返回值：返回流消息队列中删除的元素个数。

说明：

XTrim 命令从 Redis 5.0.0 开始采用了全新的使用格式，其之前的使用格式如下：

```
XTrim key ID [ID ...]
```

其中，key 用于指定一个流消息队列的键名，ID 为需要删除的元素 ID。

【例 10.5】XTrim 命令使用实例。

```
r>XAdd Charts_1 *  call1 "Who is saying something?" answer "TOM?Mary?"
1649119443793-0
r>XAdd Charts_1 * call2 "None one is here!" answer "NO!"
1649119542547-0
r>XAdd Charts_1 * call3 "it is a good day!" answer "YES!"
1649119598013-0
r>XRange Charts_1 - +
1649119443793-0
call1
Who is saying something?
```

```
answer
TOM?Mary?
1649119542547-0
call2
None one is here!
answer
NO!
1649119598013-0
call3
it is a good day!
answer
YES!
```

显示流消息队列里有三条排队的消息元素。

```
r>XTrim Charts_1 maxlen = 2      //“=”符号两边至少各保留一个空格，否则会报错
1
r>XRange Charts_1 - +
1649119542547-0
call2
None one is here!
answer
NO!
1649119598013-0
call3
it is a good day!
answer
YES!
```

使用 Xtrim 命令对 Charts_1 进行截取后，去掉了最前面一个 ID 为 1649119443793-0 的消息，只保留最新的后面的两条消息。当使用 XTrim 命令截取流元素时，采用先截取掉最早进入排队的流元素的算法（先进先出）。

```
r>XTrim Charts_1 minid = 1649119598013-0
1
r>XRange Charts_1 - +
1649119598013-0
call3
it is a good day!
answer
YES!
```

6. XRevrange 命令

作用：反向获取消息列表，ID 从大到小。

语法：XRevrange key end start [COUNT count]

参数说明：该命令的参数的使用方法与 XRange 命令完全相同。

返回值：返回指定 ID 范围的消息内容（从 ID 大到 ID 小的反向顺序返回，这是与 XRange 命令

唯一有区别的地方）。

【例 10.6】XRevrange 命令使用实例。

```
r>XRevrange Charts_1 - +
```

在多元素的情况下，返回值 ID 大的先显示，小的后显示，呈倒序状态。

⚠ 注意：

作者在 Redis 6.2.6 版本环境下测试 XRevrange 时没有成功，再次验证了开源项目需要经过严格测试才能投入使用。不同版本的稳定性、可靠性都不一样。

7．XRead 命令

作用：以阻塞或非阻塞方式获取消息列表。

语法：XRead [COUNT count] [BLOCK milliseconds] streams key [key ...] ID [ID ...]

参数说明：streams 是必选参数，其后的 key[key ...]用于指定一个或多个流消息队列的键名；可选参数 COUNT count 用于指定一次需要返回的元素个数，count 为整数；BLOCK milliseconds 可选参数用于指定是否以阻塞方式等待消息的读取，其中，milliseconds 为阻塞等待的毫秒数，若设置为 0 则永久阻塞等待，否则以同步非阻塞方式等待读取消息；当设置 ID 参数时，会返回大于当前设置的 ID 值的元素，此参数为必设置参数。

返回值：返回流消息队列中删除的元素个数。

XRead 命令与 XRange 命令的主要区别有以下两个：

（1）XRead 一次可以读取多个流对象的消息，通过 streams key [key ...]指定，而 XRange 命令只能读取一个流对象。

（2）XRead 可以通过 BLOCK 参数提供的阻塞方式等待读取消息，而 XRange 命令没有阻塞方式。

【例 10.7】XRead 命令使用实例。

```
r>XRead streams Charts_1 test_char 0-0 0-0    //分别读取序号值都大于 0-0 的元素
Charts_1                                      //Charts_1 读取的消息
1649119598013-0
call3
it is a good day!
answer
YES!
1649124038668-0
call2
None one is here!
answer
NO!
1649124059845-0
call1
Who is saying something?
answer
TOM?Mary?
test_char                                     //test_char 读取的消息
```

```
1649076574707-0
content
你家孩子在么？
maxlen
~100
```

10.2.2 消费者组相关命令

流消息队列还支持消费者组相关命令，大大增强了流消息队列的操作功能，见表 10.2。

表 10.2 消费者组相关命令

序号	命令名称	命令功能描述	执行时间复杂度
1	XGroup Create	创建消费者组	$O(1)$
2	XGroup CreateConsumer	创建指定消费者组中的新消费者	$O(1)$
3	XReadGroup Group	读取消费者组中的消息	$O(1)$
4	XAck	将消息标记为“已处理”	$O(\log n)$
5	XGroup SetID	为消费者组设置新的最后传递的消息 ID	$O(\log n)$
6	XPending	显示待处理消息的相关信息	$O(\log(n)+m)$
7	XClaim	转移消息的归属权	$O(\log n)$
8	XInfo	查看与流和消费者相关的信息	$O(n)$
9	XInfo Groups	查看消费者组的信息	$O(n)$
10	XInfo Stream	查看流信息	$O(n)$
11	XGroup DelConsumer	删除消费者	$O(\log n)$
12	XGroup Destroy	删除消费者组	$O(\log n)$

1．XGroup Create 命令

作用：创建消费者组。

语法：XGroup Create key groupname id-or-$

参数说明：key 为指定流的键名。groupname 为要新创建的消费者组名。ID 为已传递流中的最后一项 ID，方便该消费者组里的消费者获取新的消息内容，如果 ID 参数位置用“$”表示，则表明流中已读取的最后一个 ID；如果用 0 表示，则消费者组可以获取整个流的历史消息记录。

返回值：创建成功返回 OK。

【例 10.8】XGroup Create 命令使用实例。

```
r>XGroup Create Charts_1 g1 0         //创建新消费者组 g1，获取流全部消息记录
OK
```

2．XGroup CreateConsumer 命令

作用：创建指定消费者组中的新消费者。

语法：XGroup CreateConsumer key groupname consumername

参数说明：key 为指定流的键名，groupname 为指定的消费者组名，consumername 为需要创建的新消费者名。

返回值：创建成功返回 1，失败返回 0。

【例 10.9】XGroup CreateConsumer 命令使用实例。

```
r>XGroup CreateConsumer Charts_1 g1 c1
1
r>XGroup CreateConsumer Charts_1 g1 c2
1
```

3. XReadGroup Group 命令

作用：读取消费者组中的消息。

语法：XReadGroup Group group consumer [COUNT count] [BLOCK milliseconds] STREAMS key [key ...] ID [ID ...]

参数说明：必选参数 STREAMS key 用于设置流消息队列的 key，key 为指定流的键名，必选参数 ID 为消息队列中的 ID，必选参数 group 为指定的消费者组名，必选参数 consumer 为指定消费者组中的消费者名，可选参数 COUNT count 用于设置读取元素的数量，可选参数 BLOCK milliseconds 用于设置阻塞毫秒数。

返回值：创建成功返回 OK。

【例 10.10】XReadGroup Group 命令使用实例。

```
r>XReadGroup Group g1 c1 STREAMS Charts_1 >
Charts_1
1649119598013-0
call3
it is a good day!
answer
YES!
1649124038668-0
call2
None one is here!
answer
NO!
1649124059845-0
call1
Who is saying something?
answer
TOM?Mary?
r>XReadGroup Group g1 c2 STREAMS Charts_1 >
```

这里的 ID 采用了特殊符号“>”，只在消费者组的上下文中有效，意思是“到目前为止从未传递给其他消费者消息”。

4. XAck 命令

作用：将消息标记为“已处理”。用于从流的消费者组的待处理列表（简称 PEL）中删除一条或多条消息。当一条消息交付到某个消费者时，它将被存储在 PEL 中等待处理，待处理的消息将由检查 PEL 的 Xpending 命令列出。一旦消费者成功处理完一条类似消息，就调用 XAck 命令，删除 PEL 中的记录。

语法：XAck key group ID [ID ...]

参数说明：key 为指定流的键名，group 为创建的消费者组名，ID 为消费者组中待处理的 PEL 中的消息 ID。

返回值：返回成功确认的消息数。

【例 10.11】XAck 命令使用实例。

在例 10.10 的基础上执行以下命令：

```
r>XAdd Charts_1 *  Call5 "99999999"  //新增一条消息，但是该消息不在 g1 消费者组中
1649156874142-0
r>XAck Charts_1 g1 1649156874142-0
0
```

5. XGroup SetID 命令

作用：为消费者组设置新的最后传递的消息 ID。

语法：XGroup SetID key groupname id | $ [ENTRIESREAD entries_read]

参数说明：key 为指定流的键名。groupname 为已创建的消费者组名。id 为在消费者组中重新设置的最后一个 ID，不必删除和重新创建消费者组，如果 id 用“$”表示，则表明流中已读取的最后一个 ID；如果 id 设置为 0，则消费者组中的消费者可以重新获取整个流的历史消息记录。Redis 7.0.0 版本才支持可选参数 entries_read，通过该参数可以推算消费者组最后一个读取的 ID 到未读取 ID 之间的数量。

返回值：设置成功返回 OK。

【例 10.12】XGroup SetID 命令使用实例。

```
r>XGroup setid Charts_1 g1 0
OK
r>XReadGroup Group g1 c2 STREAMS Charts_1 >  //可以与例 10.10 中的读取结果进行对比
Charts_1
1649119598013-0
call3
it is a good day!
answer
YES!
1649124038668-0
call2
None one is here!
answer
NO!
1649124059845-0
call1
Who is saying something?
answer
```

```
TOM?Mary?
1649156874142-0
Call5
99999999
```

XGroup SetID 命令使同一消费者组中的不同消费者可以自由读取流历史记录消息。

6．XPending 命令

作用：显示待处理消息的相关信息。

语法：XPending key group start end count [consumer]]

参数说明：key 为指定流的键名；group 为指定的消费者组名；start 为开始 ID；end 为结束 ID，前小后大，可以用“-”“+”表示获取到的所有待处理消息；count 为返回的限制条数，可选参数 consumer 为指定的消费者名。

返回值：用列表形式返回待处理消息内容，包括消息 ID、消息的当前消费者名、自上次将消息发送给消费者后经过的毫秒数，以及该消息被传递的次数。

【例 10.13】XPending 命令使用实例。

```
r>XPending Charts_1 g1 - + 10
1649119598013-0
c2
1267599
1
1649124038668-0
c2
1267599
1
1649124059845-0
c2
1267599
1
1649156874142-0
c2
1267599
1
```

7．XClaim 命令

作用：转移消息的归属权（当一个消费者永久失效后，把消费者组中等待的消息转移给另一个消费者）。

语法：XClaim key group consumer min-idle-time ID [ID ...] [IDLE ms] [TIME ms-unix-time] [RETRYCOUNT count] [FORCE] [JUSTID]

参数说明：key 为指定流的键名；group 为指定的消费者组名；consumer 为与消费者组相关的消费者名；min-idle-time 为最小空闲时间，空闲超过该时间的消息才转移；ID 为指定的消息 ID；IDLE ms 为设置转移以后的空闲时间；TIME ms-unix-time 为设置的 UNIX 时间；RETRYCOUNT count 为设置转移后消息的消费次数；FORCE 为强制转换；JUSTID 为只返回 ID，消费次数不变。

返回值：此命令以与 XRange 的返回结果相同的格式返回所有认领成功的消息。在指定 JUSTID 可选参数的情况下，只返回认领成功消息的 ID。

【例 10.14】XClaim 命令使用实例。

执行该命令的前提是 g1 消费者组中的 c2 消费者没有读取消息，消息处于等待状态。

```
r>XClaim Charts_1 g1 c2 3000000 1649119598013-0
1649119598013-0
call3
it is a good day!
answer
YES!
```

这里相当于重置了 c2 消费者，也可以重置为 c3 等其他消费者。

8．XInfo 命令

作用：查看与流和消费者相关的信息。

语法：XInfo [Consumers key groupname] key key [HELP]

参数说明：XInfo 有三种子命令，其与参数的组合用法如下：

（1）XInfo Consumers key groupname，key 为指定流的键名，groupname 为指定的消费者组名。

（2）XInfo Groups key，key 为指定流的键名。

（3）XInfo Stream key，key 为指定流的键名。

返回值：根据参数组合不同返回不同的消息列表内容。

【例 10.15】XInfo 命令使用实例。

显示流对应的消费者组相关的信息。

```
r>XInfo Consumers Charts_1 g1
name
c1                     //消费者 c1
pending                //等待队列没有消息
0
idle
17219782
name
c2                     //消费者 c2
Pending                //等待队列没有消息
0
idle
1755881
name
c3                     //消息者 c3
pending                //等待队列有 4 条未读消息
4
idle
1077103
```

显示与流消费者组相关的信息。

```
r>XInfo Groups Charts_1
name
g1                          //消费者组名
consumers                   //3 个消费者
3
pending                     //4 条等待消息
4
last-delivered-id           //游标指向的当前 ID
1649156874142-0
```

显示与流相关的信息。

```
r>XInfo Stream Charts_1
length                      //流消息链表长度为 4（元素个数）
4
radix-tree-keys
1
radix-tree-nodes
2
last-generated-id           //当前游标
1649156874142-0
groups                      //一个消费者组
1
first-entry                 //流的第一条消息内容
1649119598013-0
call3
it is a good day!
answer
YES!
last-entry                  //流的最后一条消息内容
1649156874142-0
Call5
99999999
```

9. XGroup DelConsumer 命令

作用：删除消费者。

语法：XGroup DelConsumer key groupname consumername

参数说明：key 为指定流的键名，groupname 为指定的消费者组名，consumername 为指定的消费者名。

返回值：返回删除消费者等待的消息数量。

【例 10.16】XGroup DelConsumer 命令使用实例。

```
r>XGroup DelConsumer Charts_1 g1 c2
0
r>XInfo Groups Charts_1
name
g1
consumers
```

```
2
pending
4
last-delivered-id
1649156874142-0
```

10．XGroup Destroy 命令

作用：删除消费者组。

语法：XGroup Destroy key groupname

参数说明：key 为指定流的键名，groupname 为指定的消费者组名。

返回值：删除成功返回 1，删除失败返回 0。

【例 10.17】XGroup Destroy 命令使用实例。

```
r>XGroup Destroy Charts_1 g1
1
r>XInfo Groups Charts_1
                              //返回为空，表示没有消费者组
```

10.3 消息队列应用

带有消费者组的流消息队列是相对复杂的，它模仿了 Kafka 中间件的消息队列使用原理。

但是，Redis Stream 本身支持不带消费者组的使用，当流没有新消息时，甚至可以阻塞等待，称为独立消费。这时候的 Redis Stream 其实是类似于由普通列表构成的消息队列。

独立消费过程主要通过 XAdd、XRead 命令来实现。

```
r>XAdd Nqueue * M1 "1111ONE!"
1649249587274-0
r>XAdd Nqueue * M2 "2222TWO!"
1649249614807-0
r>XAdd Nqueue * M3 "3333Three!"
1649249633700-0
r>XRead Streams Nqueue 0-0
Nqueue
1649249587274-0
M1
1111ONE!
1649249614807-0
M2
2222TWO!
1649249633700-0
M3
3333Three!
//阻塞等待过程，需要通过另一个客户端发送消息，获取新的消息内容
r>XRead block 0  Streams Nqueue $
```

```
Nqueue
1649249903053-0
M4
4444OK?
```

10.4 练习及实验

1. 填空题

（1）Redis 5.0.0 开始提供的基于______的消息队列新功能为基于中间件的快速传递消息机制提供了优秀的选择方案。

（2）为客户端提供了三种消息服务模式：第一种是______，可以理解为消息群发，所有的客户端都能接收消息；第二种模式用于根据时间序列查询消息；第三种模式用于分类查看到达的消息。

（3）Redis Stream 对象的主体是一个消息队列______。

（4）消费者组的 PEL 中的待读取消息被消费者读取后，需要通过______机制进行成功确认，其等待变量中的消息记录才会减少。

（5）______命令添加消息到队列末尾，如果队列不存在，则新创建一个队列对象。

2. 判断题

（1）发布/订阅模式和 Redis Stream 都用于消息的发布和传播，它们的消息都可以进行持久化操作。（ ）

（2）Redis Stream 为消费者提供了重读消息的功能。（ ）

（3）消费者组中的任意一个消费者理论上都可以读取当前流对象的所有消息。（ ）

（4）当一个消费者永久失效后，可以把消费者组中的待读取消息整体转让给其他消费者。（ ）

（5）消费者组中的消息被一个消费者读取成功后，如果需要再被其他消费者读取，可以通过 XGroup SetID 命令将 ID 重置为 0 来实现。（ ）

3. 实验题

自行设计一个包括三个消费者的聊天消息流，要求用到表 10.2 中的所有命令，并记录所有操作过程。

第 11 章

I/O 线程

在 Redis 6.0.0 以前仅支持单线程的 I/O 操作，而这在从服务器端读取大量数据到客户端时，存在网络吞吐瓶颈问题，会导致业务系统响应性能下降，从而影响用户体验。为了解决这个问题，从 Redis 6.0.0 开始引入 I/O 多线程功能。由此，读者需要从 I/O 单线程到 I/O 多线程进行系统认识。

扫一扫，看视频

11.1　线程基本概念

线程（thread）是 Linux、Windows、UNIX 等操作系统可以进行运算调度的最小单位。在用 Python、Java、Go 等语言进行编程时，可以把一个函数的调用近似看作一个线程的调用；而从操作系统或数据库系统来看，可以把一个基本命令的调用看作一个线程的调用。如果在下载软件中同时下载多个资源，这种多个下载过程就是开启了多个线程。不同线程可以直接在多 CPU 里分别被执行。

进程（process）里面至少包含一个正在运行的线程，是线程运行的容器。这里的进程可以看作操作系统里一个一个正在运行的软件实例，如启动一个微信，那么这个运行的微信实例就是一个进程。

操作系统、进程与线程的关系如图 11.1 所示。

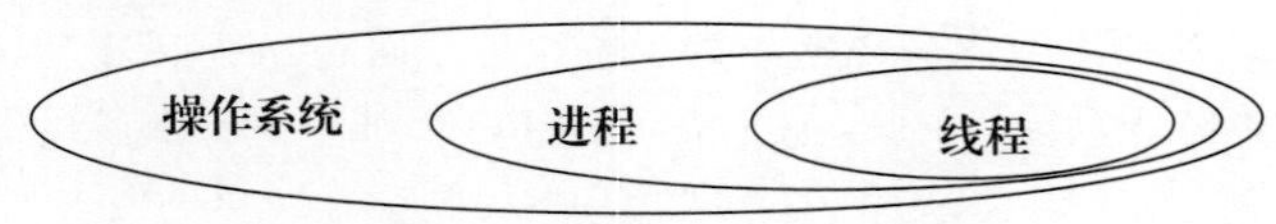

图 11.1　操作系统、进程与线程的关系

线程分单线程、多线程、守候线程。

（1）单线程：一个进程在同一时段只提供一个线程，在一个 CPU 核中处理相应的数据操作任务，具有独占性。

（2）多线程：一个进程在同一时段允许启动多个线程，在多个 CPU 核中处理相应的数据操作任务，具有并行性。

（3）守护线程：一类特殊的线程，一般用于在操作系统的后台为其他线程提供支撑服务，如等待打印任务的到来——打印机的守护线程。

线程具有新生、就绪、阻塞、运行、结束 5 种基本状态，如图 11.2 所示。

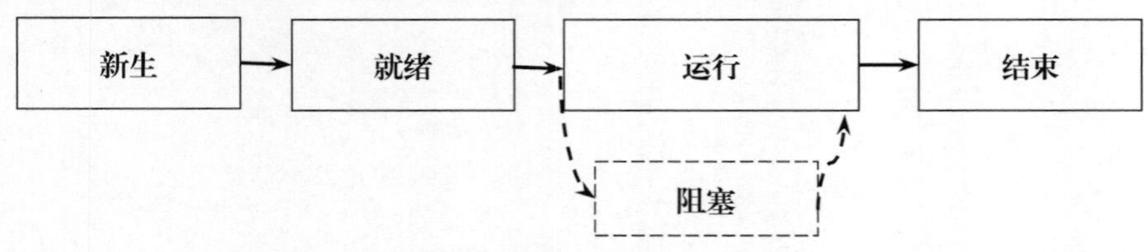

图 11.2　线程的 5 种基本状态

（1）新生（new）：当在进程中创建一个新的线程对象时，该线程对象就新生了，其在内存里开辟了线程地址，但还没有被执行。

（2）就绪（runnable）：当新生的线程被启动后，就进入了就绪状态，由于还没有被分配 CPU，线程将进入线程队列排队等待 CPU 服务。

（3）阻塞（block）：在线程执行过程中需要等待某个事件的发生，如消息接收进程，其在等待新消息的到来。如果在这个等待过程中不允许进程里的其他进程执行操作，就处于阻塞状态。

（4）运行（run）：当线程被分配到 CPU 执行相关资源任务操作时，就处于运行状态。

（5）结束（over）：当线程执行完相关任务后，释放 CPU 等相关资源，线程执行结束。

11.2 Redis 单线程

一般引起线程性能下降的环节包括 CPU 操作、磁盘操作、网络 I/O 操作三个。Redis 数据库由于基于内存运行，磁盘吞吐数据对线程的影响相对可以忽略，Redis 数据库与 CPU 之间交互也是如此；而客户端通过网络通信进行 I/O 操作，在单线程环境下可能发生数据读写性能瓶颈问题，尤其在大数据量的情况下，容易产生读写性能问题。

在 Redis 6.0.0 版本之前，Redis 数据库客户端与服务器端之间的单线程处理模式如图 11.3 所示。

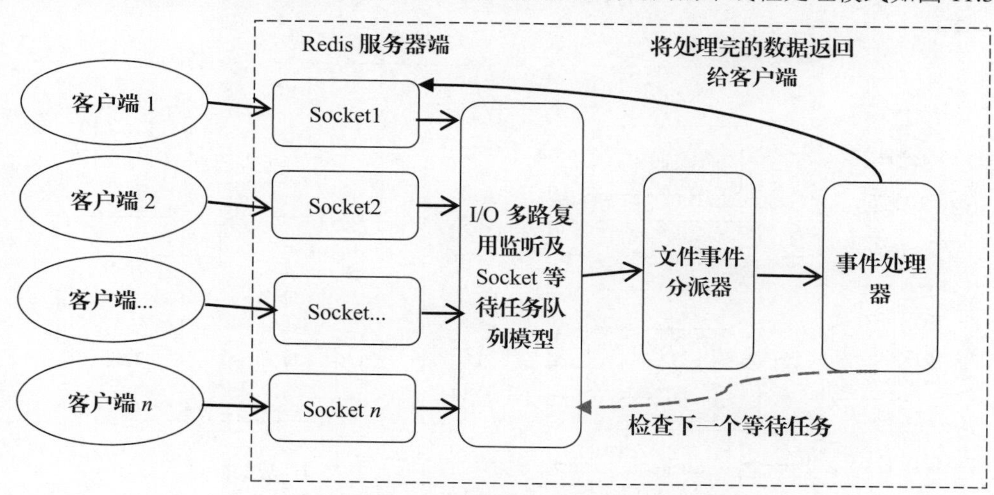

图 11.3　I/O 单线程处理模式

图 11.3 中的客户端通过 Socket 连接到 Redis 数据库服务器 Socket，建立通信链路，然后发送对 Redis 数据库的操作命令（读、写数据）；当 I/O 多路复用监听到客户端连接事件后，将新接入的 Socket 事件加入等待任务队列；接着文件事件分派器根据最近一个排队的事件任务将事件交予事件处理器进行数据操作处理，这个过程是真正的 I/O 单线程模式。只有当事件处理器把一个任务处理完成，才能释放当前线程，通过事件分派器检索下一个等待队列，这样 Socket 等待队列不受单线程影响，可以持续加入排队队列。等待队列里的任务轮询进入事件处理的方式称为多路复用（multiplexing）。

说明：

（1）多路复用等待排队主要利用了 Linux 的 select、poll、epoll 命令来实现同时测试多个流的 I/O 事件处理能力。这也是 Redis 数据库的生产环境建议使用 Linux 操作系统的一个原因。

（2）在一个 GB 级别内存的计算机里，客户端连接 Redis 数据库服务器端 Socket，同时可以连接约 10 万个。具体可以通过 cat /proc/sys/fs/file-max 查看。

（3）多路复用 I/O 模型本质上仍然是同步阻塞模型，以串行排队方式把任务一个一个地往文件事件派送器传送。

11.3 Redis 数据库多线程

如图 11.3 所示，由客户端发起，在大规模地处理 Redis 数据库服务器中的写数据时，事件处理器单线程处理数据任务的方式存在产生性能瓶颈的可能。由此，从 Redis 6.0.0 版本开始提供了新的多线程 I/O 模式，以解决类似问题。

于是需要提高事件处理器的数据任务处理方式，把单独处理一个任务改为读任务、写任务分开，分别排队，分别处理，使之实现多线程处理功能，如图 11.4 所示。

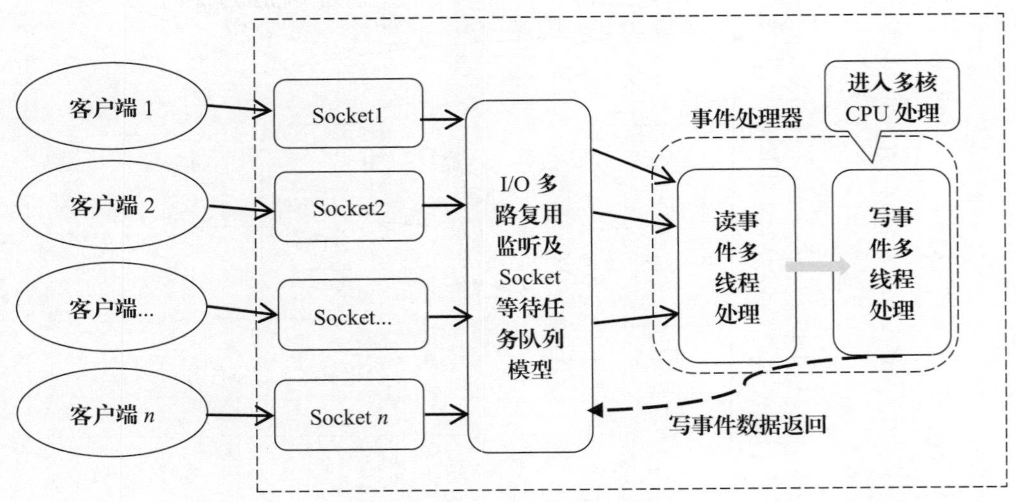

图 11.4　I/O 多线程处理模式

图 11.4 的多线程处理模式将从 I/O 多路复用监听到的所有客户端 Socket 等待任务进行数据读取并进行命令解析（这是新增的读事件多线程处理）；然后将所有解析完成的命令同步进行写事件线程处理，完成数据的处理和返回，此时当前事件处理完成，进行下一轮。这里体现了 I/O 事件数据读和写的分开处理，提高了并发处理能力。

说明：

（1）多线程 I/O 处理必须在多核 CPU 中进行。

（2）多线程 I/O 模式提高了 I/O 数据处理的速度，同时增加了多线程技术维护的复杂度，并增加了多轮排队的等待开销。

（3）多线程 I/O 处理要么同时读 Socket 等待数据，要么同时往 CPU 中写 Socket 数据处理任务，不会发生又读又写的现象。

11.4 开启多线程

Redis 6.0.0 开始支持 I/O 多线程工作模式。默认情况下所安装的 Redis 数据库启用的是单线程模式，如果需要启动多线程模式，需要通过 redis.conf 文件对如下参数进行设置：

```
#vi redis.conf
io-threads-dol-reads yes
io-threads 4
```

设置完上述参数后需要重新启动 Redis 数据库实例。

多线程使用建议如下：

（1）只有 CPU 为 4 个内核以上，才建议开启多线程使用模式；但是，配置的线程数量不要超过 8 个，如 8 个内核 CPU 可以配置 6 个线程等。

（2）开启多线程的前提条件是 Redis 数据库已经碰到 I/O 线程的性能问题，才可以考虑；在没有遇到性能问题前，开启多线程模式没有什么好处。

（3）Redis 数据库开启 I/O 多线程主要用于解决大规模写问题，对大规模读没有帮助。

（4）多线程模式启动后，可以通过 benchmark 工具进行压力测试，其使用方式必须也是多线程模式，而且要在其后加--threads 参数。benchmark 工具的详细使用方法见 15.1.1 小节。

11.5 练习及实验

1．填空题

（1）从 Redis 6.0.0 开始引入 I/O______功能。

（2）一般引起线程性能下降的环节包括 CPU 操作、磁盘操作、______操作三个。

（3）______等待排队主要利用了 Linux 的 select、poll、epoll 命令来实现同时测试多个流的 I/O 事件处理能力。

（4）对于 I/O 线程，只有 CPU 为______内核以上，才建议开启多线程使用模式。

（5）多线程模式启动后，可以通过______工具进行压力测试。

2．判断题

（1）在一个 GB 级别内存的计算机里，客户端连接 Redis 数据库服务器端 Socket，同时可以连接约 1000 个。（　　）

（2）多路复用 I/O 模型本质上仍然是异步阻塞模型。（　　）

（3）多线程 I/O 处理必须在多核 CPU 中进行。（　　）

（4）多线程 I/O 模式提高了 I/O 数据的处理速度，同时增加了多线程技术维护的复杂度，并增加了多轮排队的等待开销。（　　）

（5）多线程 I/O 处理要么同时读 Socket 等待数据，要么同时往 CPU 中写 Socket 数据处理任

务，不会发生又读又写的现象。 （ ）

3．实验题

开启多线程模式，用 benchmark 工具模拟压力测试，要求在单线程和多线程模式下进行对比测试。

提示：benchmark 工具的测试方法见 15.1.1 小节。

第 12 章

安　全

在正式生产环境下，尤其是在与互联网接触的公网环境下，必须认真考虑数据库安全问题，做好必要的安全防护措施。

扫一扫，看视频

12.1 默认用户访问配置

Redis 在 6.0.0 版本之前采用默认的 default 用户，目前为止读者所操作的环境无须用户名、密码就可以登录 Redis。这是因为默认的 default 用户没有设置对应的密码。如果设置了 default 用户的密码，则需要设置 requirepass 参数。有两种设置方法：一种是直接进入 redis.conf 文件设置 requirepass 参数，然后重新启动 Redis 数据库服务器（systemctl restart redis）；另一种是通过配置文件命令来实现，其实现过程如下：

```
#Redis-cli --raw
r>Config Set requirepass 123456 //在客户端设置 default 用户的默认密码
OK
r>Config Rewrite                        //将在内存中设置的参数写入 redis.conf
OK
r>Exit                                  //退出客户端
#Redis-cli -a 123456 --raw              //用设置的密码重新登录客户端
Warning: Using a password with '-a' or '-u' option on the command line
interface may not be safe.
r>                                      //登录成功
```

在 Linux 环境下找到并打开 redis.conf 文件（一般情况下都存放于/etc/路径下），命令如下：

```
#>vi /etc/redis.conf
```

将在该文件的最下方发现新设置的 requirepass 123456 参数。

⚠ **注意：**

使用上述方式设置密码后，通过 Redis-cli 无密码访问 Redis 数据库服务器端，仍能成功。

解决方法是关闭 Redis 数据库服务器端，然后带参数 redis.conf 重新启动 Redis 数据库服务器。

12.2 ACL 安全访问

在 Redis 6.0.0 之前，简易的 requirepass 参数仅能给 default 用户设置统一的明码密码，如果是 Redis 数据库集群，则所有访问节点的用户只能使用同一个密码，存在不同用户无法合理授权控制的问题，也存在自己的数据对象被别人随意修改的问题。因此，该方法的安全访问控制能力有限。

从 Redis 6.0.0 版本开始，全新推出了更加安全可靠的 ACL（access control list，访问控制列表）访问控制权限的功能。ACL 提供了多用户、密码设置功能，提供了不同用户不同命令权限设置功能，提供了不同数据访问权限设置功能。同时，继续支持 default 默认用户功能。但是，两种用户设置模式只能取其一，不能同时设置。

ACL 配置主要通过 redis.conf 文件配置、aclfile 文件配置两种方式来实现，两种配置只能选择一种。

12.2.1 redis.conf 文件配置

在默认用户访问配置的情况下，可以直接设置 ACL 的用户名、密码，命令如下：

```
r>ACL Setuser bee on >beebee  +@all        //设置用户名为bee，密码为beebee
OK
r>Exit
#Redis-cli --user bee --pass beebee  //用设置的用户名、密码登录
r>config rewrite                           //将ACL用户配置内容写入redis.conf文件
```

上述设置的 ACL 用户，其密码存储于 redis.conf 文件中。

用 Vi 编辑器打开 redis.conf 文件，在最下面可以看到如下设置内容：

```
user bee on #daf4da7f7c7a2d1cbf171a57ab9a1876c6ca8cbad3a239361b66e47a4ab6ee0d
&* +@all
```

显然，当只管理几个用户时使用该方法较好；对于复杂的用户管理，官网建议用 aclfile 文件进行配置实现。

12.2.2 aclfile 文件配置

用 Vi 编辑器打开 redis.conf 文件，注释掉所有已设置的 ACL 命令（详见 12.3 节），ACL 设置的用户信息如下：

```
user default on sanitize-payload
#8d969eef6ecad3c29a3a629280e686cf0c3f5d5a86aff3ca12020c923adc6c92 ~* &* +@all
```

注释掉 requirepass，这样可以只保证 ACL 授权。

在 redis.conf 的 SECURITY 分类中设置 aclfile 文件路径，命令如下：

```
aclfile /etc/redis/users.acl                //去掉前面的"#"
```

说明：

若/etc 下没有 redis 子路径，需要先在/etc 下用 mkdir -p redis 命令创建子路径。

创建 users.acl，命令如下：

```
#touch /etc/redis/users.acl                 //创建users.acl空文件
#ls /etc/redis/                             //查看该文件是否已经建立
users.acl
```

关闭 Redis 数据库服务器，命令如下：

```
#Redis-cli shutdown                         //关闭Redis数据库服务器进程
#ps -ef | grep redis                        //查看是否运行Redis数据库服务器进程
root  12339  3778  0 19:24 pts/3  00:00:00 grep --color=auto redis
#Redis-server /etc/redis.conf               //启动Redis数据库服务器
#Redis-cli                                  //启动一个客户端
r>ACL Setuser log3 on >33333333 +@all      //设置ACL用户、密码、命令权限
```

```
OK
r>ACL Save                                    //将设置的 ACL 内容持久化到 aclfile
OK
```

说明：

上述以 ACL 开头的命令的详细使用方法见 12.3 节。

12.3 ACL 命令

ACL 命令由 DSL（domain specific language，域特定语言）定义，用于确定用户的授权使用范围。

12.3.1 ACL 命令设置规则

Redis 数据库的 ACL 规则分为命令授权规则、用户管理规则两类，用于设置 ACL 命令在执行时对应 rule 参数的约束。ACL 命令设置规则的具体用法见 12.3.2 小节和 12.3.3 小节。

1. 命令授权规则

Redis 6.0.0 版本开始支持的命令授权规则如下：

（1）~<pattern>用于将指定的键模式（GLOB 风格的模式，如 Key 命令中的模式）添加到用户可以访问的键模式列表中，方便指定范围键的读写，可以向同一个用户连续添加多个键模式，如~objects:*。

（2）allkeys 与“~*”匹配符号等价，为指定用户提供访问所有键对象数据的权限。

（3）resetkeys 用于从用户可以访问的键模式列表里删除所有的键模式。

（4）&<pattern>用于将指定 GLOB 风格模式添加到用户可以访问的发布/订阅频道模式列表中。可以向同一用户添加多个频道模式，如&chatroom:*。

（5）allchannels 等价于“&*”，允许用户访问所有的发布/订阅频道。

（6）resetchannels 用于从用户可以访问的发布/订阅频道模式列表中删除所有频道模式。

（7）+<command>用于将 Redis 数据库的<command>命令添加到用户可以调用的命令列表中，如“+config|get”。

（8）+@<category>用于允许用户调用<category>分类中的所有命令（可以通过 ACL CAT 命令查看完整分类列表）。

（9）-@<category>用于禁止用户调用<category>分类中的所有命令。

（10）allcommands 等价于“+@all”，为指定用户添加所有的 Redis 数据库可以执行的命令。

（11）+<command>|subcommand 允许使用原本禁用的特定类别下的特定子命令。

（12）+@all 允许调用所有命令，包括当前存在的命令以及将来通过模块加载的命令，与使用 allcommands 效果相同。

（13）-@all 用于禁止调用所有命令。

（14）nocommands 等价于-@all。

Redis 7.0.0 版本开始支持的命令授权规则如下：

（1）%R~<pattern>用于为指定用户添加指定的读权限键模式。

（2）%W~<pattern>用于为指定用户添加指定的写权限键模式。

（3）%RW~<pattern>用于为指定用户添加指定的读写权限键模式。

（4）-<command>用于从可调用的 Redis 数据库命令列表中移除<command>命令。

2. 用户管理规则

（1）on 用于启用用户，可以使用该用户进行身份验证。对应身份验证命令为 Auth <username> <password>。

（2）off 用于禁用用户，禁止使用此用户进行身份验证，但是已经通过身份验证的连接仍然可以使用。

（3）><password>用于将密码添加到用户有效密码列表中。例如，>mypassword 将会把 mypassword 添加到用户的密码列表中。该操作会清除用户的 nopass 标记，每个用户可以拥有多个有效密码。

（4）<<password>用于将密码从用户有效密码列表中移除。当列表中不存在该密码时，会报错。

（5）#<hashedpassword>用于将此 SHA-256 哈希值添加到用户的有效密码列表中，该哈希值将与 ACL 用户输入的密码的哈希值进行比较。这将允许用户将此哈希值存储在 ACL 配置文件中，而不是存储明文密码。仅接受 SHA-256 哈希值，因为密码的哈希必须由 64 个字符长度的小写的十六进制字符组成。

（6）!<hashedpassword>用于从有效密码列表中删除该哈希值（适用于不知道哈希值指定的密码但又想从用户中删除密码的情况）。

（7）nopass 用于删除用户所有密码，使指定用户无须密码就可以登录。如果将此指令应用于 default 用户，则每个新的连接都将立即通过 default 用户进行连接，而无须任何 Auth 命令。

（8）resetpass 用于清除用户有效密码列表中的数据，并清除 nopass 状态，之后该用户将没有任何关联的有效密码，将不允许登录，直到为该用户设置了有效密码或将用户设置成 nopass 状态。

（9）reset 用于重置用户到初始状态。该命令会执行以下操作：resetpass、resetkeys、off、-@ all。

Redis 7.0.0 版本开始支持的用户管理规则如下：

（1）(<rule list>)用于创建一个新的选择器来匹配规则。如果某个命令与用户权限或任何选择器匹配，则该命令允许被使用。

（2）clearselectors 用于删除附加到用户的所有选择器。

12.3.2 增、删、改、查命令

ACL 为 Redis 数据库用户的管理提供了增、删、改、查基本操作命令，见表 12.1。

表 12.1　ACL 增、删、改、查基本操作命令

序号	命令名称	命令功能描述	执行时间复杂度
1	ACL List	查看 Redis 数据库服务器当前活动的 ACL 规则	$O(n)$
2	ACL Setuser	用指定的规则创建 ACL 用户或修改现有用户的规则	$O(n)$
3	ACL Getuser	返回指定 ACL 用户定义的所有权限规则	$O(n)$
4	ACL Deluser	删除指定的 ACL 用户	$O(1)$
5	ACL Save	将 ACL 配置内容持久化到 ACL 文件（aclfile）中	$O(1)$
6	ACL Whoami	获取当前连接的用户信息	$O(1)$
7	ACL Users	获取配置的所有用户名	$O(n)$

1. ACL List 命令

作用：查看 Redis 数据库服务器当前活动的 ACL 规则。

语法：ACL List

参数说明：无。

返回值：以数组格式返回不同的用户信息。

【例 12.1】ACL List 命令使用实例。

```
r>ACL List
user default on nopass ~* &* +@all
```

该命令的返回值信息：user 代表返回 ACL 用户，在默认 Redis 数据库的情况下用户统一用 default；on 代表该用户被启用；nopass 代表无密码，“~*”代表所有 Key 对象；“&*”代表所有发布/订阅频道对象；“+@all”代表所有命令。

此处的返回值表示 default 用户无密码，并且可以访问所有命令及所有数据。

2. ACL Setuser 命令

作用：用指定的规则创建 ACL 用户或修改现有用户的规则。

语法：ACL Setuser username [rule [rule ...]]

参数说明：必选参数 username 为用户名，区分英文大小写；可选参数 rule 的使用方法详见 12.3.1 小节。

返回值：以数组格式返回不同的用户信息。

【例 12.2】ACL Setuser 命令使用实例。

```
r>>ACL Setuser Tom                    //增加 Tom 用户，无密码
OK
127.0.0.1:6379> acl list
user Tom off &* -@all                 //默认情况下 Tom 用户不被启用
user default on nopass ~* &* +@all
//启用 Tom 用户，并授权可以访问所有键对象，设置密码
127.0.0.1:6379> ACL Setuser Tom on allkeys >888888
OK
```

```
127.0.0.1:6379> ACL List
user Tom on #92925488b28ab12584ac8fcaa8a27a0f497b2c62940c8f4fbc8ef19ebc87c43e ~* &* -@all
user default on nopass ~* &* +@all
```

开辟另外一个 Linux 的远程连接，在其上执行如下命令：

```
#Redis-cli auth Tom 888888
OK
```

显示登录验证成功。

3. ACL Getuser 命令

作用：返回指定 ACL 用户定义的所有权限规则。

语法：ACL Getuser username

参数说明：username 为指定的用户。

返回值：以列表格式返回指定用户的 ACL 权限规则。

【例 12.3】ACL Getuser 命令使用实例。

```
r>ACL Getuser Tom
flags
on
allkeys
allchannels
passwords
92925488b28ab12584ac8fcaa8a27a0f497b2c62940c8f4fbc8ef19ebc87c43e
commands
-@all
keys
*
channels
*
```

4. ACL Deluser 命令

作用：删除指定的 ACL 用户。

语法：ACL Deluser username [username ...]

参数说明：username 为指定的用户。

返回值：返回实际删除的用户数量。

【例 12.4】ACL Deluser 命令使用实例。

```
r>ACL Setuser Jack
OK
r>ACL Setuser Joe
OK
r>ACL Deluser Jack Joe
2
```

5. ACL Save 命令

作用：将 ACL 配置内容持久化到 ACL 文件（aclfile）中。

语法：ACL Save

参数说明：无。

返回值：返回 OK。

【例 12.5】ACL Save 命令使用实例。

```
r>ACL Save
OK
```

如果执行上述命令报“ERR This Redis instance is not configured to use an ACL file. You may want to specify users via the ACL SETUSER command and then issue a CONFIG REWRITE (assuming you have a Redis configuration file set) in order to store users in the Redis configuration.”错误，则需要在 redis.conf 配置文件中进行相应设置，详见 12.2.2 小节。

6. ACL Whoami 命令

作用：获取当前连接的用户信息。

语法：ACL Whoami

参数说明：无。

返回值：返回当前连接的用户名。

【例 12.6】ACL Whoami 命令使用实例。

```
>ACL Whoami
"default"
```

7. ACL Users 命令

作用：获取配置的所有用户名。

语法：ACL Users

参数说明：无。

返回值：以列表形式返回配置的所有用户名。

【例 12.7】ACL Users 命令使用实例。

```
>ACL Users
1) "default"
2) "log3"
3) "Tom"
```

12.3.3 其他命令

Redis 数据库的其他 ACL 命令见表 12.2。

表 12.2 其他 ACL 命令

序号	命令名称	命令功能描述	执行时间复杂度
1	ACL Cat	查看 Redis 数据库命令分类，用于授权	$O(1)$
2	ACL Load	重新加载 aclfile 到 Redis 数据库服务器中	$O(n)$
3	ACL Genpass	随机返回一个 SHA256 密码	$O(1)$
4	ACL Log	查看 ACL 安全日志	$O(n)$
5	ACL Help	显示所有 ACL 命令的帮助文档	$O(1)$
6	ACL Dryrun	模拟指定用户执行指定命令的过程（Redis 7.0.0 版本新增）	$O(1)$

1．ACL Cat 命令

作用：查看 Redis 数据库命令分类，用于授权。

语法：ACL Cat [categoryname]

参数说明：可选参数 categoryname 为某一分类名称。

返回值：当没有参数时，返回 Redis 数据库的 ACL 命令的所有分类名称；当用可选参数指定某一分类名称时，返回该类的所有命令。

【例 12.8】ACL Cat 命令使用实例。

```
r>ACL Cat
 1) "keyspace"
 2) "read"
 3) "write"
 4) "set"
 5) "sortedset"
 6) "list"
 7) "hash"
 8) "string"
 9) "bitmap"
10) "hyperloglog"
11) "geo"
12) "stream"
13) "pubsub"
14) "admin"
15) "fast"
16) "slow"
17) "blocking"
18) "dangerous"
19) "connection"
20) "transaction"
21) "scripting"
```

显示某一分类的所有命令。

```
r>ACL Cat stream
 1) "xread"
 2) "xautoclaim"
```

```
 3) "xreadgroup"
 4) "xclaim"
 5) "xinfo"
 6) "xdel"
 7) "xgroup"
 8) "xpending"
 9) "xack"
10) "xtrim"
11) "xsetid"
12) "xrevrange"
13) "xrange"
14) "xlen"
15) "xadd"
```

2．ACL Load 命令

作用：重新加载 aclfile 到 Redis 数据库服务器中。

语法：ACL Load

参数说明：无。

返回值：加载成功返回 OK。

【例 12.9】ACL Load 命令使用实例。

读者可以直接打开 aclfile 文件进行用户权限设置，保存后，需要重新将其加载到 Redis 数据库服务器中，这就可以用 ACL Load 热加载实现，无须重启 Redis 数据库服务器。

```
r>ACL Load
OK
```

3．ACL Genpass 命令

作用：随机返回一个 SHA256 密码。

语法：ACL Genpass[bits]

参数说明：可选参数 bits 为某一分类名称。

返回值：默认情况下返回 64 字节的伪随机数据字符串；如果指定参数，则返回输出字符串长度是指定位数除以 4 的字节数。

【例 12.10】ACL Genpass 命令使用实例。

```
r>ACL Genpass
"93860fd0ed2fb4783ee7fbf1bf3ca8af6a51a10332003a5d3ed5ccec36a9b47c"
r>ACL Genpass 32
"ec2128b8"
```

4．ACL Log 命令

作用：查看 ACL 安全日志。

语法：ACL Log [count | RESET]

参数说明：可选参数 count 用于指定一次显示多少条日志记录，RESET 用于清除 ACL 安全日志

内容。

返回值：当用于显示日志条数时，以列表形式显示日志事件记录；当清除日志时，清除成功后返回 OK。

【例 12.11】ACL Log 命令使用实例。

```
r>ACL Log
(empty array)
```

5. ACL Help 命令

作用：显示所有 ACL 命令的帮助文档。

语法：ACL Help

参数说明：无。

返回值：显示所有 ACL 命令的帮助文档。

【例 12.12】ACL Help 命令使用实例。

```
r>ACL Help
ACL <subcommand> [<arg> [value] [opt] ...]. Subcommands are:
CAT [<category>]
    List all commands that belong to <category>, or all command categories
    when no category is specified.
DELUSER <username> [<username> ...]
    Delete a list of users.
GETUSER <username>
    Get the user's details.
GENPASS [<bits>]
    Generate a secure 256-bit user password. The optional `bits` argument can
    be used to specify a different size.
LIST
    Show users details in config file format.
LOAD
    Reload users from the ACL file.
LOG [<count> | RESET]
    Show the ACL log entries.
SAVE
    Save the current config to the ACL file.
SETUSER <username> <attribute> [<attribute> ...]
    Create or modify a user with the specified attributes.
USERS
    List all the registered usernames.
WHOAMI
    Return the current connection username.
HELP
    Prints this help.
```

12.4 其他安全措施

Redis 数据库除了提供身份验证、命令及数据使用授权，以保证访问安全外，还需要考虑实际运行网络环境下的各种潜在攻击行为，通过对应措施加强 Redis 数据库数据本身的安全。

12.4.1 网络访问安全措施

在一般的互联网环境下，图 12.1 所示是比较常见的业务系统部署方案。用户通过互联网穿过防火墙，访问机房中的 Web 服务器，Web 服务器应用再访问其后面的 Redis 数据库服务器。该部署方式最大的威胁来自互联网的恶意攻击，由此需要在不同角度加以预防。

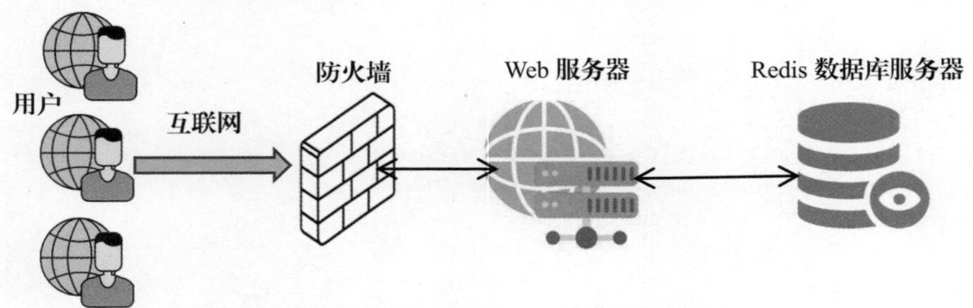

图 12.1 基于互联网的常见的业务系统部署方案

1．防火墙设置端口访问限制

防火墙是第一道防止外部攻击的设备，应该通过设置拒绝外部用户直接访问 Redis 数据库实例运行端口。

2．在配置文件中绑定固定 IP 地址

在 redis.conf 配置文件中通过 bind 参数可以绑定允许访问的 IP 和端口地址，其默认配置如下：

```
bind 127.0.0.1 -::1
```

该配置代表只有本地服务器里的应用系统才能访问该 Redis 数据库（应用系统和 Redis 数据库装在一台服务器里）。在实际生产环境下指定 Redis 数据库所在服务器的 IP 地址，表明其他服务器里的应用只有通过该 IP 地址才能访问 Redis 数据库。例如，bind 192.168.10.1 指其他应用只允许通过 192.168.10.1 地址访问 Redis 数据库。这样可以屏蔽掉其他不明 IP 地址的连接。

3．禁用一些危险的操作命令

在实际生产环境下，相对来说比较危险的命令有 Flushdb（清空数据库）、Flushall（清空所有记录）、Config（执行 Config 命令修改配置参数）、Keys（查看所有存在的键对象）等。

如果不想让一般用户使用上述危险命令，可以在 redis.conf 配置文件中的安全（SECURITY）类

里设置如下参数内容：

```
rename-command Flushall ""
rename-command Flushdb ""
rename-command Config ""
rename-command Keys ""
```

或为上述命令设置复杂的重命名，示例如下：

```
rename-command Flushall b840fc02d524045429941cc15f59e41cb7be6c52
```

4．应用程序代码安全

应用程序本身的代码缺陷也可能会引起Redis数据库被攻击，导致其性能急剧下降的问题发生，如在应用程序里频繁读取并不存在的 Key 对象（详见 8.2.3 小节）。类似问题需要程序员仔细考虑，从而杜绝代码上的缺陷。

12.4.2 数据备份

虽然 Redis 数据库提供了很好的持久化功能，使该数据库具备了硬盘保存数据的功能。但是，随着数据量的增大，这些数据越来越重要，就需要考虑数据备份的问题。

1．实时备份

Redis 数据库提供的主从复制方式本身具备不同物理设备的数据备份能力。假设一台主服务器出现了故障，从服务器就可以自动切换升级为主服务器，实现业务数据持续使用的要求。如果利用城域网、广域网将从服务器放到异地，则实现了异地实时备份的效果。要做的主要工作是规划好网络路由及 IP 地址等。

2．定期备份数据文件

对于不具备实时异地备份条件的情况（如机房设备、网络通信等投资成本明显上升），可以考虑定期备份数据文件的方法，实现数据异地容灾备份。最简单的是利用 Linux 的 scp 命令（SSH 的组件）实现本地 RDB 文件和 AOF 文件的异地备份，示例如下：

```
$ scp /home/rdb/dump.rdb root@202.11.2.1:/home/root  //202.11.2.1 为远程服务器
```

该方法的缺点是需要人工定期复制备份文件，而且需要事先通过电信运营商购买 VPS（virtual private server，虚拟服务器）服务。

12.5 练习及实验

1．填空题

（1）Redis 数据库在 6.0.0 版本之前采用默认的______用户。

（2）如果设置了 default 用户的密码，则需要设置______参数。

（3）从 Redis 6.0.0 版本开始，全新推出了更加安全可靠的______访问控制权限的功能。

（4）在 ACL 安全访问模式下，对于复杂的用户管理，官网建议用______文件进行配置实现。

（5）Redis 数据库的 ACL 规则分为______授权规则、用户管理规则两类，用于设置 ACL 命令在执行时对应 rule 参数的约束。

2．判断题

（1）默认 default 账户的登录密码存储于 redis.log 配置文件中。（　　）

（2）在配置文件中设置密码后，就可以直接使用。（　　）

（3）ACL 配置主要通过 redis.conf 文件配置、aclfile 文件配置两种方式来实现，两种配置只能选择一种。（　　）

（4）实际生产环境下的部署方式的最大的威胁来自互联网的恶意攻击，由此需要从不同角度加以预防。（　　）

（5）Redis 数据库提供了很好的持久化功能，使该数据库具备了硬盘保存数据的功能，由此无须再采用其他备份策略。（　　）

3．实验题

启用 aclfile 方式来实现对 Redis 数据库的访问，并要求只能访问集合数据对象、只能使用集合数据命令。

3

第 3 部分 实战篇

本部分内容主要为数据库工程师或项目软件开发工程师进行项目实战所准备。相关章节内容安排如下：

第 13 章　编程语言调用

第 14 章　应用案例方案

第 15 章　实用辅助工具

第 16 章　电商应用实战

第 13 章 编程语言调用

Redis 数据库支持基于 C、C#、C++、D、Go、Java、Perl、PHP、Python、R、Ruby 等编程语言的开发。[1]

扫一扫，看视频

[1] https://redis.io/docs/clients/。

13.1 基于 Python 调用 Redis 数据库

本节实现基于 Python 调用 Redis 数据库的过程，并提供了一个典型的算法案例。

13.1.1 安装及代码连接

在 Linux 环境下安装 Python 并调用 Redis 数据库，需要经过 4 个环节。

1. 安装 Python

一般 Linux 默认的环境下安装了 Python 的 2.X 版本，但在目前主流情况下需要使用 Python 3.X 版本。

（1）执行 python 命令查看 Python 现有的安装版本，命令如下：

```
#python
Python 2.7.5 (default, Apr  2 2020, 13:16:51)
[GCC 4.8.5 20150623 (Red Hat 4.8.5-39)] on linux2
Type "help", "copyright", "credits" or "license" for more information.
>>> exit()
```

（2）下载 Python 3.8.9 版本的源码包，命令如下：

```
#wget https://www.python.org/ftp/python/3.8.9/Python-3.8.9.tgz
--2022-04-12 19:56:17--  https://www.python.org/ftp/python/3.8.9/Python-3.8.9.tgz
正在解析主机 www.python.org (www.python.org)... 151.101.72.223, 2a04:4e42:11::223
正在连接 www.python.org (www.python.org)|151.101.72.223|:443... 已连接
已发出 HTTP 请求，正在等待回应... 200 OK
长度：24493475 (23M) [application/octet-stream]
正在保存至："Python-3.8.9.tgz"
100%[=======================>] 24,493,475  15.4KB/s 用时 26m 22s
```

（3）下载 python3 编译的依赖包，命令如下：

```
#yum install -y gcc patch libffi-devel python-devel  zlib-devel bzip2-devel openssl-devel ncurses-devel sqlite-devel readline-devel tk-devel gdbm-devel db4-devel libpcap-devel xz-devel
```

此处不再讲解安装过程。

（4）解压缩源码包，命令如下：

```
#tar -zxvf Python-3.8.9.tgz
```

此处不再讲解安装过程。

（5）编译安装命令如下：

```
#cd Python-3.8.9                    //P 必须大写
```

```
#ls
#./configure --prefix=/opt/python36  //创建 python36 目录过程，提示信息略
#make                                //编译 Python-3.8.9 源代码为 Linux 可执行代码
#make install                        //安装编译完成的可执行代码
```

（6）更改 Linux 下的 path 变量，命令如下：

```
#vim /etc/profile
PATH=/opt/python36/bin:$JAVA_HOME/bin:$JRE_HOME/bin:$PATH     //一定要将 python36
                                                              //的目录放第一位
```

（7）重载配置文件，命令如下：

```
#source /etc/profile
```

（8）执行 python3，命令如下：

```
#python3
Python 3.9.5 (default, Jun 14 2021, 11:59:40)
[GCC 4.8.5 20150623 (Red Hat 4.8.5-39)] on linux
Type "help", "copyright", "credits" or "license" for more information.
>>>
```

2. 安装 Redis 数据库

安装 Redis 数据库的过程见 1.3.1 小节。

3. 安装 Redis 数据库连接中间件

要使 Python 代码调用 Redis 数据库，必须通过数据库连接中间件来实现。这里选择最常用的可以兼容 redis-py 中间件的 redis 中间件来实现安装过程，命令如下：

```
#pip3 install redis
```

4. Python 调用 Redis 数据库

Python 调用 Redis 数据库的命令如下：

```
#python3
>>> import redis                  //导入 Redis 中间件
>>> r=redis.Redis()               //创建数据库调用对象 r
>>> r.set('name',"TOM")           //通过对象 r 为 Redis 数据库创建 name 集合
True
>>> print(r.get('name'))          //输出 name 集合的值
b'TOM'
```

上述命令验证了 Python 操作 Redis 数据库的过程。

13.1.2 约瑟夫问题

17 世纪的法国数学家加斯帕在《数目的游戏问题》中讲了这样一个故事：30 个人在深海上遇险，必须将一半的人投入海中，其余的人才能幸免于难，于是想了一个办法：30 个人围成一个圆圈，从

第一个人开始依次报数，每数到第 9 个人就将他投入大海，如此循环进行，直到仅剩 15 个人为止。求投海的是哪些人以及留下的是哪些人，要求从 1 开始报数。

该题目解题思路如下：

（1）用列表 line 存储编号 1～30。

（2）循环从 1 开始比较，比较到第 9 个，把第 9 个人的编号删除，并且按照比较循序，将 1～8 移到队伍尾部。

（3）继续往下比较，直至投海次数达到 15 次。

用 Python 代码实现如下（提前用 Vi 编辑器或 Vim 编辑器进行代码编辑，并保存于 line.py 中）：

```
#python3 line.py
import redis
r=redis.Redis()
r.delete('line')
r.lpush('line',30,29,28,27,26,25,24,23,22,21,20,19,18,17,16,15,14,13,12,11,10,9,
8,7,6,5,4,3,2,1)
ilen=0
while ilen!=15 :                          #投海次数
    i=0
    while i<8 :
        one=r.lpop('line')
        r.rpush('line',one)               #将不是第 9 个的人移动到队伍的尾部
        i=i+1
    if i==8 :                             #将第 9 个人投入大海
        one=r.lpop('line')
        print('投海人：%d'%(int(one)))
    ilen=r.llen('line')
print('剩下人员：',str(r.lrange('line','0','-1')))
```

在 Linux 环境下执行如下命令：

```
#python3 line.py
投海人：9
投海人：18
投海人：27
投海人：6
投海人：16
投海人：26
投海人：7
投海人：19
投海人：30
投海人：12
投海人：24
投海人：8
投海人：22
投海人：5
投海人：23
剩下人员： [b'25', b'28', b'29', b'1', b'2', b'3', b'4', b'10', b'11', b'13',
b'14', b'15', b'17', b'20', b'21']
```

13.2　基于 Go 调用 Redis 数据库

Redis 数据库支持基于 Go 语言的编程调用。

13.2.1　安装及代码连接

在 Linux 环境下实现基于 Go 语言代码调用 Redis 数据库，需要先安装 Go 语言安装包、Go 语言连接 Redis 数据库的名为 redis 的中间件和 Redis 数据库。

1．安装 Go 语言安装包

（1）下载 Go 语言安装包，命令如下：

```
#wget https://golang.google.cn/dl/go1.18.1.linux-amd64.tar.gz
```

（2）解压源码。将安装包直接解压到/user/local 目录下，实现开箱即用，无须编译及安装，命令如下：

```
#tar -C /usr/local/ -zxvf g1.18.1.linux-amd64.tar.gz
```

（3）添加系统环境变量。先创建配置文件，命令如下：

```
#vim /etc/profile.d/go.sh
```

在打开的 go.sh 文件中输入如下配置内容，然后保存并退出（:wq!），命令如下：

```
export PATH=$PATH:/usr/local/go/bin
```

使配置文件生效，命令如下：

```
#source /etc/profile.d/go.sh
```

（4）设置 GOPATH 目录。

先创建工作目录，命令如下：

```
#mkdir -p /home/admin/go
```

接着将目录添加到 GOPATH 环境变量中，命令如下：

```
#vim /etc/profile.d/gopath.sh
```

在 gopath.sh 文件中设置目录信息，保存并退出 Vim 编辑器，命令如下：

```
export GOPATH=/home/admin/go
```

使 gopath.sh 配置文件生效，命令如下：

```
#source /etc/profile.d/gopath.sh
```

验证 GOPATH 环境变量是否添加成功，命令如下：

```
#echo $GOPATH
```

如果输出/home/user/go，则添加成功。

2．安装 Redis 中间件

安装 Redis 中间件的命令如下：

```
#go get -u github.com/go-redis/redis
```

3．安装 Redis 数据库

安装 Redis 数据库的过程见 1.3.1 小节。

4．连接测试

连接测试的代码如下：

```
//声明一个全局的 redisdb 变量
var redisdb *redis.Client

//初始化连接
func initClient() (err error) {
    redisdb = redis.NewClient(&amp;redis.Options{
        Addr:     &quot;localhost:6379&quot;,
        Password: &quot;&quot;,   //no password set
        DB:       0,              //use default DB
    })

    _, err = redisdb.Ping().Result()
    if err != nil {
        return err
    }
    return nil
}
```

13.2.2 连接池实现

在实际项目中，为了解决客户端频繁地访问 Redis 数据库服务器端的问题，不少编程语言都采用了连接池（connection pool）技术，以达到高并发客户端线程的快速高效的使用要求。

连接池设计的基本思路：将数据库连接作为对象存储在内存中，当客户端需要访问 Redis 数据库时，不是新建一个连接，而是从连接池中取出一个已经建立的空闲连接对象。当客户端使用完成后，不是关闭连接，而是把连接放回连接池中，以供下一个客户端访问使用。而连接的建立、断开都由连接池自身进行管理，并且可以通过设置连接池的参数来控制连接池的初始连接数、连接的上下限个数、每个连接的最大使用次数、最大空闲时间等。

根据上述设计思路，其代码实现内容如下。

1．构建连接池数据结构，用于存储连接对象

Redis 连接池的实现使用 Go 语言的 chan 数据类型来存储，每个可用的 Redis 数据库连接可从

chan 中取出，在使用完毕后重新放入 chan。Go 语言的双向 chan 数据类型本质上是一个 FIFO 队列，即先进先出队列的数据结构。导入 Go 语言的各种开发包的代码如下：

```
package db
import (            //导入 Go 语言的各种开发包，方便后续代码直接调用
    "fmt"
    "github.com/gomodule/redigo/redis"
    "log"
    "os"
    "reflect"
    "strconv"
    "strings"
    "sync"
    "time"
)
```

定义 Redis 连接池的数据类型，代码如下：

```
type RedisPool struct {
    mu sync.Mutex               //同步信号量，用于添加锁和释放锁
    minConn int                 //Redis 连接池的最小连接数
    maxConn int                 //Redis 连接池的最大连接数
    numConn int                 //Redis 连接池的当前连接数
    conns chan *RedisConn       //利用 chan 数据类型作为存储 Redis 连接对象的连接池
    close bool                  //连接池（也就是对应的 chan）是否关闭
}

type RedisConn struct {
    Conn redis.Conn             //每个具体的 Redis 连接对象
    IdleTime time.Time          //当连接刚处于 idle 状态时，一旦有数据库操作完成则重置 time.Now()
}

func init() {
                                //此处根据具体业务情况，添加项目启动必要的初始化代码
}

func (rc *RedisConn) Close() (err error) {    //当连接出错时，主动关闭连接
    err = rc.Conn.Close()
    if err != nil {
        log.Println("close redis connect error:", err)
        return
    }
    return
}
```

2. 新建一个 Redis 连接的函数

输入参数为协议名称字符串、IP 地址、密码、端口号，输出参数为 Redis 连接池对象 rc 以及可能的错误 err。代码如下：

```
func NewRedisConn(protocol, ip, pwd string, port int) (rc RedisConn, err error)
{
    options := redis.DialPassword(pwd)
    c, err := redis.Dial(protocol, ip+":"+strconv.Itoa(port), options)
    if err != nil {
        log.Println("db/redis.go/NewRedisConn, create redis Conn error:", err)
        return
    }
    rc.Conn = c
    rc.IdleTime = time.Now()
    return
}
```

3．初始化 Redis 连接池的函数

输入参数为最小连接数 min、最大连接数 max、协议名称、IP 地址、密码、端口号，输出参数为 Redis 连接池对象 rp 以及可能的错误 err。代码如下：

```
func NewRedisPool(min, max int, protocol, ip, pwd string, port int) (rp
*RedisPool, err error) {
    rp = &RedisPool{
        mu:      sync.Mutex{},
        minConn: min,
        maxConn: max,
        numConn: min,
        conns:   make(chan *RedisConn, max),
        close:   false,
    }
    for i := 0; i < min; i++ {
        rc, err1 := NewRedisConn(protocol, ip, pwd, port)
        if err1 != nil {
            log.Println("db/redis.go/NewRedisPool, create redis Conn pool
error:", err1)
            err = err1
            return
        }
        rp.conns <- &rc
    }
    return
}
```

4．从连接池中取出一个 Redis 连接

输入参数为协议名称字符串、IP 地址、密码、端口号，输出参数为 Redis 连接池对象 rc 以及可能的错误 err。代码如下：

```
func (rp *RedisPool) Get(protocol, ip, pwd string, port int) (rc *RedisConn,
err error) {
    if rp.close {
```

```
        log.Println("db/redis.go/(rp *RedisPool) Get, fatal error:redis pool is closed")
        return
    }
    //当对连接池进行操作时，先添加锁，避免出现 data race
    rp.mu.Lock()
    //退出前释放锁
    defer rp.mu.Unlock()
    //保证了池申请连接数量不超过最大连接数，如果超过则直接取出，否则 New
    if rp.numConn >= rp.maxConn || len(rp.conns) > 0 {
        rc = <-rp.conns
        return
    }
    redisConn, err := NewRedisConn(protocol, ip, pwd, port)
    if err != nil {
        log.Println("db/redis.go/(rp *RedisPool) Get, NewRedisConn error:", err)
        return
    }
    rp.conns <- &redisConn    //新的 Redis 连接放入连接池对象的 chan 中
    rc = <-rp.conns           //从连接池对象中取出一个连接
    rp.numConn++              //连接池中的连接数+1
    return
}
```

5. 将用完的 Redis 连接重新放入连接池中

将用完的 Redis 连接重新放入连接池中的代码如下：

```
func (rp *RedisPool) Put(rc *RedisConn) {
    if rp.close {
        log.Println("db/redis.go/(rp *RedisPool) Put, fatal error:redis pool is closed")
    return
    }
    rp.mu.Lock()
    defer rp.mu.Unlock()
                //如果池中连接数已经超过最大连接数，则直接将传入的 rc 关闭
    if rp.maxConn <= rp.numConn {
    if err := rc.Close(); err != nil {
            log.Println("db/redis.go/(rp *RedisPool) Put, rp.maxConn<=rp.numConn
                        close redis Conn error:", err)
            return
        }
    }
    rp.conns <- rc
    rp.numConn ++
}
```

6. 关闭连接池中所有的 Redis 连接

关闭连接池中所有的 Redis 连接的代码如下：

```
func (rp *RedisPool) Close() {
    rp.mu.Lock()
    defer rp.mu.Unlock()
    //遍历连接池中的 chan
    for rc := range rp.conns {
        if err := rc.Close(); err != nil {
            log.Println("db/redis.go/(rp *RedisPool) Put, close redis pool
error:", err)
        }
    }
    rp.close = true
}
```

7. 连接池调用方法

上述代码功能实现后，就可以在主应用程序中调用连接池，代码如下：

```
RedisPool, err = db.NewRedisPool(min, max, protocol,ip, pwd, port)
    if err != nil {
        log.Fatalln("main.go init: create redis pool error:", err)
    }
```

说明：

上述完整代码，见本书附赠的代码包。

13.3 基于 Java 调用 Redis 数据库

Java 是国内最流行的代码开发语言之一。本节提供基于 Java 的 Redis 数据库连接配置和连接代码。

利用 Redis 数据库和 Java 实现业务系统的开发，需要先准备开发环境。

（1）安装 Redis 数据库，单机安装见 1.3.1 小节，集群安装见 6.4 节。

（2）安装 Java 开发环境，如 Eclipse。

（3）下载 jedis.jar 驱动包，安装 Java redis 驱动程序。其中，jedis.jar 安装包的下载地址如下：

①https://github.com/xetorthio/jedis/releases。

②https://mvnrepository.com/artifact/redis.clients/jedis。

把压缩包解压到 Java 的 classpath 中。

（4）在 Java 开发工具上新建 Java 项目，建立与 Redis 数据库连接的配置文件、建立与 Redis 数据库连接的代码功能，就可以在此基础上进行各种应用系统功能开发。

13.3.1 Redis 数据库连接配置

在生产级别的应用系统中，将与数据库相关的基本连接参数等统一保存到应用系统的项目配置文件中是一种通用的做法，可以增强业务系统的环境适应能力和迁移的灵活性。如果应用系统连接指向的 A 数据库服务器出现了故障，可以通过对配置文件 IP 地址的修改很快切换到另外一台 B 数据库服务器上，保证业务系统持续地为用户提供业务服务，而不受影响。

在 Java 开发工具（如 Eclipse）中，单独生成 redis-config.properties 文件，用于 Java 项目的参数配置，其基本配置内容如下：

```
ip=127.0.0.1:6379    //Redis 数据库系统的连接地址和端口号，只有配置文件参数与在服务器上的实际数据库系统中的安装内容一致，才能正确建立应用系统和数据库的连接

maxActive=1000    //单个应用中的连接池[1]的最大连接数默认为 8。在生产环境下，具体连接数大小应该根据压力测试工具的测试效果或实际使用观察结果进行合理调整。在实际生产环境下，该值的最大值和最小值都受限制

maxIdle=100       //单个应用中的连接池的最大空闲数默认为 8。空闲连接数太多，容易占用服务器资源，连接数太少影响客户端用户使用感受

testOnBorrow=false            //设置在每一次取对象时测试 ping，以验证连接有效性

timeout=2000                  //设置 redis connect request response timeout，单位为毫秒

cluster.ip=127.0.0.1:6379 //Redis 集群连接地址，可以用分割符号连续提供多节点地址
```

为了便于读者实际测试代码，这里采用的是本机默认 IP 地址和端口号。在生产环境下，需更采用正式的 IP 地址和端口号，并考虑配置访问数据库的用户名和密码，以增强客户端访问的安全性。

13.3.2 Redis 数据库初始化工具类

要通过 Java 代码调用 Redis 数据库的各种操作命令，Redis 数据库必须提供客户端开发驱动程序包，把各种命令的 API 接口暴露给 Java 代码。Redis 数据库提供的 Jedis 客户端开发包就提供了类似的支持功能。代码如下：

```
package com.book.demo.ad.redis;

import java.io.IOException;         // Java 的驱动支持 API 接口包引用
import java.io.InputStream;
import java.util.Properties;

import redis.clients.jedis.JedisPool;         // Jedis 的驱动支持 API 接口包引用
import redis.clients.jedis.JedisPoolConfig;

/**
 *代码功能描述：连接 Redis 数据库
 */
public class RedisUtil {      //自定义连接公共类，供其他代码页调用
```

[1] fightplane，《数据库连接池的工作原理》，http://www.uml.org.cn/sjjm/201004153.asp。

```
    /**
     * @return
     * @throws IOException
     */
    public static JedisPool initPool() throws IOException {
        //以下几行代码用于加载 Redis 数据库配置文件，即调用 13.3.1 小节中的配置文件内容
        InputStream inputStream = RedisClusterUtil.class.getClass()
                .getResourceAsStream("/redis-config.properties");
        Properties properties = new Properties();
        properties.load(inputStream);
        //以下几行代码用于初始化 Redis 数据库连接池配置，即把配置文件参数指定给连接代码
        JedisPoolConfig config = new JedisPoolConfig();
        config.setMaxTotal(Integer.valueOf(properties.getProperty("maxActive")));
        config.setMaxIdle(Integer.valueOf(properties.getProperty("maxIdle")));
        config.setTestOnBorrow(Boolean.valueOf(properties
                .getProperty("testOnBorrow")));
        String[] address = properties.getProperty("ip").split(":");
        //以下几行代码用于初始化 Redis 数据库连接池，实现客户端程序，通过连接池与 Redis 数据库
        //建立连接
        JedisPool pool = new JedisPool(config, address[0],
                Integer.valueOf(address[1]), Integer.valueOf(properties
                    .getProperty("timeout")));
        return pool;
    }
}
```

上述代码展现了通过 Jedis 开发包的 JedisPool 类实现 Pool 对象调用 Redis 数据库 API 命令的方法。Jedis 提供的客户端支持功能（主要是类）见表 13.1。

表 13.1　Jedis 提供的客户端支持功能

序号	类名称	功能描述	说明
1	Connection	普通连接数据库配置类	与 Jedis 配合使用
2	Jedis	普通初始化连接类	在该类实例上可以直接调用命令，如 jedis.set("title", "《C 语言》")
3	JedisPool	带连接池初始化连接类	本书主要采用该方式
4	JedisPoolConfig	带连接池连接配置类	使用过程与 Connection 类似
5	JedisCluster	带集群功能初始化连接类	该类支持的客户端命令类似于 Jedis
6	Pipeline	带管道功能初始化连接类	该类支持的客户端命令类似于 Jedis

对于 Jedis 提供的所有类，以及类能提供的各种命令 API 接口，可以参考如下地址的详细内容：http://github.com/redis/jedis。

考虑到 Redis 数据库系统面对的是高并发访问环境，如果是小规模的访问量，根本不需要使用 Redis 技术。为了提高访问效率，在连接时采用了连接池技术。

读者可以在本书提供的代码清单中找到上述代码内容。通过简单的复制、粘贴，就可以在自己的项目中使用该代码。

13.4 基于 PHP 调用 Redis 数据库

PHP 是高效的 Web 开发语言之一，其在 Linux 下的安装及调用 Redis 数据库的相关过程如下。

1. 安装

在基于 PHP 调用 Redis 数据库前，需要确保已经安装了 Redis 数据库服务及 PHP Redis 驱动，并且能在计算机上正常使用 PHP。接下来安装 PHP Redis 驱动，下载地址为 https://github.com/phpredis/phpredis/releases。

2. 基于 PHP 安装 Redis 数据库扩展

以下操作需要在下载的 phpredis 目录下完成。

```
#wget https://github.com/phpredis/phpredis/archive/3.1.4.tar.gz
#tar zxvf 3.1.4.tar.gz                          #解压
#cd phpredis-3.1.4                              #进入 phpredis 目录
#/usr/local/php/bin/phpize                      #PHP 安装后的路径
#./configure --with-php-config=/usr/local/php/bin/php-config
#make && make install
```

修改 php.ini 文件，命令如下：

```
#vi /usr/local/php/lib/php.ini
```

增加如下内容：

```
extension_dir = "/usr/local/php/lib/php/extensions/no-debug-zts-20200520"
extension=redis.so
```

安装完成后重启 php-fpm 或 apache。查看 phpinfo 信息就能看到 Redis 数据库扩展。

3. 连接到 Redis 数据库服务

连接到 Redis 数据库服务的代码如下：

```
<?php
    //连接本地的 Redis 数据库服务
    $redis = new Redis();
    $redis->connect('127.0.0.1', 6379);
    echo "Connection to server successfully";
    //查看服务是否运行
    echo "Server is running: " . $redis->ping();
?>
```

执行脚本，输出结果如下：

```
Connection to server sucessfully
Server is running: PONG
```

4．Redis PHP String（字符串）实例

Redis PHP String（字符串）实例如下：

```
<?php
    //连接本地的 Redis 数据库服务
    $redis = new Redis();
    $redis->connect('127.0.0.1', 6379);
    echo "Connection to server successfully";
    //设置 redis 字符串数据
    $redis->set("tutorial-name", "Redis tutorial");
    //获取存储的数据并输出
    echo "Stored string in redis:: " . $redis->get("tutorial-name");
?>
```

执行脚本，输出结果如下：

```
Connection to server sucessfully
Stored string in redis:: Redis tutorial
```

5．Redis PHP List（列表）实例

Redis PHP List（列表）实例如下：

```
<?php
    //连接本地的 Redis 数据库服务
    $redis = new Redis();
    $redis->connect('127.0.0.1', 6379);
    echo "Connection to server successfully";
    //存储数据到列表中
    $redis->lpush("tutorial-list", "Redis");
    $redis->lpush("tutorial-list", "Mongodb");
    $redis->lpush("tutorial-list", "Mysql");
    //获取存储的数据并输出
    $arList = $redis->lrange("tutorial-list", 0 ,5);
    echo "Stored string in redis";
    print_r($arList);
?>
```

执行脚本，输出结果如下：

```
Connection to server sucessfully
Stored string in redis
Mysql
Mongodb
Redis
```

6．Redis PHP Keys 实例

Redis PHP Keys 实例如下：

```
<?php
```

```
    //连接本地的 Redis 数据库服务
    $redis = new Redis();
    $redis->connect('127.0.0.1', 6379);
    echo "Connection to server successfully";
    //获取数据并输出
    $arList = $redis->keys("*");
    echo "Stored keys in redis:: ";
    print_r($arList);
?>
```

执行脚本，输出结果如下：

```
Connection to server sucessfully
Stored string in redis::
tutorial-name
tutorial-list
```

13.5 基于 C 调用 Redis 数据库

由于 Linux 自带 GCC 的 C 语言编译器，所以直接安装 Redis 数据库官网推荐的 hiredis 驱动程序就可以调用 Redis 数据库。

1．安装 Redis 数据库

安装 Redis 数据库的过程见 1.3.1 小节。

2．安装 hiredis 数据库

（1）在 Redis 数据库发行包中的 deps 目录中包含了 hiredis 的源码，手动编译安装，或者自行下载一份。

```
#cd /deps/hiredis
#make
#make install
```

（2）在/usr/lib 目录下创建 hiredis 目录，将动态链接库复制至该目录下，然后在/usr/include 目录下创建 hiredis 目录，将头文件复制至该目录下。

```
mkdir /usr/lib/hiredis
cp libhiredis.so /usr/lib/hiredis    //将动态链接库 libhiredis.so 复制至/usr/lib/hiredis
mkdir /usr/include/hiredis
cp hiredis.h /usr/include/hiredis    //头文件包含#include<hiredis/hiredis.h>
```

3．hiredis 的 API

hiredis 的 API 如下：

```
redisContext *redisConnect(const char *ip, int port);
```

```
void *redisCommand(redisContext *c, const char *format, ...);
```

这两个函数就是 hiredis 的 API 接口函数。redisContext 是结构体类型，结构如下：

```
typedef struct redisContext {
    int err;                  //错误标志，正确连接标志为 0，出错时设置为非零常量
    char errstr[128];         //存放错误信息的字符串
    int fd;
    int flags;
    char *obuf;               // Write buffer
    redisReader *reader;      // Protocol reader
} redisContext;
```

设置错误的非零常量如下：

（1）REDIS_ERR_IO：创建连接时出现 I / O 错误，尝试写入套接字或从套接字读取。

（2）REDIS_ERR_EOF：服务器关闭导致空的读取的连接。

（3）REDIS_ERR_PROTOCOL：解析协议时出错。

（4）REDIS_ERR_OTHER：任何其他错误。目前，仅当指定的连接主机名无法解析时才使用。redisConnect 函数用于创建一个 redisContext，第一个参数传递一个 IP 地址，第二个参数传递端口号。尝试使用 redisConnect 连接到 Redis redisConnect，应该检查 err 字段查看是否成功建立连接。

redisCommand 函数是一个可变参数函数，格式与 printf 类似，第一个参数传递一个 redisContext 的地址，由 redisConnect 函数返回；第二个参数为说明符，如%s；第三个参数就是代替%s 的字符串。如果命令执行错误，则返回 NULL，redisContext 的 err 字段被设置为非零常量。如果错误发生，则原先的 redisContext 就不能重复使用，需要重新建立一个连接。如果成功执行命令，则正常返回一个 redisReply 类型，该类型结构如下：

```
typedef struct redisReply {
    int type;           //测试收到什么类型会返回 REDIS_REPLY_*
    long long integer;//type 是 REDIS_REPLY_INTEGER 类型，integer 保存返回的值
    int len;            //保存 str 类型的长度
    char *str;          //type 是 REDIS_REPLY_ERROR 和 REDIS_REPLY_STRING，str 保存返回的值
    size_t elements; //type 是 REDIS_REPLY_ARRAY，保存返回多个元素的数量
    struct redisReply **element; //返回多个元素以 redisReply 对象的形式存放
} redisReply;
//type 还可以是 REDIS_REPLY_NIL，表示返回了一个零对象，没有数据可以访问
```

在使用 redisReply 后，调用 freeReplyObject 函数释放空间，代码如下：

```
void freeReplyObject(void *reply);
```

断开连接并释放 redisContext 空间，代码如下：

```
void redisFree(redisContext *c);
```

4．使用 API

使用 API 的代码如下：

```
#include <stdio.h>
```

```
#include <string.h>
#include <hiredis/hiredis.h>
void test(void)
{
    redisContext *context = redisConnect("127.0.0.1", 6379);
    //默认端口，本机 Redis-server 开启
    if(context->err) {
        redisFree(context);
        printf("connect redisServer err:%s\n", context->errstr);
        return ;
    }
    printf("connect redisServer success\n");
    const char *cmd = "SET test 100";
    redisReply *reply = (redisReply *)redisCommand(context, cmd);
    if(NULL == reply) {
        printf("command execute failure\n");
        redisFree(context);
        return ;
    }    //返回执行结果为状态的命令。例如，set 命令的返回值的类型是 REDIS_REPLY_STATUS，只
有当返回信息是 OK 时，才表示该命令执行成功。可以通过 reply->str 得到文字信息
    if(!(reply->type == REDIS_REPLY_STATUS && strcmp(reply->str, "OK") == 0)) {
        printf("command execute failure:%s\n", cmd);
        freeReplyObject(reply);
        redisFree(context);
        return ;
    }
    freeReplyObject(reply);
    printf("%s execute success\n", cmd);
    const char *getVal = "GET test";
    reply = (redisReply *)redisCommand(context, getVal);
    if(reply->type != REDIS_REPLY_STRING)
    {
        printf("command execute failure:%s\n", getVal);
        freeReplyObject(reply);
        redisFree(context);
        return ;
    }
    printf("GET test:%s\n", reply->str);
    freeReplyObject(reply);
    redisFree(context);
}
int main(void)
{
    test();
    return 0;;
}
```

执行结果如下：

```
REDIS gcc test.c -lhiredis        //编译连接
REDIS ./a.out
connect redisServer success
SET test 100 execute success      //命令执行成功
GET test:100                      //得到 test 的值
REDIS redis-cli                   //命令行开启 Redis-cli 客户端
127.0.0.1:6379> GET test          //使用命令查看 test 值
"100"
```

第 14 章

应用案例方案

最近几年，在数字孪生、大数据、人工智能、物联网、智联网等领域，对数据的实时性要求越来越高。借助基于内存数据库实现实时、高效的数据存储和处理，成了很多软件项目必须要考虑的问题。这里选择几个典型的应用案例方案，以加深读者对实际应用场景的使用要求。

扫一扫，看视频

14.1 物联网边缘计算方案

随着智能设备、传感设备的大规模应用，由终端设备产生的数据量越来越多。采用传统的终端设备采集数据并统一传输到数据中心（一个中心数据存储及处理节点），所承担的存储压力、计算压力、响应压力等越来越大，甚至无法满足实际业务需要。以城市摄像头车辆识别为例，一座城市的大街小巷往往安装了成千上万个数字化摄像头，用于识别来往车辆是否违反交通规则。

在传统应用模式下，其部署方案如图 14.1 所示。马路摄像头摄取车辆车牌号，上传到路侧主机，路侧主机上传视频及车牌号数据到数据中心，数据中心对比车牌号、行车规则，确定其是否违反交通规则，如果违反交通规则，则指挥中心给马路现场的执法交警下达执法命令，交警的执法终端接收执法命令后就去执法，并通过执法终端将执法结果上传到指挥中心。该部署方案存在几个影响运行性能的设计弊端，具体如下：

（1）从路侧主机到数据中心，在摄像头数量过多的情况下（假设有几万，甚至几十万个摄像头），存在传输数据争带宽的问题，很容易导致数据拥堵，使数据中心无法正常接收数据或调用摄像头。

（2）数据中心对比车牌号、计算行车规则，压力大，往往还没有计算出结果，违规车辆早已经跑远，导致无法及时执法。

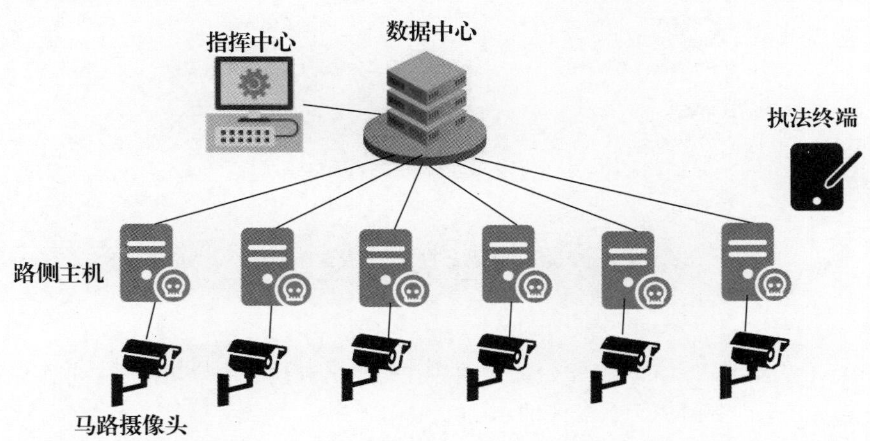

图 14.1　城市摄像头传统部署方案

为了减少网络数据传输压力，也为了提高违规信息到达执法终端的时效性，可以采用基于 Redis 数据库的边缘计算（Edge Computing）方案。

其设计思路如下：

（1）将交通规则分析下放到路侧主机进行计算（所谓的边缘计算），将计算后判断为违规的结果上传到数据中心。这样可以大幅减少网络数据的传输量，并且可以大幅减轻数据中心集中计算的压力。

（2）数据中心可以将交通规则的数据同步更新到路侧主机。

（3）为了快速存储、计算及传输数据，在路侧主机安装边缘计算分布式架构，用于数据采集、数据计算、数据传输。目前知名的边缘计算分布式架构有 EdgeX Foundry、RedisEdge 等。

（4）数据管理采用 Redis 数据库数据缓存服务。

实现上述设计思路的部署方案如图 14.2 所示。

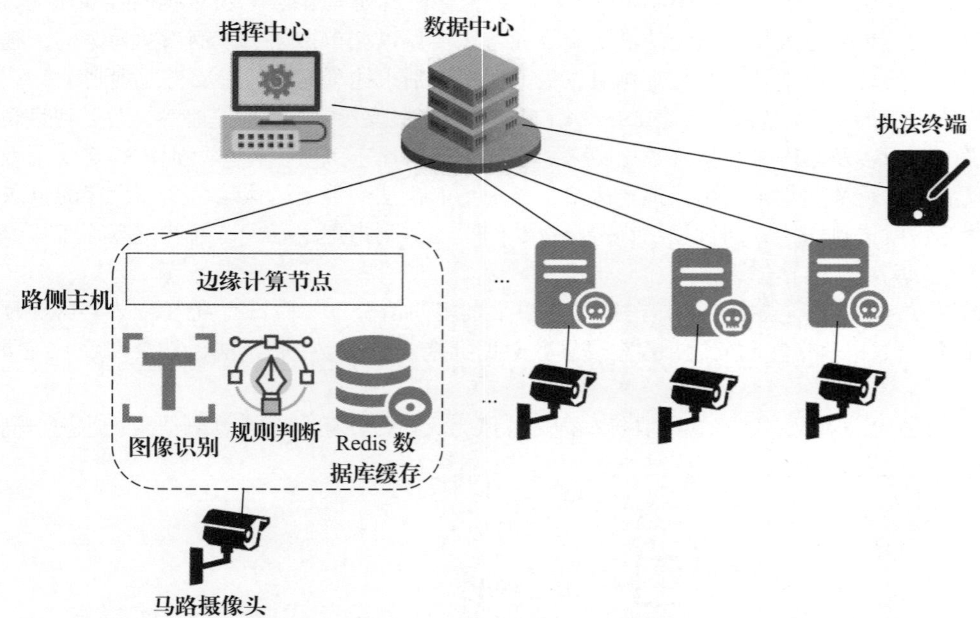

图 14.2　边缘计算分布式架构部署方案

14.2　高并发社交方案

微博、推特这些超大规模的社交平台面对的往往是上亿规模的用户访问量，并存储海量（TB 或 PB 级的存储量）文章内容、用户及关注信息。

一台服务器节点上的 Redis 数据库理论上最多能并发接入 10000 个客户端，假设在 1s 内需要同时接入 500 万个客户端，则需要 500 台只读 Redis 数据库服务器支撑服务。

为了避免网络拥堵，可以采取以下几个优化措施。

（1）将常用的文章写入 Redis 数据库缓存，避免从硬盘读取。这里的常用文章可以限定为某一类文章的最近 1000 篇，假设每篇文章的存储量为 20KB，则存储量不到 20MB；假设有 100 类文章，则需要约 2GB 的内存空间。为文章的关注及用户信息提供存储，这里的并发用户最多为 500 万个，每个用户读取 1KB 信息，则约需 5GB 内存空间。目前，在一台服务器有几 TB，甚至几十 TB 内存空间的配置下，内存运行空间足够。当写入数据存储对象时，可以采用有序集合（ZSet）对象存储文章的生成时间、内容等信息。

（2）对客户端读取内存的数据进行隧道（tunnel）算法压缩可以大幅减少网络带宽的开销。

（3）为了实现 500 万级别的并发量，并且考虑到读写分离，存储空间可以横向扩充，需要采用 Redis 数据库分布式存储部署方式。

500 万级别的并发量的 Redis 数据库分布式读写分离的集群部署方案如图 14.3 所示。每个主节点可以以树状结构部署从节点，当客户端进行读数据时，通过 IP 路由把 500 万并发访问客户端均衡连接到不同从节点，然后读取各自的从节点的数据。客户端的数据写入，可以根据哈希插槽算法把数据分布式存储到不同主节点。

在实际环境下，图 14.3 所示的 500 多台服务器可以通过 IP 地址的指向将服务器存放到不同地区的机房里，一方面有利于用户就近访问服务器，另一方面可以提高容灾水平。

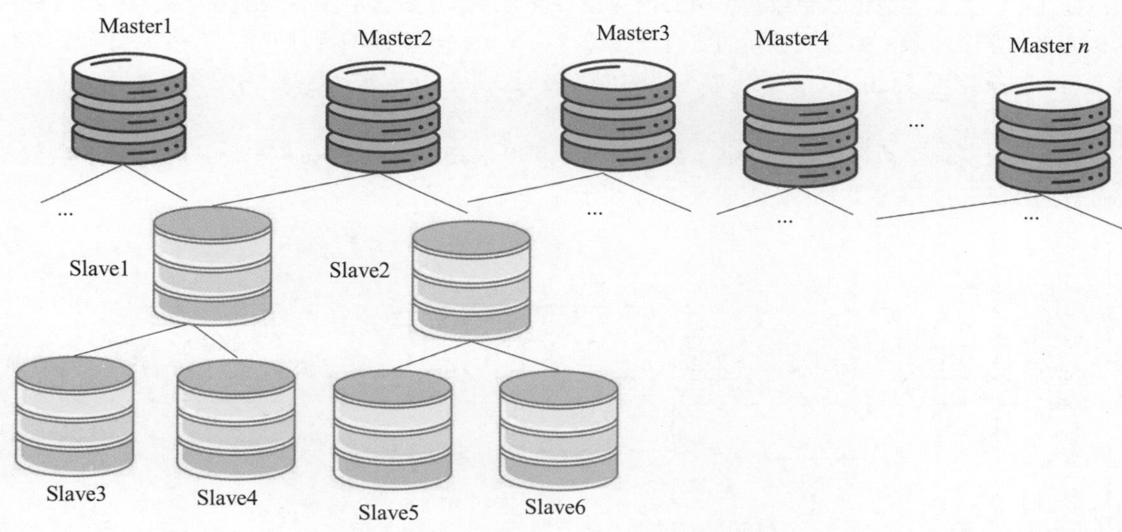

图 14.3　大规模并发分布式部署方案

14.3　电商平台高并发访问案例

电商平台每秒要面对几千，甚至几万的访问量。在这样的高并发环境下，可以利用 Redis 数据库进行大量的快速服务工作。

（1）用 Redis 数据库作为缓存，记录商品详情页，由于商品的信息都存储在内存里，当高并发访问时，可以提供给访问用户快速展现商品信息的能力。具体实现可以通过集合等进行操作。

（2）利用 Redis 数据库可以进行各种实时统计，如实时记录商品的评论数、浏览数、点赞数。如果要对一个商品的点赞数进行统计，可以通过如下代码实现：

```
r>Hset good:100001 comment 0
1
r>Hincrby goods:100001 coment 1          //点赞加 1
```

```
1
r>Hgetall goods:100001                    //获取点评结果
"comment"
"1"
```

（3）利用有序集合可以实现热搜榜、排名榜、热搜词等的排名，还有对垃圾评论、垃圾广告、自刷评论等的实时分析，以及热门消息推送、非法访问限流、附近人推荐、广告定向推送等。

14.4　大屏实时数据展示案例

近几年，随着大数据平台或数据中心的建设日益增多，通过大屏实时展示各种数据的统计结果成为了一项必要需求，如交通拥堵的实时变化、出租车运营热力图的实时变化、数据接入或共享使用情况实时统计等。采用关系型数据库来用大屏实时展示很容易产生卡屏问题，导致展示效果不佳，影响业务使用。

这里以某交通大数据平台大屏展示系统为例，利用 Kafka+Storm+Redis+Web+Echarts 实现快速实时数据统计和展示，其实现流程如图 14.4 所示。

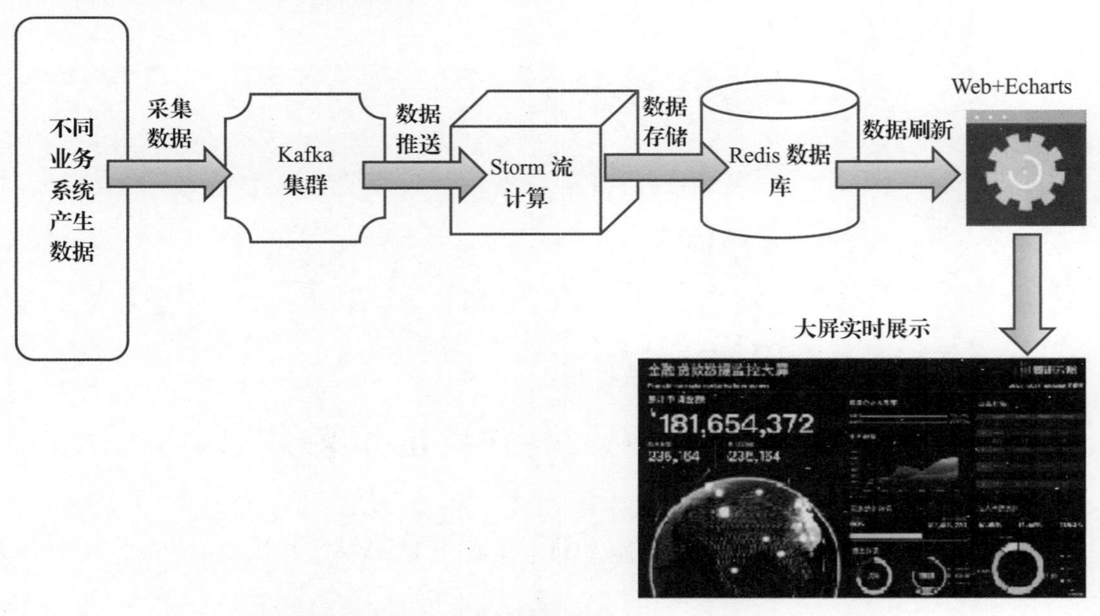

图 14.4　利用 Redis 数据库实现大屏实时展示的技术流程

图 14.4 左边为各种业务系统产生的数据，将数据推送到前置机或接口上，使数据进入 Kafka 队列排队，进入 Kafka 排队的数据被 Strom 中间件读取进行数据处理，然后写入 Redis 数据库，Web 以一定时间间隔从 Redis 数据库读取数据，将数据刷新到 Echarts 图形中间件，最后展示在大屏界面上，从而实现各种数据实时展示的效果。这里的 Redis 数据库一般情况下采用持久化数据库方式存储数据，既可以保证数据实时展示要求，又可以保证数据存储的安全。

说明：

（1）Kafka 是一款开源的优秀分布式消息传输中间件，被广泛应用于数据的传输与共享应用中。

（2）Storm 是实时数据流计算中间件。

（3）Echarts 是百度开发的开源图形化展示中间件。

上述中间件在网上有大量的实用案例代码，读者可以参考学习。

第 15 章

实用辅助工具

在实际生产环境下，必须借助 Redis 数据库的实用辅助工具才能做好 Redis 数据库的测试、监控、管理工作。

扫一扫，看视频

15.1 测试及监控工具

测试及监控 Redis 数据库是软件工程师及数据库工程师必须掌握的技能之一。本节主要介绍常用的 Redis-benchmark 测试工具、Redis 数据库自带监控工具、Redis Live 监控工具。

15.1.1 Redis-benchmark 测试工具

Redis-benchmark 是 Redis 数据库免费提供的数据库性能测试工具。通过该工具可以模拟在实际生产环境下并发客户访问数据库系统时数据库的性能表现；也可以根据该工具的预测结果调优或发现性能问题。

Redis-benchmark 测试工具使用格式如下：

```
$ redis-benchmark [-h <host>] [-p <port>] [-c <clients>] [-n <requests]> [-k <boolean>]…
```

从上述格式可以看出，Redis-benchmark 测试工具是直接在操作系统环境下运行的，如在 Linux 环境下运行。该工具为 Redis 数据库性能测试提供了灵活的参数使用组合（带“[]”的参数意味着可选、可灵活组合），其所支持的参数内容如下。

1. 使用参数

Redis-benchmark 参数设置内容如下：

（1）-h <hostname>：数据库服务域名或 IP 地址，默认值为 127.0.0.1（可以省略）。

（2）-p <port>：数据库服务端口号，默认值为 6379（可以省略）。

（3）-s <socket>：数据库服务器 Socket 接口（可以代替-h、-p）。

（4）-a <password>：测试 Redis 数据库服务的访问密码（前提是已经在 Redis 数据库中进行了设置）。

（5）-c <clients>：客户端并发连接数，默认最高为 50 个。

（6）-n <requests>：测试命令请求总数（读或写总次数），默认值为 100000。

（7）-d <size>：指定测试命令（读或写）一次发送的数据大小，默认为 2 字节。

（8）-dbnum <db>：对 Redis 数据库实例中指定的数据库进行测试，默认为 0 号数据库。

（9）-k <boolean>：1 表示 keep alive（测试时保持连接），0 表示 reconnect（测试时重新连接），默认值为 1。

（10）-r <keyspacelen>：当用 SET/GET/INCR 命令测试时，使用随机产生的 Key 对象；当用 SADD 命令测试时，使用随机产生的值；keyspacelen 用于指定随机产生对象的数量，其值的范围为 0 到 keyspacelen-1 的整数，最多为 12 位。

（11）-P <numreq>：用管道命令方式并发提交命令请求，默认值为 1（表示不启用管道命令），numreq 为同时提交的命令请求数。

（12）-q：在以后台运行模式运行该工具的测试过程中只显示每秒一次的查询测试结果。

（13）--csv：以 CSV 文件格式输出测试结果。

（14）-l：以循环方式持续执行该工具的测试动作。

（15）-t <tests>：仅运行以逗号分隔的测试列表。

（16）-I：空闲模式，在该模式下，测试工具只打开 *n* 个空闲连接并处于等待状态。

2．测试案例

在测试前，先登录 Redis 数据库服务器端，在确保 Redis 数据库实例运行的情况下进行性能测试。这里假设在 Linux 操作系统中使用 Redis-benchmark 测试工具执行测试。

（1）默认值测试，命令如下：

```
$ redis-benchmark -q
```

该条命令只使用了-q 参数，以后台运行方式测试默认 IP 为 127.0.0.1、端口号为 6379 的 Redis 数据库实例的 0 号数据库。另外，以默认有 50 个客户端访问，并且执行 100000 次读写命令的方式测试当前数据库性能。

（2）指定命令范围测试，命令如下：

```
$ redis-benchmark -t set,lpush  -q
```

用-t 指定 set、lpush 命令，在后台运行模式下，对当前数据库进行 100000 次写的测试；也可以通过脚本方式进一步指定特定命令的执行测试过程。下面所示是对 testStr 字符串对象连续执行 1000000 次值为“ABLUECAT!!”（10 字节）的 set 命令。

```
$ redis-benchmark -n 1000000 -q script load "redis.call('set','testStr','ABLUECAT!!')"
```

（3）随机测试。在默认情况下，Redis-benchmark 测试工具在测试时只使用单一的 Key 对象，当想模拟随机为不同 Key 写入值时，就可以采用随机参数-r 配合-t set 来实现，命令如下：

```
$ redis-benchmark  -t set -r 10000 -n 1000000 -q
```

上述命令实现了随机产生 10000 个字符串对象，设置 1000000 次值，并在后台运行模式下执行。为了避免频繁测试带来的数据堆积问题，可以通过如下命令对当前数据库进行数据清理工作：

```
$ redis-cli flushall
```

（4）管道批处理方式测试。在默认情况下，使用 Redis-benchmark 测试工具在测试时只能发送一条测试命令，需等待测试完成后，再发送下一条测试命令。但我们希望能更逼真地模仿多用户并发处理的情景。由此可以通过设置-P 参数启动管道命令（详细功能见 8.1 节）的方式指定并发量来模拟，命令如下：

```
$ redis-benchmark -n 1000000 -t set,get -P 1000 -q
```

上述命令启动管道命令以 1000 条并发方式提交 set、get 命令，完成连续 1000000 条测试。感兴趣的读者可以通过使用或不使用管道参数比较同一种测试下的时间使用差距。

3．测试考虑要点

根据 Redis 数据库在生产环境下经常需要碰到的实际运行问题，读者应该重点关注三个测试问题。

1）满负荷测试 Redis 数据库在内存中最多可以加载的数据量

测试主要需要考虑的步骤如下：

（1）用 Flushall 命令清空测试数据库。

（2）启动持久方式（可以先测试 RDB 方式，后测试 AOF 方式，最后测试 RDB+AOF 方式）。

（3）估计现有服务器内存可用空间，可以通过操作系统命令查看内存空余量。

（4）利用 Redis-benchmark 测试工具持续往 Redis 数据库中插入足够量的数据，如估计内容可用空间为 50GB，那么第一次测试应该插入 25GB 数据，查看 Redis 数据库占用内存的情况，并观察持久化带来的时间延迟情况；第二次测试让插入的数据达到 50GB，查看内存使用、持久化及 SWAP 情况。

2）测试高并发、高吞吐量情况下的网络通信情况

在数据内存存储量可控的情况下，需要关注网络流量的承载能力，网络带宽和延迟通常是 Redis 数据库系统运行影响性能的主要问题之一。测试过程如下：

（1）用 Ping 命令测试 Redis 数据库服务器与客户端之间的延迟情况，该命令提供最大、平均、最小延迟时间报告（单位为毫秒）；同时可以了解网络基准带宽的情况（一般局域网为 100MB）。

（2）利用 Redis-benchmark 测试工具，通过对-n、-c、-d、-P 参数进行调整，持续观察在加大读写量的情况下，网络流量及时间延迟的变化情况。

3）其他测试重点

（1）测试大数据块对象读写访问情况下 Redis 数据库的响应情况。这里的大数据块对象指超过 10KB 的单个数据块，可以通过 Redis-benchmark 测试工具的-d 参数来设置写入测试数据的大小。

（2）测试 Redis 数据库服务器端最大客户端连接数，可以通过持续调高-c 参数来测试。

（3）测试大数据内存占用情况下，频繁修改数据带来的性能下降问题。

说明：

（1）在 VM（虚拟机）环境下，Redis 数据库会明显变慢，建议直接在物理服务器上运行。

（2）Redis 数据库鼓励多用 Pipeline，因为其可以明显提高传输速率。

15.1.2 Redis 数据库自带监控工具

Redis 数据库性能监控工具分为自带命令或工具，以及第三方专业测试工具。

Redis 数据库的自带监控命令有三个：SlowLog get num、Info、Monitor。

（1）SlowLog get num，其中 num 为查看条数、查看日志命令，命令如下：

```
r>SlowLog get 2
1) 1) (integer) 2
   2) (integer) 1651148091
   3) (integer) 10428
   4) 1) "LPUSH"
      2) "mylist"
      3) "xxx"
   5) "127.0.0.1:44790"
```

```
      6) ""
2) 1) (integer) 1
   2) (integer) 1650981224
   3) (integer) 24091
   4) 1) "hset"
      2) "goods:100001"
      3) "comment"
      4) "0"
   5) "127.0.0.1:48700"
   6) ""
```

（2）Info，返回 Redis 数据库服务器的各种信息和统计数值，命令如下：

```
$ Info

      2) "goods:100001"
      3) "comment"
      4) "0"
   5) "127.0.0.1:48700"
   6) ""
127.0.0.1:6379> exit
File: dir,     Node: Top,     This is the top of the INFO tree.

This is the Info main menu (aka directory node).
A few useful Info commands:

  'q' quits;
  'H' lists all Info commands;
  'h' starts the Info tutorial;
```

（3）Monitor，持续返回服务器端处理的每一条命令信息（在生产环境下慎用该命令），命令如下：

```
r>monitor
OK
```

自带工具最有名的是 Sentinel（哨兵），详见 15.2 节。Redis 数据库的第三方工具包括 Redis Live、Redis-monitor[①]、Redis-stat、Redis Faina、Redis-sampler、Redis-audit、Redis-rdb-tools 等。前 4 个是图形化性能监控工具，后三个是 Redis 数据库数据存储情况分析工具。

15.1.3 Redis Live 监控工具

Redis Live 是一个仪表板应用程序（以各种二维图形式持续展示监控数据），其中包含许多有用的小部件。它的核心是一个监视脚本，定期向 Redis 数据库实例发出 Info 和 Monitor 命令，并存储用于分析的数据。该工具由 Python 语言编写，免费、开源，使用界面为 Web 界面。

[①]Redis-monitor 开源下载地址为 https://github.com/hustcc/redis-monitor。

1. 下载及安装

1）安装依赖环境

在安装与使用 Redis Live 监控工具前，要先安装以下 4 个程序包：Python（如果现有操作系统中的 Python 小于 2.7.0 版本，则还需要安装 argparse）、Tornado、Redis-py、Python-dateutil。

（1）Python 安装。Python 详细安装过程见 13.1.1 小节。Linux 环境下通常已经安装了 Python，可以用如下命令查看 Python 的安装情况。

```
$ python -v
```

（2）Tornado 安装。Tornado 是一个 Python Web 框架和异步网络库，最初由 FriendFeed 开发。其开源下载地址为 https://github.com/tornadoweb/tornado。在 Linux 环境下，直接用 Python 的 pip 命令在线下载并安装 Tornado。

```
$ pip install tornado                    //在线下载并安装
```

（3）Redis-py 下载。Redis.py 是 Python 客户端程序，其下载地址为 https://github.com/andymccurdy/redis-py。在 Linux 环境下，直接用 pip 命令在线下载并安装。

```
$ pip install redis-py                   //在线下载并安装
```

（4）Python-dateutil 下载。Python-dateutil 是功能强大的以时间为基准的各种函数功能库，作为中间插件支持应用系统的开发。其使用及下载地址为 http://labix.org/python-dateutil。在 Linux 环境下，直接用 pip 命令在线下载并安装。

```
$ pip install python-dateutil            //在线下载并安装
```

2）安装 Redis Live

（1）下载 Redis Live，源码下载地址为 https://github.com/nkrode/RedisLive，或直接下载压缩安装包，下载地址为 https://codeload.github.com/nkrode/RedisLive/legacy.zip/master。

（2）解压下载包（类似于 nkrode-RedisLive-6debcb4.zip）。在解压文件路径下可以看到 redis-live.conf.example（在实际使用时，要把.example 去掉）、redis-love.py、redis-monitor-py 等文件。

（3）修改 redis-live.conf 文件配置参数，命令如下：

```
$ vi /var/lib/nkrode-RedisLive-6debcb4conf/redis-live.conf  //在解压路径下打开该配置文件
```

该配置文件中的部分内容如下：

```
"RedisServers":
[
        {
            "server": "154.17.59.99",
            "port": 6379
        },

        {
            "server": "localhost",
            "port": 6380,
            "password": "some-password"
```

```
        }
    ],

    "DataStoreType": "redis",

    "RedisStatsServer":
    {
        "server": "ec2-184-72-166-144.compute-1.amazonaws.com",
        "port": 6385
    },
    "SqliteStatsStore":
    {
        "path": "to your sql lite file"
    }
```

①RedisServers 参数。主要用于设置监控 Redis 数据库服务器的 IP 地址、端口号及密码（前提是需要密码授权访问）。如果对本机 Redis 数据库进行监控，则可以设置"server":"127.0.0.1"、"port":"6379"（默认安装值）。从该参数可以看出，该工具允许对多 Redis 数据库服务器同时进行监控。

②DataStoreType 参数。用于指定 Redis Live 监控工具监控 Redis 数据库时产生的监控数据的存储方式，其值为 redis 或 sqlite。当指定为 redis 时，存储到指定的 Redis 数据库中，配合 RedisStatsServer 参数一起使用。

③RedisStatsServer 参数。当 DataStoreType="redis"时，通过 RedisStatsServer 参数指定存储监控数据的 Redis 数据库。server 子参数设置存储数据库的域名或 IP 地址，port 子参数为对应的端口号。

说明：

在生产环境下，建议将 Redislive 监控工具在监控时产生的数据单独存放到独立 Redis 数据库服务器中。

④SqliteStatsStore 参数。当 DataStoreType="sqlite"时，选择的是 sqlite 的服务器地址，需要确保指定的地址下存在 redislive.sqlite 文件（可以在解压文件路径下找到，并被复制使用）。

当上述参数修改完成后，就保存并退出 redis-live.conf。

（4）使用 Redislive 工具。

①开启 Monitoring 脚本，命令如下：

```
$ redis-monitor.py --duration=120    //持续监控 120s，Monitor 持续运行会影响系统性能
```

②开启 redis-live 的 Web 服务，命令如下：

```
$ redis-live.py
```

③在浏览器上打开 Redis Live 网站地址 http://localhost:8888/index.html，就可以看到如图 15.1 所示的网站监控界面（若有防火墙，要确保开启 8888 端口）。

说明：

（1）在生产环境下，考虑到 Monitor 对 Redis 数据库运行性能的影响，建议选择合理时间定期监控，不建议实时监控。

（2）当 DataStoreType="sqlite"时，要确保能访问 www.google.com（目前国内无法正常访问）。

2．工具使用

Redis Live 监控工具的使用方法非常简单，启动如图 15.1 所示的监控界面后，该工具 30s 刷新一次监控数据，其主界面提供的监控内容如下：

（1）Memory Consumption 表示内存使用情况。深灰色的 Max 线为最大可用内存，浅灰色的 Current 线为当前内存实际使用情况。

（2）Commands Processed 表示命令处理情况。

（3）Top Commands 表示命令执行排行情况。

可以通过右上角切换监控数据库实例，监控数据库实例数事先在 redis-live.conf 中进行了设置。

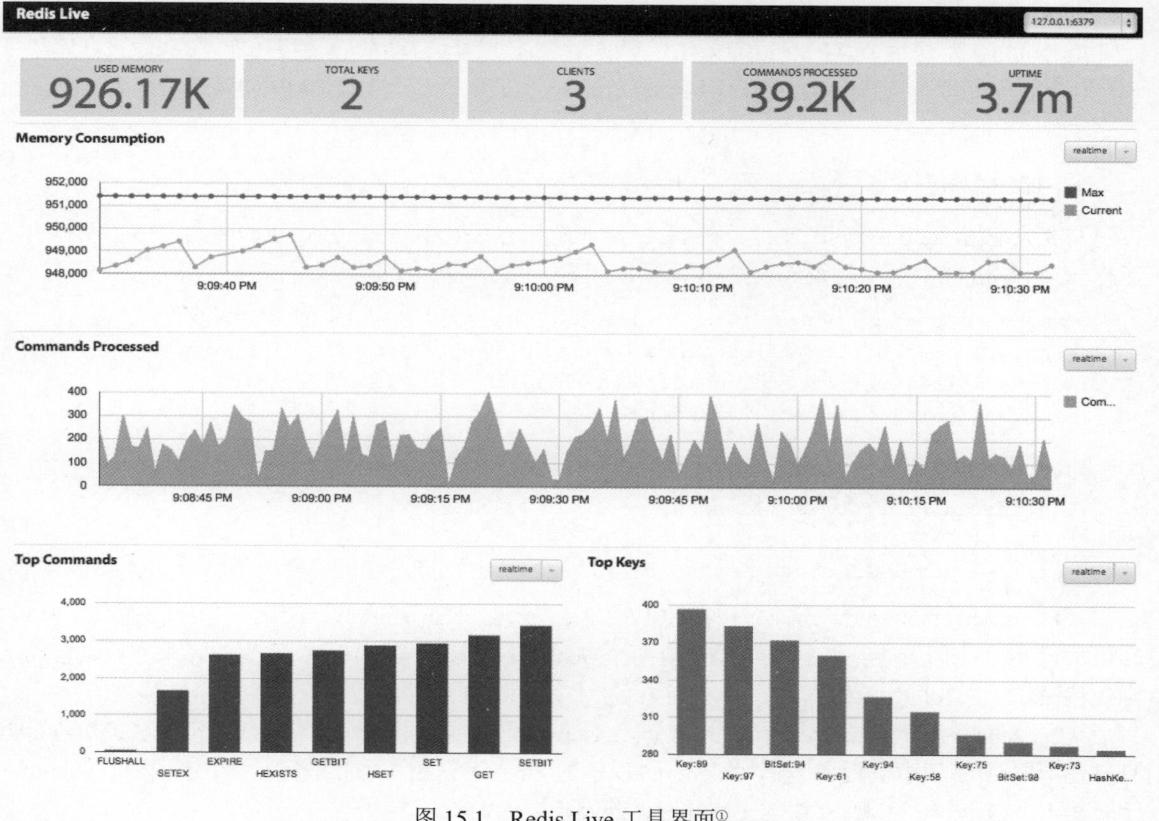

图 15.1　Redis Live 工具界面[①]

Redis Live 更擅长于在 Redis 数据库平稳运行的情况下进行监控和趋势预测判断，当内存等消耗达到极限时，不应该再用该工具监控 Redis 数据库服务器，否则会严重影响服务器的使用性能（Monitor 的缺点）。既然 Redis 数据库官网建议在实际生产环境下慎用 Monitor 命令，那么也应该慎用 Redis Live 工具。当需要使用时，可以先进行测试，再决定是否使用。

[①]Redis Live 提供的监控界面，https://github.com/nkrode/RedisLive。

另外，在图形化监控工具方面可以选择 Redis-stat[①]，它抛弃了 Monitor 命令，只用 Info 命令来实现监控信息的采集。Redis-monitor 是国人改造开发的，用于替代 Redis Live 工具，去掉了对 Google 在线访问限制要求。

15.2 Sentinel

Sentinel（哨兵）是 Redis 数据库自带的用于监控 Redis 数据库运行状态的工具，为 Redis 数据库提供了高可用性，主要功能包括集群监控、消息通知、故障转移、配置中心等。

在 Redis 数据库采用主从部署情况下，可以用 Sentinel 来实现对主节点和从节点的运行监控（Redis 数据库主从节点安装见 6.1 节）。

当 Sentinel 发现主节点出现故障无法运行时，它通过启动自动故障转移功能（Redis 数据库集群本身也有这个功能），用一个从节点代替出现故障的主节点。同时，通过 API 向管理员或者其他应用程序发送通知。

1．使用 Sentinel

需要先配置 sentinel.conf 文件，在 redis 源码解压包路径下可以找到。Redis 数据库官网提供了运行一个 Sentinel 的最少配置建议，如下所示：

```
sentinel monitor mymaster 127.0.0.1 6379 2          //根据实际部署地址设置
sentinel down-after-milliseconds mymaster 60000
sentinel failover-timeout mymaster 180000
sentinel parallel-syncs mymaster 1

sentinel monitor resque 192.168.1.3 6380 4          //根据实际部署地址设置
sentinel down-after-milliseconds resque 10000
sentinel failover-timeout resque 180000
sentinel parallel-syncs resque 5
```

（1）sentinel monitor mymaster 127.0.0.1 6379 2 表示监控名称为 mymaster，IP 地址为 127.0.0.1，端口号为 6379 的主节点；2 代表至少需要两个 Sentinel 同意，该主节点在发生故障时才启动自动故障迁移操作。在实际运行环境下，只有当大多数 Sentinel 同意时，才执行自动故障迁移操作。

（2）sentinel down-after-milliseconds mymaster 60000 用于指定主节点断线时限，60000 为 60s。只有在指定时限范围内，没有返回对 Sentinel 发送的 Ping 命令的回复或者返回一个错误回复，Sentinel 才将该主节点标记为主观下线（subjectively down，SDOWN）。

（3）sentinel failover-timeout mymaster 180000 用于指定故障转移超时时限，180000 为 180s。

（4）sentinel parallel-syncs mymaster 1 表示当执行故障转移时，重新确定多少个从节点与新主节点之间同步数据。在主从节点同步数据的过程中会引起阻塞事件。这里设置为 1 的意思是在同步过程中只有一个从节点进行数据同步，这样可以保证只有一个从节点在复制数据的过程中处于阻塞状态。

[①]深度 Java，《图形化的 Redis 监控系统 redis-stat 安装》，http://blog.csdn.net/21aspnet/article/details/50748719。

sentinel.conf 配置文件每次在故障转移期间、每次发现新的 Sentinel 或者从节点被升级到主节点时，都会被自动重写。

sentinel.conf 配置文件参数设置完成后，就可以用 Redis-sentinel 可执行程序启动监控，命令如下：

```
$ redis-sentinel /path/to/sentinel.conf          //事先编译为可执行文件
```

也可以通过重新启动带 sentinel 参数的 Redis 数据库服务器来启动监控（在生产环境下重启不是一个好现象），命令如下：

```
redis-server /path/to/sentinel.conf --sentinel
```

2. Sentinel 使用建议

（1）Sentinel 的详细使用原理见 https://redis.io/topics/sentinel。

（2）在实际生产环境下使用 Sentinel，必须考虑使用它所带来的额外流量开销。它属于分布式监控系统，Redis 数据库官网建议在大多数 Redis 数据库服务器中开启 Sentinel 监控，由此，当 Redis 数据库服务器规模变大时，Sentinel 会产生很大的流量开销；同时，对 Sentinel 的维护工作也变得艰巨起来。这些都是使用 Sentinel 的缺点。其实 Redis 数据库集群分布式架构已经具备了故障自动迁移的功能，通过对 Redis 数据库日志的监控也可以很好地发现故障问题。

15.3 可视化数据库管理工具

受关系型数据库系统影响，如果能提供可视化数据库管理工具，则可以大幅提升操作效率。

15.3.1 Redis Desktop Manager

Redis Desktop Manager 是一款开源 Redis 数据库管理工具，用 C++编写而成，主要支持的操作系统包括 Windows 7+、Mac OS X 10.11+、Ubuntu 14+、Linux（Mint|Fedora|CentOS|OpenSUSE）。其主要特点是响应迅速，性能好，支持直接对 Key 对象进行新增、删除、修改等操作，支持控制台命令操作，支持数据库文件的导入、导出操作。下载完成后，执行该工具的可执行文件，在图 15.2 的左下角单击➕图标，调用连接 Redis 数据库服务器参数设置子界面，依次输入连接别名（Name）、Redis 数据库服务器端 IP 地址和端口号、登录 Auth 密码（前提是 Redis 数据库系统已经设置了密码），单击 OK 按钮就可以进入正式的 Redis Desktop Manager 使用主界面，如图 15.2 所示。Redis Desktop Manager 工具的下载地址为 https://github.com/uglide/RedisDesktopManager。

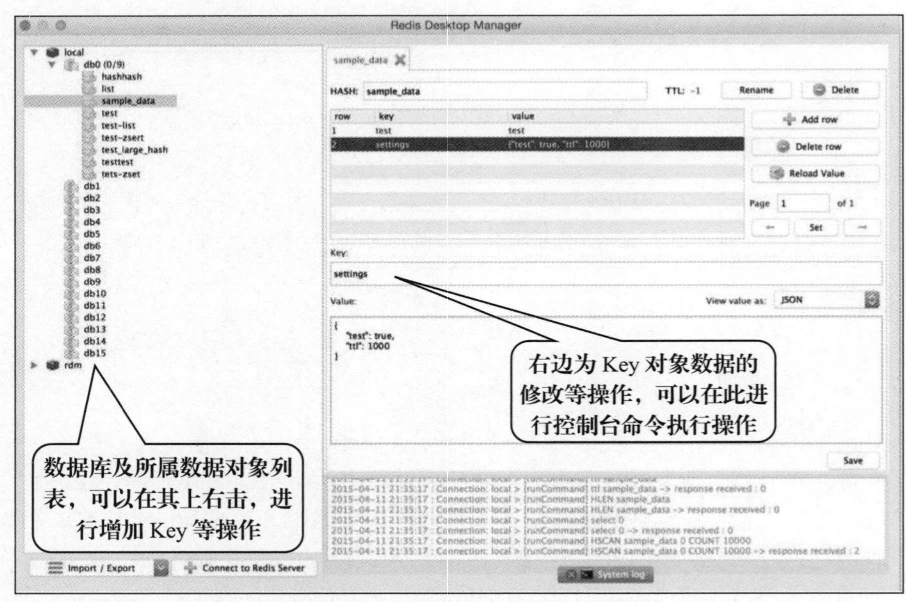

图 15.2　Redis Desktop Manager 工具主界面

15.3.2　Redis Client

Redis Client 是国产软件工具，该工具的发布人为曹新宇先生①。该工具为开源工具，使用 Java swt 和 Jedis 编写，可以帮助开发人员和维护人员方便地建立、修改、删除、查询 Redis 数据库数据，可以让用户方便地编辑数据，可以剪切、复制、粘贴 Redis 数据库数据，可以导入、导出 Redis 数据库数据，可以对 Redis 数据库数据排序。图 15.3 所示为 Redis Client 客户端操作主界面。Redis Client 工具的下载地址为 https://github.com/caoxinyu/RedisClient。

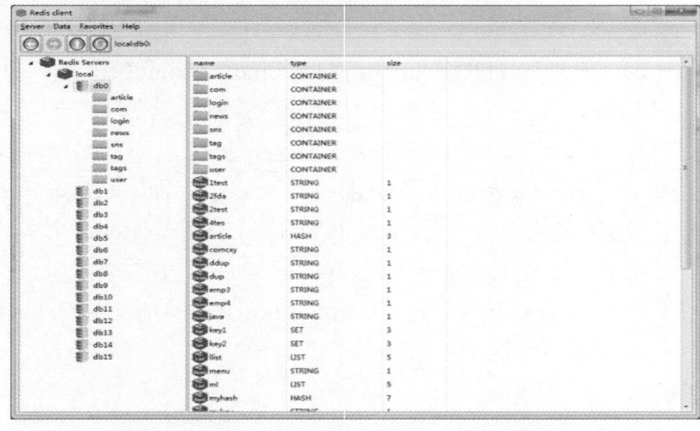

图 15.3　Redis Client 工具主界面

① https://www.oschina.net/news/53998/redisclient-1-5。

15.3.3 Redis Studio

Redis Studio 工具是基于 Windows 操作系统的 Redis 数据库客户端工具，由国内昵称为 cinience 的用户用 C/C++开发而成，也是开源的。其主要功能包括与 Redis 数据库的连接、Redis 数据库服务器信息的获取、Redis 数据库数据的操作、配置管理、命令控制台功能等。该工具的主界面如图 15.4 所示。

Redis Studio 工具的下载地址为 https://github.com/cinience/RedisStudio。

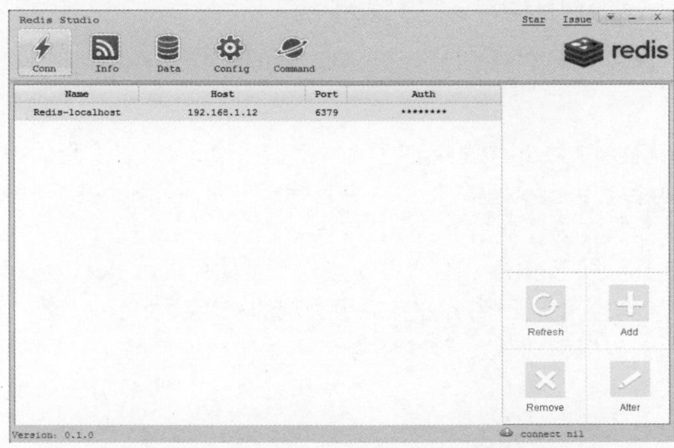

图 15.4　Redis Studio 工具主界面

15.3.4 Redsmin/proxy

Redsmin/proxy 是一款功能齐全的 Redis 数据库管理和监控工具，由法国人 FGRibreau 编写，开源，用 C++编写而成，支持的操作系统包括 Windows 系列、Mac OS X、Debian|Ubuntu、Linux 系列。具体版本分免费版、有限授权版、完全授权版。

Redsmin/proxy 工具主要支持的功能包括对 Redis 数据库集群的全面操作管理及高级监管功能、支持云平台下的应用、支持基于防火墙运行环境下的绑定应用等。Redsmin/proxy 工具的下载地址为 https://github.com/Redsmin/proxy。

第 16 章

电商应用实战

本章主要在 Redis 数据库的基础上，基于 Java 语言实现大型电子商务网站的部分功能。这里的主要内容包括广告访问、商品推荐、购物车、记录浏览商品行为、使用 Redis 数据库替代 Session 技术、分页缓存。

本章重点展示了 Java 客户端功能代码是如何调用 Redis 数据库的，并给出了解决大型电子商务业务应用领域的初步解决方案。

Redis 数据库的使用方式分内存缓存和数据库持久化两种，内存缓存的设置可以参考第 4.6 节；数据库持久化的详细功能实现可以参考第 5 章。

扫一扫，看视频

16.1 广告访问

投放电子广告是互联网网站中比较普遍的一项商业行为，商家通过电子广告推广特定产品，促进产品的销售；网站运营商通过提供广告嵌入技术服务，获取广告代理的直接经济收入；访问网站的用户则通过广告信息获取更好的产品服务信息。

16.1.1 广告功能使用需求

电子广告已经成为大型电子商务平台的主要收入来源之一。作为大型电子商务平台，对广告的统一管理和有效利用是平台运营商必须认真考虑的问题，这关系到商务平台上的广告能否产生最大的经济价值。

随着网络广告市场的发展，网络媒体策划和产品营销人员需要更加细致地管理、优化广告行为，确保网络广告资源被高效使用。同时，网络管理者需要更加灵活地组织和调配网络资源，在确保精确投递广告的前提下，依托广告管理系统的技术基础，与销售团队进行深层次的整合，形成多样化销售方案。在市场的驱动下，各类广告管理系统应运而生。

大型商务网站的电子广告投放有如下特点：

（1）在客户界面上响应快速。如果一个带广告的界面在浏览过程中，出现响应动作不流畅，甚至产生明显的广告图片拖屏现象，那是很糟糕的。一般用户对广告的印象不会太好，再加上这样的不愉快体验，很可能导致用户群体的快速流失，这对商务网站来说是致命的。所以，提供快速、流畅、针对性强的广告内容，是技术人员需要深入考虑的问题。基于内存运行的 Redis 数据库技术的响应速度快，这是不争的事实，也是诸多大型电子商务平台选择它作为广告支持平台的原因。

（2）广告投放具有临时性。电子商务平台上的广告投放一般都是短期行为，需要根据业务频繁更换。所以，通过 Redis+Java 技术进行相对独立的管理比较合理，并且避免了对电子商务平台主业务的频繁冲击。

（3）广告内容通过代码生成，并缓存到 Redis 数据库服务器端。

16.1.2 建立数据集

确定广告数据内容和数据类型，建立数据集属性类，为后续的读写代码操作提供方便。

（1）Advertisement.java 文件中的代码如下：

```
//项目：chapter-16.1-advertisement
//文件：com/threecoolcat/advertisement/model/Advertisement.java
package com.threecoolcat.advertisement.model;

import java.io.Serializable;
import java.util.List;
```

```
/**
 * @描述：广告位数据集
 * @创建者：liushengsong、三酷猫
*/
public class Advertisement implements Serializable {

    private static final long serialVersionUID = 1L;
    private int id;                          //广告位 ID
    private String positionCode;             //广告位代码
    private int tid;                         //广告模板 ID
    private List<AdContent> adContents;      //广告内容集合
    public int getId() {
        return id;
    }
    public void setId(int id) {
        this.id = id;
    }
    public String getPositionCode() {
        return positionCode;
    }
    public void setPositionCode(String positionCode) {
        this.positionCode = positionCode;
    }
    public int getTid() {
        return tid;
    }
    public void setTid(int tid) {
        this.tid = tid;
    }
    public List<AdContent> getAdContents() {
        return adContents;
    }
    public void setAdContents(List<AdContent> adContents) {
        this.adContents = adContents;
    }
}
```

广告位 ID 属性读写封装

广告位代码属性读写封装

广告模板 ID 属性读写封装

广告内容集合属性读写封装

（2）AdContent.java 文件中的代码如下：

```
//项目：chapter-16.1-advertisement
//文件：com/threecoolcat/advertisement/model/AdContent.java
package com.threecoolcat.advertisement.model;

import java.io.Serializable;

/**
 * @描述：广告内容数据集
```

```
 */
public class AdContent implements Serializable {

    private static final long serialVersionUID = 1L;

    private int id;                //广告内容 ID
    private String name;           //广告内容名称
    private String url;            //广告链接 URL
    private String imageUrl;       //广告图片 URL
    private int sequence;          //广告序号

    public int getId() {
        return id;
    }
    public void setId(int id) {
        this.id = id;
    }
    public String getName() {
        return name;
    }
    public void setName(String name) {
        this.name = name;
    }
    public String getUrl() {
        return url;
    }
    public void setUrl(String url) {
        this.url = url;
    }
    public String getImageUrl() {
        return imageUrl;
    }
    public void setImageUrl(String imageUrl) {
        this.imageUrl = imageUrl;
    }
    public int getSequence() {
        return sequence;
    }
    public void setSequence(int sequence) {
        this.sequence = sequence;
    }
}
```

（3）Template.java 文件中的代码如下：

```
//项目：chapter-16.1-advertisement
//文件：com/threecoolcat/advertisement/model/Template.java
package com.threecoolcat.advertisement.model;
```

```
import java.io.Serializable;
/**
    * @描述：广告模板数据集
    */
public class Template implements Serializable{
        Private static final long serialVersionUID = 1L;
        Private int id;                     //广告模板 ID
        private String name;                //广告模板名称
        private String script;              //广告模板脚本

        public int getId() {
            return id;
        }
        public void setId(intid) {
            this.id = id;
        }

        public String getName() {
            return name;
        }
        public void setName(String name) {
            this.name = name;
        }

        public String getScript() {
            return script;
        }
        public void setScript(String script) {
            this.script = script;
        }
}
```

广告 ID 模板属性读写封装

广告模板名称属性读写封装

广告模板脚本（内容）属性读写封装

16.1.3 新增广告

这里需要新增广告内容，所有内容通过 Java 代码编写实现，并缓存到 Redis 数据库的字符串集合内，方便业务系统对广告内容对象的调用。新增广告的代码如下：

```
package com.threecoolcat.advertisement.test;

    import java.io.IOException;
    import java.util.ArrayList;
    import java.util.List;
    import org.junit.After;
    import org.junit.Before;
    import org.junit.Test;
    import com.threecoolcat.advertisement.model.AdContent;     //调用广告内容数据集
```

Java 自带开发包支持类

```
import com.threecoolcat.advertisement.model.Advertisement;  //调用广告位数据集
import com.threecoolcat.advertisement.model.Template;       //调用广告模板数据集
import com.threecoolcat.advertisement.redis.RedisUtil;      //调用 7.4.2 小节中的
                                                            //连接数据库初始化代码
import com.threecoolcat.advertisement.util.JsonUtil;
import com.threecoolcat.advertisement.util.TranscoderUtils;
import redis.clients.jedis.Jedis;
import redis.clients.jedis.Pipeline;
import redis.clients.util.SafeEncoder;

public class RedisTest {
    private Jedis jedis;
    @Before
// 注解 Before 表示在方法前执行
public void initJedis() throws IOException {
    jedis = RedisUtil.initPool().getResource();     //连接并生成 Jedis 对象
}
@Test(timeout = 1000)                      //timeout 表示该测试方法执行超过 1s 会抛出异常

public void saveAdTest() {
    Pipeline pipeline = jedis.pipelined();          //开启 Redis 管道
    //采用管道形式提交命令，setex 方法可以设置 Redis 数据库中 Key 的生命周期
    //SafeEncoder 是 Redis 提供的解码器
    //TranscoderUtils 是对 Java 对象进行解压缩的工具类
    pipeline.setex(SafeEncoder.encode("test"), 10 * 60,
            TranscoderUtils.encodeObject(this.initAdvertisement()));
    System.out.println(pipeline.syncAndReturnAll());//提交本次操作内容到内存缓存中
}
@After
public void closeJedis() {
    jedis.close();
}
```

Jedis 开发包支持类

pipeline.setex 用于设置管道请求信息，其使用方法同字符串带 EX 参数的 Set 命令。其中，第一个参数中的"test"为指定广告字符串名；第二个参数 10*60 为该字符串使用时限，这里表示 600s 后该对象失效；第三个参数字符串值为广告内容，采用了 JSON 格式。为了减少客户端和服务器端之间的代码命令传递的资源消耗，这里采用管道技术，将广告脚本代码一次性提交到 Redis 数据库服务器端。

以下代码实现了两个广告内容，以 JSON 格式返回，并供上述 RedisTest 代码调用。

```
//** initAdvertisement 为设置广告播放内容
private Advertisement initAdvertisement() {
    Template template = new Template();                 //建立模板数据集对象
    template.setId(20);                                 //设置模板唯一 ID
    template.setName("轮播模板");                        //设置模板广告名称
    template.setScript("alert('轮播')");                 //设置模板脚本内容
    AdContent adContent1 = new AdContent();             //建立第一条广告内容对象
    adContent1.setId(1);                                //设置第一条广告内容 ID
```

```
        adContent1.setName("新年图书大促.");                //设置第一条广告内容
        adContent1.setSequence(1);                          //设置滚动顺序号
        adContent1.setUrl("https://books.Atest.com/");//设置广告指定网页地址
        adContent1.setImageUrl("http://books.Aimage.com/test.jpg");   //设置广告指定图片
        AdContent adContent2 = new AdContent();             //建立第二条广告内容对象
        adContent2.setId(2);                                //设置第二条广告内容 ID 号
        adContent2.setName("手机专场，满 1000 返 50.");     //设置第二条广告内容
        adContent2.setSequence(2);                          //设置滚动顺序号
        adContent2.setUrl("https://books.Atest.com/");//设置广告指定网页地址
        adContent2.setImageUrl("http://books.Aimage.com/test.jpg"); //设置广告指定图片
        List<AdContent>adContents = new ArrayList<AdContent>(); //建立广告内容列表
        adContents.add(adContent1);                         //将第一条广告内容加入列表
        adContents.add(adContent2);                         //将第二条广告内容加入列表
        Advertisement advertisement = new Advertisement();      //建立广告播放器对象
        advertisement.setId(10001);                         //设置广告位置 ID
        advertisement.setPositionCode("home-01");           //设置广告位置编码
        advertisement.setTid(template.getId());             //设置广告模板 ID
        advertisement.setAdContents(adContents);            //设置广告内容
        return advertisement;
        }
}
```

16.1.4 查询广告

在 Redis 数据库中实现广告内容在缓存上的驻留后，就可以考虑业务系统的调用问题了。这里单独给出一个查找指定广告内容的过程，作为调用 Redis 数据库缓存中广告存储对象的技术演示过程。在实际项目中，技术人员可以在此基础上使用 Java 代码实现各种广告使用的业务算法，如用户兴趣检索字相似匹配广告算法、用户 IP 地址范围定位广告投放算法等。

```
package com.threecoolcat.advertisement.test;

    import java.io.IOException;
    import java.util.ArrayList;
    import java.util.List;

    import org.junit.After;
    import org.junit.Before;
    import org.junit.Test;

    import com.threecoolcat.advertisement.model.AdContent;
    import com.threecoolcat.advertisement.model.Advertisement;
    import com.threecoolcat.advertisement.model.Template;
    import com.threecoolcat.advertisement.redis.RedisUtil;
    import com.threecoolcat.advertisement.util.JsonUtil;
    import com.threecoolcat.advertisement.util.TranscoderUtils;

    import redis.clients.jedis.Jedis;
```

```
import redis.clients.jedis.Pipeline;
import redis.clients.util.SafeEncoder;

public class RedisTest {
    private Jedis jedis;
    @Before
    //注解 Before 表示在方法前执行
    public void initJedis() throws IOException {
    jedis = RedisUtil.initPool().getResource(); //调用 7.4.2 小节的连接数据库初始化代码
    }

    @Test(timeout = 1000)
    //timeout 表示该测试方法执行超过 1s 会抛出异常
    public void queryAdTest() {
    Advertisement advertisement = (Advertisement) TranscoderUtils
            .decodeObject(jedis.get(SafeEncoder.encode("test")));
      //调用 Redis 缓存上的字符串对象 test
    System.out.println(advertisement.getId());//以 JSON 格式返回广告脚本内容
    }
    @After
    public void closeJedis() {
    jedis.close();
    }
}
```

以下代码为 Redis 数据库存储于缓存中的广告的可执行 JSON 格式脚本代码，可以被相关的 Java 客户端代码嵌套调用，然后展示广告内容。

```
{
  "id": 10001,
  "positionCode": "home-01",
  "tid": 20,
  "adContents": [
    {
      "id": 1,
      "name": "新年图书大促.",
      "url": "https://books.Atest.com/",
      "imageUrl": "http://books.Aimage.com/test.jpg",
      "sequence": 1
    },
    {
      "id": 2,
      "name": "手机专场，满 1000 返 50.",
      "url": "https://books.Atest.com/",
      "imageUrl": "http://books.Aimage.com/test.jpg",
      "sequence": 2
    }
  ]
}
```

说明：

16.1 节展示的是如何将 Redis 数据库数据与 Java 结合进行业务应用的完整代码片段，详情可以见本书附赠的对应代码文件。从 16.2 节起，不再详细列出所有代码，只选择核心代码进行分析。

16.2 商品推荐

当顾客在电子商务平台上浏览一种商品时，电子商务平台会把相似的商品或顾客曾经关注过的商品的信息推荐到同一个界面上，以引起顾客的关注度和购买欲，这就是商品推荐功能。

16.2.1 商品推荐功能使用需求

个性化推荐是根据用户的兴趣特点和购买行为，向用户推荐其感兴趣的信息和商品。随着电子商务规模的不断扩大，商品个数和种类快速增长，顾客需要花费大量的时间才能找到自己想买的商品。这种浏览大量无关的信息和产品的过程，无疑会使淹没在信息过载问题中的消费者不断流失。为了解决这些问题，电子商务平台商品推荐系统应运而生。个性化推荐系统是建立在海量数据挖掘基础上的一种高级商务智能平台，以帮助电子商务平台为其顾客购物提供完全个性化的决策支持和信息服务，通过协同过滤算法分析用户行为，从而为用户推荐商品。

16.2.2 建立数据集

为商品推荐内容建立统一的数据集类，提供商品 ID、商品基本信息、规格信息、广告信息属性功能，为后续的读写代码操作提供方便。

Goods.java 文件中的代码如下：

```
//项目：chapter-16.2-recommend
//文件：com/threecoolcat/advertisement/model/Goods.java
package com.threecoolcat.recommend.model;

   public class Goods {
   private int id;                          //商品 ID
   private String goodsInfo;                //商品基本信息
   private String specificationsInfo;       //规格信息
   private String adInfo;                   //广告信息
   public int getId() {
      return id;
   }
   public void setId(intid) {
      this.id = id;
   }
```

商品 ID 属性读写封装

```
    public String getGoodsInfo() {
        return goodsInfo;
    }
    public void setGoodsInfo(String goodsInfo) {
        this.goodsInfo = goodsInfo;
    }
    public String getSpecificationsInfo() {
        return specificationsInfo;
    }
    public void setSpecificationsInfo(String specificationsInfo) {
        this.specificationsInfo = specificationsInfo;
    }

    public String getAdInfo() {
        return adInfo;
    }
    public void setAdInfo(String adInfo) {
        this.adInfo = adInfo;
        }
}
```

商品基本信息属性读写封装

商品规格属性读写封装

广告信息属性读写封装

16.2.3 新增商品推荐内容

为了快速推荐商品，需要事先把推荐商品信息通过 Redis 数据库缓存到内存中。以下代码用于实现一种将推荐商品信息提前存储到内存列表中的过程。这样的提前存储动作一般发生在顾客浏览某类商品之前的几秒钟。例如，根据顾客的浏览喜好检索词，生成对应的推荐商品列表。另外，还可以通过电子商务平台提供公共的预置推荐信息，技术人员事先把某种商品的推荐信息统一存储到缓存中，当任意顾客浏览同一件商品时，可以随时从缓存中提供相同的商品推荐信息。

RedisTest.java 文件中的代码如下：

```
//项目：chapter-16.2-advertisement
//文件：com/threecoolcat/advertisement/test/RedisTest.java
package com.threecoolcat.recommend.test;
….
import com.threecoolcat.recommend.model.Goods;    //调用 Goods 数据集，见 9.2.2 小节
import com.threecoolcat.recommend.redis.RedisUtil; //调用 Redis 数据库连接，见 7.4.2 小节
import comthreecoolcat.recommend.util.JsonUtil;

public class RedisTest {
    private Jedis jedis;
    …
        jedis = RedisUtil.initPool().getResource(); //连接数据库
    }
    …
    public void saveGoodsRecommendTest() {
```

```
        Pipeline pipeline = jedis.pipelined();                    //开启管道
        pipeline.lpush("goods-recommend", this.initGoods()); //将商品信息压入列表左边
        pipeline.expire("goods-recommend", 10 * 60);              //为该列表设置过期时间
        System.out.println(pipeline.syncAndReturnAll());     //提交本次操作
    }
    …
    /**
     * @描述 : 初始化推荐商品信息
       */
    private String[] initGoods() {
        Goods goods = new Goods();
        goods.setAdInfo("<html></html>");
        goods.setGoodsInfo("商品名称：华硕 FX53VD 商品编号：4380878 商品毛重：4.19kg 商品
产地：中国大陆");
        goods.setId(4380878);
        goods.setSpecificationsInfo("主体系列飞行堡垒型号 FX53VD 颜色红黑平台 Intel 操作
系统操作系统 Windows 10 家庭版处理器 CPU 类型 Intel 第 7 代 酷睿 CPU 速度 2.5GHz 三级缓存 6M 其他
说明 I5-7300HQ 芯片组芯片组其他  ");
        String[] goodsArray = new String[10];
        for (int i = 0; i < 10; i++) {
            goodsArray[i] = JsonUtil.toJson(goods);
        }
        return goodsArray;
    }
}
```

在 Redis 数据库中建立了对应的商品缓存信息后，可以供业务系统进行商品推荐调用。从为该列表对象（"goods-recommend"）设置 10min 过期的内容可以看出，该商品推荐属于临时行为。一般被业务系统在短时间内调用一两次后，将自动删除。可以想一想，一个顾客专注于一个商品的时间是很难超过 10min 的。

16.2.4 查询商品记录

商品推荐信息被建立后，就可以被业务系统进行各种调用了。下面通过简单的列表查询提取 11 条列表值信息，在业务系统上显示。主要通过 lrange 方法来获取列表中指定的商品推荐内容。

```
//项目：chapter-16.2-advertisement
//文件：com/threecoolcat/advertisement/test/RedisTest.java
package com.threecoolcat.recommend.test;
…
public class RedisTest {
    private Jedis jedis;
    …
    @Test(timeout = 1000)
public void queryGoodsRecommendTest() {
    System.out.println(jedis.lrange("goods-recommend", 0,10));//调用推荐商品列表信息
```

```
    }
  …
  }
```

保存在缓存中的商品推荐内容为 JSON 格式，以便业务系统代码嵌入使用。可以通过上述代码的查找功能，用 Java 控制台来显示，也可以通过 Redis-cli 客户端功能用 lrange goods-recommend 1 10 命令来显示，具体格式如下：

```
{
    "id": 4380878,
    "goodsInfo": "商品名称：华硕 FX53VD 商品编号：4380878 商品毛重：4.19kg 商品产地：中国大陆",
    "specificationsInfo": "主体系列飞行堡垒型号 FX53VD 颜色红黑平台 Intel 操作系统操作系统 Windows 10 家庭版处理器 CPU 类型 Intel 第 7 代 酷睿 CPU 速度 2.5GHz 三级缓存 6M 其他说明 I5-7300HQ 芯片组芯片组其他  ",
    "adInfo": "<html></html>"
}
```

16.3 购 物 车

购物车功能指的是应用于网店的在线购买功能，它类似于在超市购物时使用的推车或篮子，可以暂时把挑选的商品放入购物车，之后可以删除或更改购买数量，并且可以对多个商品进行一次性结款。购物车是网上商店里的一种快捷购物工具，如图 16.1 所示。

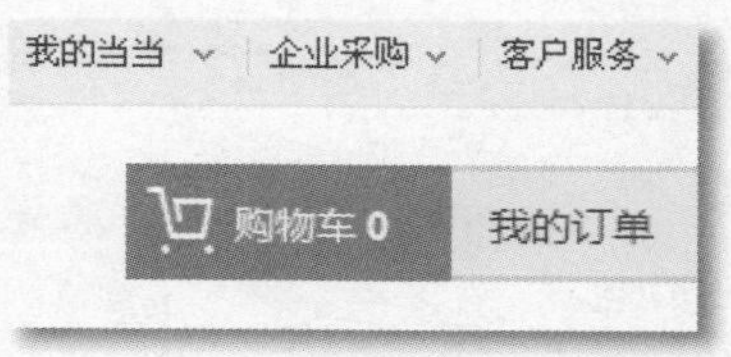

图 16.1 购物车界面

16.3.1 购物车功能使用需求

电子商务平台必须为顾客的购物过程提供购物车功能，方便顾客对商品的挑选和记录。一个顾客在一次购物过程中记入购物车的核心内容是商品 ID、商品采购数量、销售价格等信息。商品 ID 必须唯一，也就是同一种商品只能记录一条；商品 ID 与后续的商品采购数量等是一一对应的关系。对于该结构的数据，无须强制排序，可以用散列表很好地解决。关于散列表的内容，可以回顾 7.2.4 小节。

另外，采用 Redis 数据库作为缓存来记录的好处是，一旦不需要顾客所选择的商品记录，Redis 数据库就会在指定的时间后自动把相关的散列表对象删除（过期），这样既可以减少其他数据库记录对硬盘资源的消耗，也可以发挥 Redis 数据库快速记录数据的优势。

16.3.2 建立数据集

为购物车建立采购记录商品基本信息数据集，这里的主要内容包括对商品 ID、商品基本信息、商品价格、购买数量的属性进行读写封装，为后续代码调用做准备。

```
package com.book.demo.car.model;
public class GoodsDetail {
    private int id;                          //商品 ID
    private String goodsInfo;                //商品基本信息
    private String price;                    //商品价格
    private String amount ;                  //购买数量
    public int getId() {
        return id;
    }
    public void setId(intid) {
        this.id = id;
    }
    public String getGoodsInfo() {
        return goodsInfo;
    }
    public void setGoodsInfo(String goodsInfo) {
        this.goodsInfo = goodsInfo;
    }
    public String getPrice() {
        return price;
    }
    public void setPrice(String Price) {
        this.Price = Price;
    }
    public String getAmount) {
        return Amount;
    }
    public void setAmount (String Amount) {
        this. amount = Amount;
    }
}
```

商品 ID 属性读写封装

商品基本信息属性读写封装

商品价格属性读写封装

购买数量属性读写封装

16.3.3 加入购物车

在顾客选中电子商务平台上的商品购买内容后，将加入购物车。这里通过临时记入 Redis 数据库所提供的散列表来实现，代码如下：

```
package com.threecoolcat.cart.test;
…
import com.book.demo.car.model.GoodsDetail;
import com.book.demo.car.redis.RedisUtil;
```

```
import com.book.demo.car.util.JsonUtil;
import redis.clients.jedis.Jedis;
import redis.clients.jedis.Pipeline;

public class RedisTest {
    private Jedis jedis;
…
    @Test(timeout = 1000)
    public void saveCarTest() {
        Pipeline pipeline = jedis.pipelined();                  //开启管道
        pipeline.hmset("car", this. iniGoodDetail ());
        pipeline.expire("car", 10 * 60);                        //10min 后该对象过期
        System.out.println(pipeline.syncAndReturnAll());        //提交本次操作
    }
…
}
```

上述代码调用了 this.iniGoodDetail()函数，通过散列表插入键值对方法 hmset 来实现顾客所选择商品记录的暂时缓存，记录内容如下：

```
    private Map<String, String>iniGoodDetail() {
        Map<String, String> map = new HashMap<String, String>();
        GoodsDetail goods1 = new GoodsDetail ();
        goods1.setId(1000000);
        goods1.setGoodsInfo("《京东平台数据化运营》");
        goods1.price("48");
        goods1.amount("1");

        GoodsDetail goods2 = new GoodsDetail ();
        goods2.setId(1000001);
        goods2.setGoodsInfo("《电子商务：管理与社交网络视角》");
        goods2.setPrice("65");
        goods2.setAmount("1");
        map.put(goods1.getId() + "", JsonUtil.toJson(goods1));
        map.put(goods2.getId() + "", JsonUtil.toJson(goods2));

        return map;
    }
```

16.3.4 查询购物车

对于临时存储于购物车里的商品购买记录，有两种处理方式，一种是顾客放弃购买，也就是对于临时存放于购物车里的记录弃之不管，这对顾客来说是理所当然的行为，因为不可能要求顾客把购物车里的记录全部删除。Redis 数据库缓存为此实现了过期自动放弃机制，用 Expire 命令实现了对象过期自动删除动作。另一种处理方式是将临时存储于购物车里的购买记录正式转为结账记录，并清除购物车记录。

在顾客购买商品的过程中允许其查看购物车内的信息，其对应的查询代码实现如下：

```
package com.threecoolcat.cart.test;
…
import com.threecoolcat.cart.model.GoodsDetail;
import com.threecoolcat.cart.redis.RedisUtil;
import com.threecoolcat.cart.util.JsonUtil;

import redis.clients.jedis.Jedis;
import redis.clients.jedis.Pipeline;

public class RedisTest {
…
    public void queryCartTest() {
        System.out.println(jedis. hgetAll ("car"));
    }
    @After
    public void closeJedis() {
        jedis.close();
    }
}
```

上述代码通过散列表方法 hgetAll 获取购物车里的缓存记录，记录内容如下：

```
{
    1000000={
        "id": 1000000
        "goodsInfo": "《京东平台数据化运营》",
        "price": " 48",
        "amount": "1"
    },
    1000001={
        "id": 1000001,
        "goodsInfo": "《电子商务：管理与社交网络视角》",
        "price": " 65",
        "amount": "1"
    }
}
```

16.4 记录浏览商品行为

顾客自登录电子商务平台开始，就会产生很多相关的操作信息，如客户端访问连接信息，主要包括 IP 地址、端口号、访问时间、Cookie 用户 ID 等；又如顾客在电子商务平台上的网页点击行为记录，主要包括网页 ID、点击时间、鼠标在网页上的坐标点、停留时间等。

聪明的电子商务专家通过收集上述信息就可以分析顾客的购买行为。例如，通过 IP 地址的所属区域投放定向区域广告，从而促进商品的销售；再如，收集顾客的鼠标坐标及点击网页的频率，合理地调整电子商务网站页面布局，从而迎合消费者的操作喜好；又如，分析网页商品点击量排行，从而调整商品销售策略，等等。

16.4.1 商品浏览记录使用需求

接下来模拟顾客访问某大型电子商务平台，通过 Redis 数据库将浏览并点击商品时产生的记录信息保存到集合中，然后根据保存的数据进行对应的查询操作。

在实际生产环境下，当顾客访问电子商务平台时，Web 服务器端可以获取顾客的 IP 地址、顾客点击某商品时的时间、顾客点击的商品的 ID 等。在将上述信息存放到 Redis 数据库集合的过程中，还需要考虑一个特殊问题：集合所记录的值内容应该是唯一的，不能重复，于是要为每条记录增加一个 UUID（通用唯一识别码，universally unique identifier）。

UUID 是指在一台机器上生成的数字，它可以保证在同一时空中的所有机器都是唯一的。通常平台会提供生成的 API。按照开放软件基金会（OSF）制定的标准计算，用到了以太网卡地址、纳秒级时间、芯片 ID 和许多可能的数字。[①]

标准的 UUID 格式为 xxxxxxxx-xxxx-xxxx-xxxx-xxxxxxxxxxxx（8-4-4-4-12）。其中，每个 x 是 0～9 或 a～f 范围内的一个十六进制数字。

在 Redis 数据库集合中缓存点击的商品记录后，可以进一步进行各种数据分析处理。例如，针对某一个顾客点击商品的记录，在累计到一定量后，转存到磁盘数据库文件中，进行永久性保存，这样经过持续的数据的累计，将产生大规模的数据记录，为后台定向顾客行为分析提供了持续的数据支持。这里只给出简单的数据查询功能。

16.4.2 建立数据集

为了记录顾客在电子商务网站上的浏览点击记录，需要先建立相关的数据集对象，供后续代码详细调用。这里的数据集属性包括 UUID、点击时间、点击 IP、商品 ID，以及属性的读写封装内容。

GoodsLog.java 文件中的代码如下：

```
//项目：chapter-16.4-goods-log
//文件：com/threecoolcat/goods/log/model/GoodsLog.java
package com.threecoolcat.goods.log.model;

import java.util.Date;
/**
 * @描述：商品记录信息属性封装
  */
public class GoodsLog {

    private String uuid;           //UUID
```

[①]百度百科，UUID，http://baike.baidu.com/item/UUID。

```
    private Date clickDate;              //点击时间
    private String ip;                   //点击 IP
    private int id;                      //商品 ID

    public String getUuid() {
        return uuid;
    }
    public void setUuid(String uuid) {
        this.uuid = uuid;
    }
    public Date getClickDate() {
        return clickDate;
    }
    public void setClickDate(Date clickDate) {
        this.clickDate = clickDate;
    }
    public String getIp() {
        return ip;
    }
    public void setIp(String ip) {
        this.ip = ip;
    }
    public int getId() {
        Return id;
    }
    public void setId(intid) {
        this.id = id;
    }
}
```

UUID 属性读写封装

点击时间属性读写封装

点击 IP 属性读写封装

商品 ID 属性读写封装

16.4.3　新增商品点击记录

当顾客访问电子商务平台页面时，通过鼠标点击网页上的商品产生点击记录事件，通过以下代码实现把点击信息存储到 Redis 数据库缓存中的过程。

顾客点击信息更多用于点击量的排行、点击热点范围的分析等，在一般应用场景下无须排序。在访问量大的情况下，需要考虑存储数据的分拆问题，如可以根据商品大类书、电子产品、衣服等把数据存入不同的存储对象。根据上述要求，结合 Redis 数据库数据存储结构的特点，集合可以胜任该项工作。以下代码以集合为数据存储结构实现了顾客点击信息的存储过程。

```
package com.threecoolcat.goods.log.test;
…
import com.threecoolcat.goods..log.model.GoodsLog;     //调用 9.4.2 小节的数据集对象
import com.threecoolcat.goods..log.redis.RedisUtil;    //调用 7.4.2 小节的连接数据库初
                                                       //始化代码
import com.threecoolcat.goods..log.util.JsonUtil;
```

```
import com.threecoolcat.goods..log.util.UUIDUtil;

public class RedisTest {
    private Jedis jedis;
…
    public void saveGoodsLogTest() {
        Pipeline pipeline = jedis.pipelined();                  //开启管道
        pipeline.sadd("goods-log", this.initGoodsLog());        //用集合缓存点击数据
        pipeline.expire("goods-log", 10 * 60);
        System.out.println(pipeline.syncAndReturnAll());        //提交本次操作
    }
    @After
    public void closeJedis() {
        jedis.close();
}
```

上述代码通过调用集合 sadd 方法实现了将 initGoodsLog()函数提供的模拟点击记录数据存入 goods-log 集合对象的过程。这里给 goods-log 集合对象设置了 10min 的过期时间。以下代码为 initGoodsLog()函数实现的相关内容。

```
    /**
     * @描述：初始化商品日志
        */
    private String[] initGoodsLog() {
        GoodsLog goodsLog1 = new GoodsLog();
        goodsLog1.setClickDate(new Date());            //模拟第一条点击记录时间
        goodsLog1.setId(7768);                         //模拟第一个商品 ID
        goodsLog1.setIp("172.54.87.9");                //模拟第一个顾客访问 IP 地址
        goodsLog1.setUuid(UUIDUtil.upperUUID());       //生成第一条记录唯一的 UUID
        GoodsLog goodsLog2 = new GoodsLog();
        goodsLog2.setClickDate(new Date());            //模拟第二条点击记录时间
        goodsLog2.setId(7769);                         //模拟第二个商品 ID
        goodsLog2.setIp("172.54.87.9");                //模拟第二个顾客访问 IP 地址
        goodsLog2.setUuid(UUIDUtil.upperUUID());       //生成第二条记录唯一的 UUID
        String[] goodsLogs = new String[2];
        goodsLogs[0] = JsonUtil.toJson(goodsLog1);
        goodsLogs[1] = JsonUtil.toJson(goodsLog2);
        return goodsLogs;
    }
}
```

16.4.4 查询商品点击记录

通过查询功能实现对 Redis 数据库的集合对象内容的调用，为 Java 代码业务逻辑层进行深入的代码算法处理提供条件，代码如下：

```
package com.threecoolcat.goods.log.test;
```

```
…
import com.threecoolcat..goods.log.model.GoodsLog;
import com.threecoolcat..goods.log.redis.RedisUtil;
import com.threecoolcat..goods.log.util.JsonUtil;
import comthreecoolcat..goods.log.util.UUIDUtil;

public class RedisTest {
private Jedis jedis;
…
@Test(timeout = 1000)
public void queryGoodsLogTest() {
System.out.println(jedis.smembers("goods-log")); //通过 smembers 命令获得集合的所有记录总数
}

    @After
    public void closeJedis() {
        jedis.close();
    }
}
```

经过上述模拟操作后产生的 JSON 格式的记录结果存储于缓存的 goods-log 集合对象中，如下所示：

```
[
    {
        "uuid": "B5597F51926C400E932555FAC03A0F4D",
        "clickDate": "2017-04-07T02:16:49.828+0000",
        "ip": "22.22.21.100",
        "id": 7769
    },
    {
        "uuid": "4D33370CD8284862956D71CB26795A30",
        "clickDate": "2017-04-07T02:16:49.741+0000",
        "ip": "172.54.87.9",
        "id": 7768
    }
]
```

16.5 使用 Redis 数据库替代 Session 技术

在用 Web 技术开发电子商务平台的过程中，为了保存用户操作网页过程的一些状态信息，专门引入了 Session 技术。Session 技术在用户操作期间常驻于服务器内存中，Redis 数据库技术可以更好地替代 Session 技术的相关功能。

16.5.1 Session 技术使用需求

Session 是记录一个终端用户从登录网站到退出网站所需要的特定全局信息的一种技术。所记录的信息临时存储于 Web 服务器内存中，如用户的登录用户名、网页之间传递的变量信息、网页状态选择的信息等。Session 本身在生成时会产生一个 UUID，用于唯一识别该登录用户。当用 Session 技术存储过程信息时，一个用户登录会产生一个 Session，那么当几十万、几百万个用户同时访问一个网站时，对服务器的内存产生的压力将很大。

Redis 数据库常驻内存、快速处理、相对低内存占用（如二进制数据）、对 Key 对象时限的灵活控制、分布式处理等优点可以更好地处理 Session 技术所承担的临时数据的存取任务。

16.5.2 建立数据集

模拟 Session 技术存储对象相关属性，这里封装了基于 UUID 的 sessionId，并封装了通用 Object 对象。

RedisSession.java 文件中的代码如下：

```
//项目：chapter-16.5-recommend
//文件：com/threecoolcat/session/model/RedisSession.java
package com.threecoolcat.session.model;

import java.io.Serializable;
import java.util.HashMap;
import java.util.Map;
import com.book.demo.session.util.UUIDUtil;
/**
 * @描述：Session
*/
public class RedisSession implements Serializable {

    private static final long serialVersionUID = 1L;
    private String sessionId = UUIDUtil.uuid(); //用uuid()产生唯一识别号，模拟sessionId
    private Map<String, Object>map = new HashMap<String, Object>();//存储对象的map对象
    public String getSessionId() {
        return sessionId;
    }

    public Object getAttribute(String name) {
        return map.get(name);
    }
    public void setAttribute(String name, Object value) {
        map.put(name, value);
    }

public Map<String, Object> getMap() {
```

sessionId 属性读写封装

Object 对象属性读写封装

```
        return map;
    }

}
```

16.5.3 新增 Session

本小节模拟一个终端用户访问网站时建立的模拟 Session 的记录相关信息的过程，所记录信息存放于 Redis 数据库的 session 字符串对象之中。

RedisTest.java 文件中的代码如下：

```
//项目：chapter-16.5-session
//文件：com/threecoolcat/session/test/RedisTest.java
package com.threecoolcat.session.test;
…
import com.threecoolcat.session.model.RedisSession;   //调用 9.5.2 小节的数据集代码
import com.threecoolcat.session.redis.RedisUtil;      //调用 7.4.2 小节的 Redis 数据
                                                      //库连接代码
import com.threecoolcat.session.util.JsonUtil;
import com.threecoolcat.session.util.TranscoderUtils;

public class RedisTest {
    private Jedis jedis;
    …
    public void saveSessionTest() {
        RedisSession session = new RedisSession();
        session.setAttribute("map", new HashMap<String, String>());
        session.setAttribute("list", new ArrayList<Object>());
        session.setAttribute("date", new Date());
        Pipeline pipeline = jedis.pipelined();    //开启管道
        //采用管道形式提交命令，setex 方法可以设置 Redis 中 Key 的生命周期
        //SafeEncoder 是 Redis 提供的解码器
        //TranscoderUtils 是对 java 对象进行解压缩的工具类
        pipeline.setex(SafeEncoder.encode("session"), 10 * 60,
                TranscoderUtils.encodeObject(session));
        System.out.println(pipeline.syncAndReturnAll());    //提交本次操作
    }
    …
}
```

Session 属性值设置。这里可以存储 map、列表、时间对象

16.5.4 查询 Session

在建立替代 Session 的 Redis 数据库数据对象后，可以模拟 Web 网页调用"Session"字符串对象里的值，其代码如下：

```
package com.threecoolcat.session.test;
…
public class RedisTest {
    private Jedis jedis;
    …
    public void querySessionTest() {
        RedisSession session = (RedisSession) TranscoderUtils
                .decodeObject(jedis.get(SafeEncoder.encode("session")));
        System.out.println(JsonUtil.toJson(session));
    }
…
}
```

在实际 Web 网页上获取用户相关信息后，Session 会话内容相关信息（如 UUID 号、用户登录名、登录时间等）就会保存到 Redis 数据库缓存中，其内容如下：


```
{
    "sessionId": "2ed77c04e40e478083419acd5ee52333",
    "map": {
        "map": {
            "userName": "zhangsan"
        },
        "list": [],
        "date": "2017-05-04T02:31:59.911+0000"
    }
}
```


16.6 分页缓存

Redis 数据库管理数据的一个主要特点是，可以把各种数据长期缓存在服务器内存中。利用这个特点，程序员可以把那些频繁被访问的数据统一缓存到服务器内存中，以大幅提高客户端对网页的访问速度。

这里的数据主要是网页或其中的某一部分，如电子商务网站商品基本信息浏览。一个大型电子商务网站的商品将达到几百万种，甚至几千万种。在大客流量同时访问的情况下，Web 服务器将会在动态网页生成和读取数据库方面产生很大的压力。但是，经常被使用的商品信息，如商品名、价格、规格等信息，一般一天之内很少变化，由此，可以在一天的一定时间段内把它们一直缓存在服务器内存中，从而利用 Redis 数据库的快速访问特点解决传统 Web 技术下的访问压力问题。

本节以一个经常需要访问的商品分页数据为例，通过 Redis 数据库缓存来实现快速访问。

16.6.1 分页缓存使用需求

当商品数量很大时，如图书栏目下书的种类达到了几千种，或每种图书销售商家达到了几十家，甚至上百家，必须进行分页处理。否则，顾客是无法容忍一个非常长的、呆板的网页浏览界面的。

为此，需要把商品信息分页显示，如一页显示 10 条商品记录，然后为其提供下翻到第二个 10 条商品页的功能，依次类推，直到浏览到最后，又可以自由切换到任意一页的功能。这样的分页浏览功能其实在传统 Web 技术下已经实现，只不过响应速度不够快，很容易让顾客体会到延迟的那一瞬间。此处借助 Redis 数据库高效的缓存处理功能，实现对商品信息的高速存储处理。

在使用前，必须提醒一下，不是什么样的网页都可以随便提交给 Redis 数据库处理，毕竟它是占用服务器内存来快速处理数据的。重点是把最重要的任务提交给它，让它快速处理，而不是处理任何事情。

16.6.2 建立数据集

建立浏览商品的基本数据集，同 16.2.2 小节，在此不再重复。

16.6.3 新增分页数据

有了数据集，就可以把商品的基本信息放入 Redis 数据库缓存。本小节模拟把 20 条商品记录一次性缓存到指定列表中。通过 lpush 方法将记录存放到列表名为"goods-1"的数据集中。然后通过 expire 方法为其指定在缓存中的存在时间。由于涉及多命令操作，因此采用了管道技术一次性发送，代码如下：

```
package com.threecoolcat.page.test;
…
public class RedisTest {

    private Jedis jedis;
…
    public void saveGoodsRecommendTest() {
        Pipeline pipeline = jedis.pipelined();                //开启管道
        pipeline.lpush("goods-1", this.initGoods());
        pipeline.expire("goods-1", 10 * 60);
        System.out.println(pipeline.syncAndReturnAll());    //提交本次操作
    }
…
}
```

为了防止商品信息过多消耗服务器内存，数据库技术人员必须对能用的内存量、存放哪些常用的商品信息及商品存放时间等进行认真估算，仔细规划，并在系统运行过程中监控该方面内存的使用情况。下述代码实现了将 20 条数据经过 JSON 格式化后存入指定字符串数组，最后返回给调用者这一过程。这里的 initGoods()函数由上面的代码调用，然后通过 lpush 方法存入缓存。

```
private String[] initGoods() {
        Goods goods = new Goods();
        goods.setAdInfo("<html></html>");
```

```
        goods.setGoodsInfo("《C语言》");
        goods.setSpecificationsInfo("2017年第6版, 价格: 38元");
        String[] goodsArray = new String[20];
        for (int i = 0; i < 20; i++) {
            goods.setId(200000+i);
            goodsArray[i] = JsonUtil.toJson(goods);
        }
        return goodsArray;
    }
}
```

16.6.4 查询分页数据

建立好缓存于"goods-1"字符串对象中的 20 条商品信息后，就可以供需要的业务系统代码调用了。这里模仿商品销售展示界面，实现两次分页查询数据功能，代码如下：

```
package com.threecoolcat.page.test;
…
import com.threecoolcat.page.model.Goods;
import com.threecoolcat.page.redis.RedisUtil;
import com.threecoolcat.page.util.JsonUtil;

public class RedisTest {

    private Jedis jedis;
…
    public void queryGoodsRecommendTest() {
        System.out.println(jedis.lrange("goods-1", 0,9));       //第一页数据，10条
        System.out.println(jedis.lrange("goods-1", 10,19));     //第二页数据，10条
    }
...
}
```

参 考 文 献

[1] 刘瑜，刘胜松. NoSQL 数据库入门与实践（基于 MongoDB、Redis）[M]. 北京：中国水利水电出版社，2018.

[2] 刘瑜，刘勇，林初建，等. Linux 从入门到应用部署实战[M]. 北京：机械工业出版社，2022.

[3] 刘瑜，车紫辉，阚伟，等. Java 从零基础到电商项目实战开发[M]. 北京：机械工业出版社，2022.

结 束 语

经过陈逸怀、刘勇、刘瑜、王玮 4 位老师夜以继日地写作，基于最新稳定版本的《Redis 数据库从入门到实践》一书终于完成。Redis 数据库基于内存运行，目前内存容量配置都普遍达到 TB 级，使用成本大幅降低、使用方便性大幅提高。由于对数据进行快速处理的需求场景越来越多，所以 Redis 数据库的应用市场将越来越大。国内著名的如腾讯、华为、阿里、百度、京东等企业，都在采用 Redis 或 Redis 二次开发版本数据库产品，并将其应用到了各自的商业产品上。由此，学习 Redis 数据库可以增加进入中大型 IT 企业就业的机会。Redis 数据库值得一学。

对于想要继续深造的读者，如果 C、C++语言基础扎实，可以访问网址 https://github.com/redis/redis 直接阅读源码，或修改源码，实现适合自己需求的新功能。

感谢读者朋友选择了本书！

作　者

2022 年冬